ピアッジオP119 [P.39 ~]

Piaggio P119

ピアッジオP119 試作機（MM497）［1943年］／1942年12月19日の初飛行時のカラーリングは残念ながら不明。しかし翌1943年8月2日の事故時はモノクロ写真でも濃淡がよくわかる塗り分けが施されており、これはグリーンとグレーと思われる。方向舵の白十字と胴体の白帯は当時のイタリア空軍機の識別塗装。白十字にはなんらかの紋章が入る場合が多いが写真からは判別できなかった。

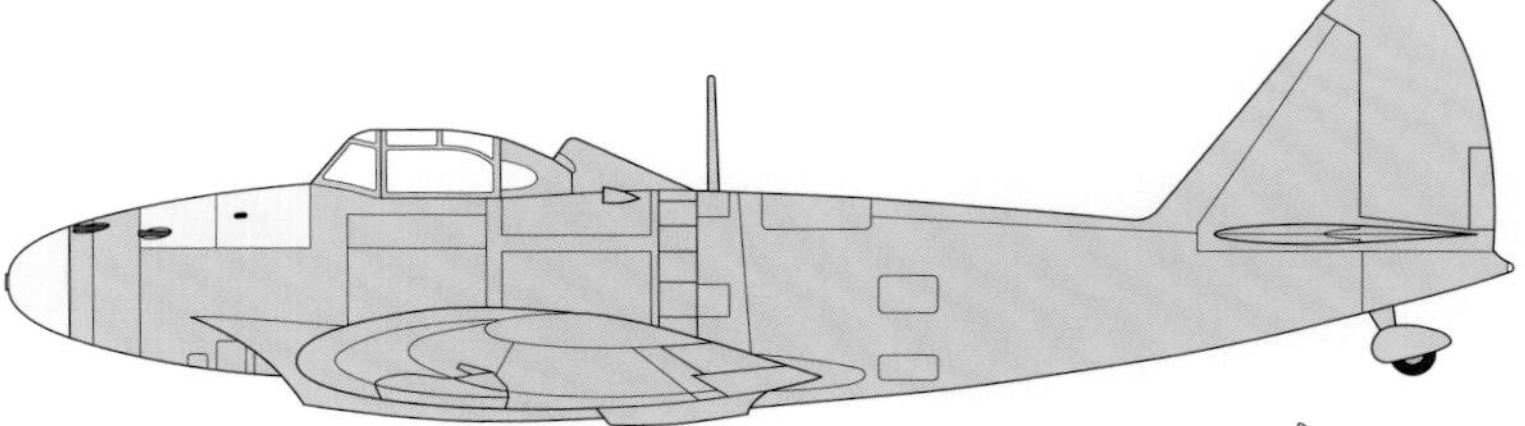

ピアッジオP119 試作機（MM497）［1942年］／P119試作機には全面が明るい色に塗られている写真が残されており、おそらく1942年11月から始まったタクシーテスト時のものと思われる。金属地には見えないので、プライマーが塗布されているのだろう。スピナーと機首上面の機銃パネルは他より明るい色で、おそらく白。国籍マークや文字などのマーキングの類はいっさい入っていないようだ。

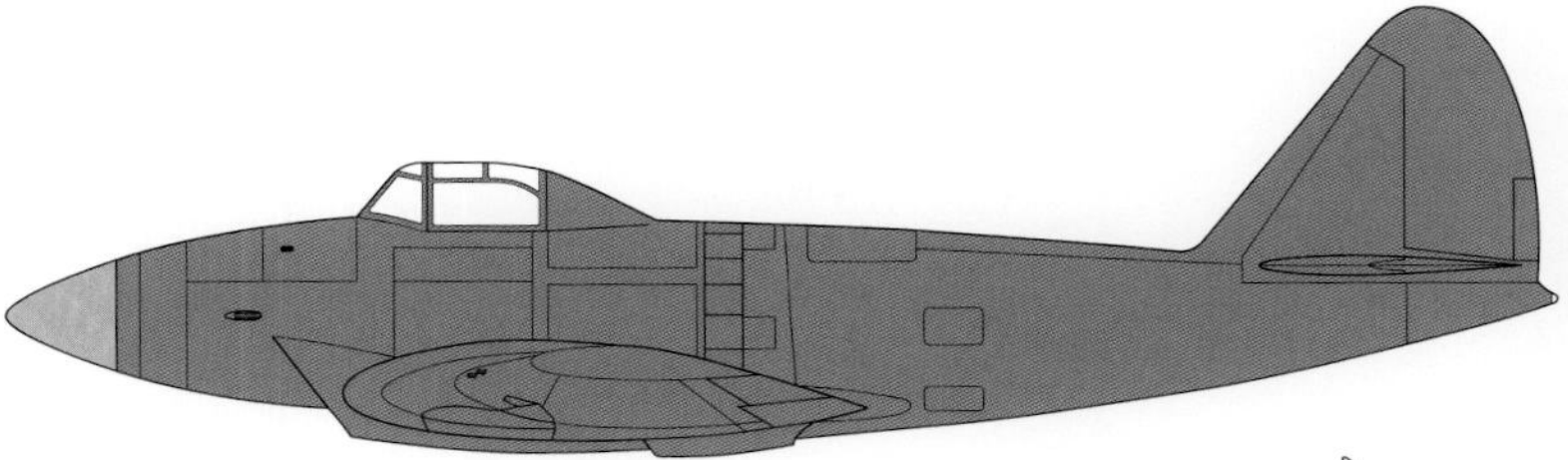

ピアッジオP119 モックアップ（MM496）［1940年？］／試作機製作の前に、P119も通常どおりモックアップが作られた。機体形状や擬装の検討用で基本は木製、風防は枠のみ。図の元にした写真は金属製のスピナーが取り付けられており、先端がとがっていることからモーターカノンは無く、機首上面の機銃は側面に移動している。さらには主翼に機銃が確認できるので、武器の搭載を検討していた時のものと思われる。

イラスト・機体解説◎二宮茂樹

コロンビアXJL-1 ［P.57～］

Columbia XJL-1

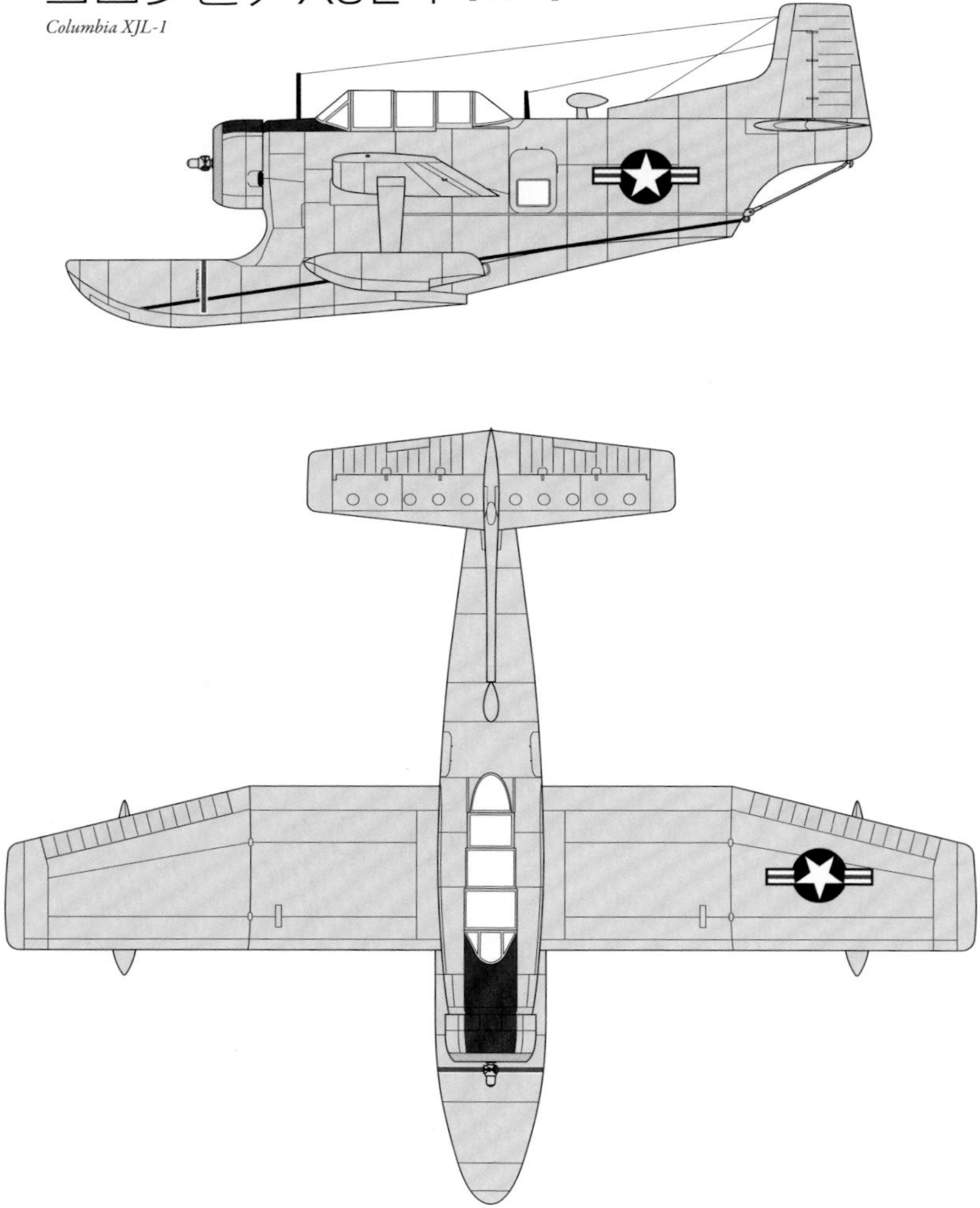

コロンビアXJL-1 アメリカ海軍［1948年］パタクセントリバー／左右の袖に赤いラインが入っているアメリカ国籍マークが描かれていることから、1947年以降、おそらくXJL-1の最終形態。機体後部に着艦フックがあり、キャノピー後方にフットボール型アンテナフェアリングが取り付けられている。カウリング先端が明らかにシルバーではないため、この塗装図では黄とした。民間に払い下げられたXJL-1の1号機は、エンジンを換装し世界一周飛行する計画だったが頓挫し、現在はピマ航空宇宙博物館に展示中。2号機は個人が購入し13年かけてレストア後、1997年の初飛行で不時着・損傷し再び長い修復期に入っている。

コードロン・ルノーC714 [P.63～]

Caudron-Renault C714

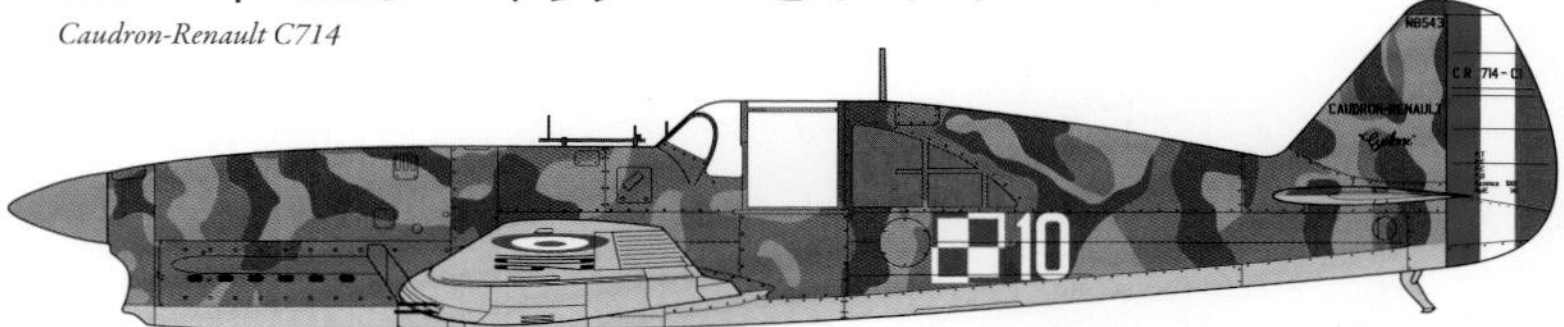

コードロン・ルノーC714 1/GC145 2Esc "10"［1940年］フランス／ポーランド人部隊が撤退時に残したCR714。よく見るとエンジンナセル各パネルの迷彩が繋がっていない。"10"はニエヴィアラ伍長の乗機で、彼は撤退後英空軍315飛行隊に配属されハリケーンやスピットファイアでBf109と戦った。

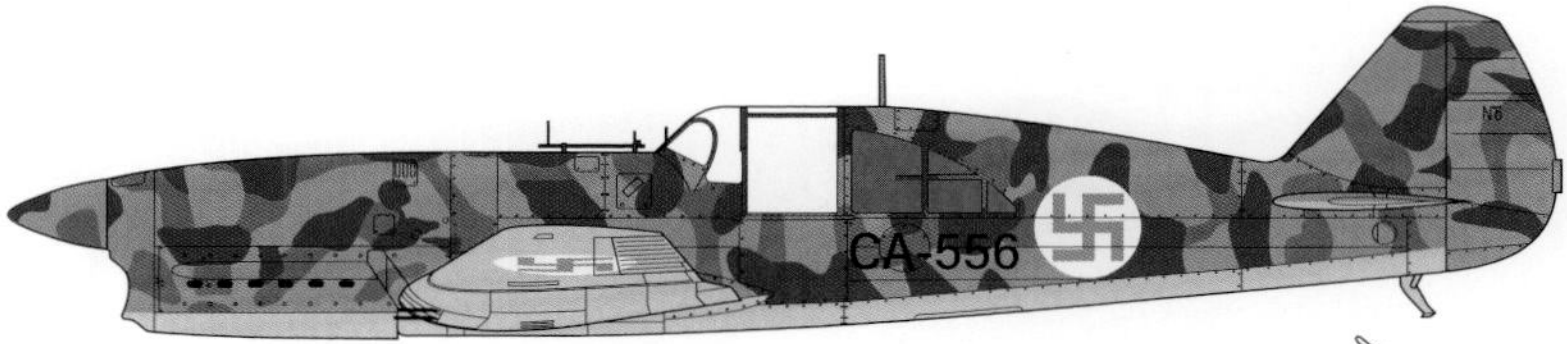

コードロン・ルノーC714 フィンランド空軍［1940年］／フランスからフィンランドに送られた6機のCR714は結局実戦に出ることはなかった。現存するのはCA556が1機のみ。フィンランドのロトニクトワ ポルスキエーゴ博物館で3Dプリンタを使い欠損部分を補うかたちで修復中。

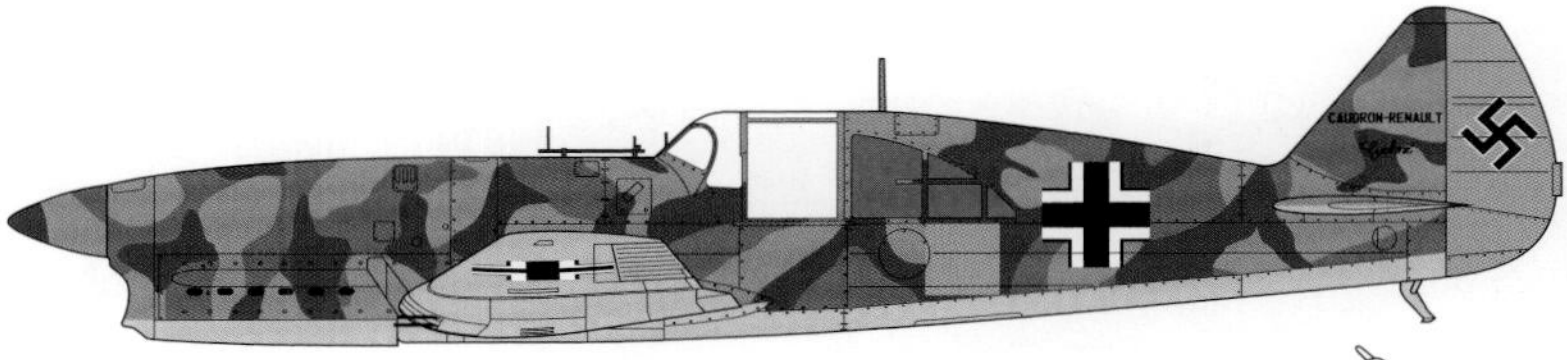

コードロン・ルノーC714 ドイツ空軍［1940年］／場所は不明だが、フランス降伏後ドイツ空軍が鹵獲しテストされたCR714。胴体の国籍マークと方向舵のストライプはRLM02グレーで塗りつぶしてある。元写真の背景と胴体の塗りつぶしが四角いところからポーランド人部隊機の可能性もある。

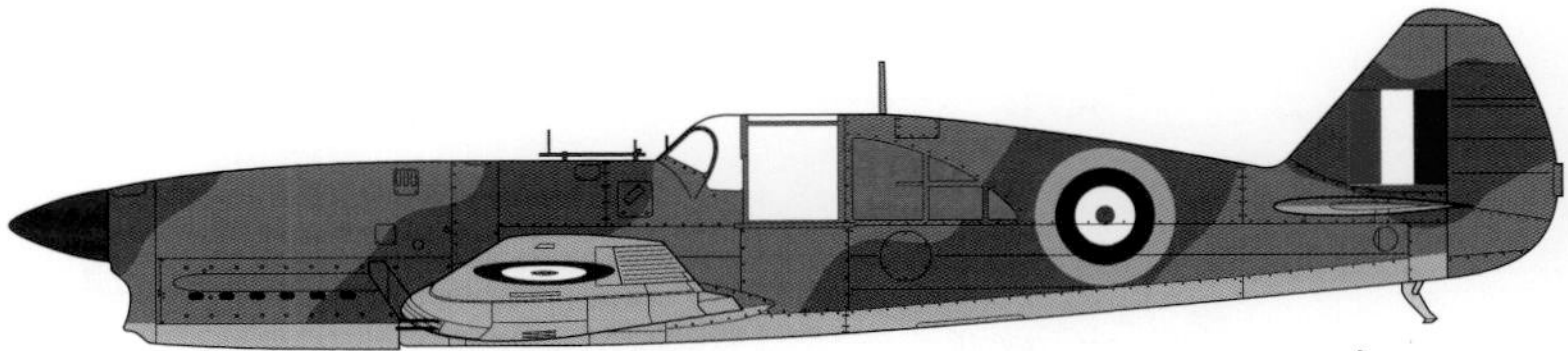

コードロン・ルノーC714 英空軍［1940年］ボスコムダウン／フランス降伏時に命からがらドーバー海峡を渡りイギリスに逃れ、英空軍によりテストされたCR714。英空軍はやはり使えないと判断したがなぜかアメリカ視察団が注目しており、資料を持ち帰ると翌年からベルP-77の開発が始まった。(架空塗装)

イカルス214 [P.87 ~]

Ikarus 214

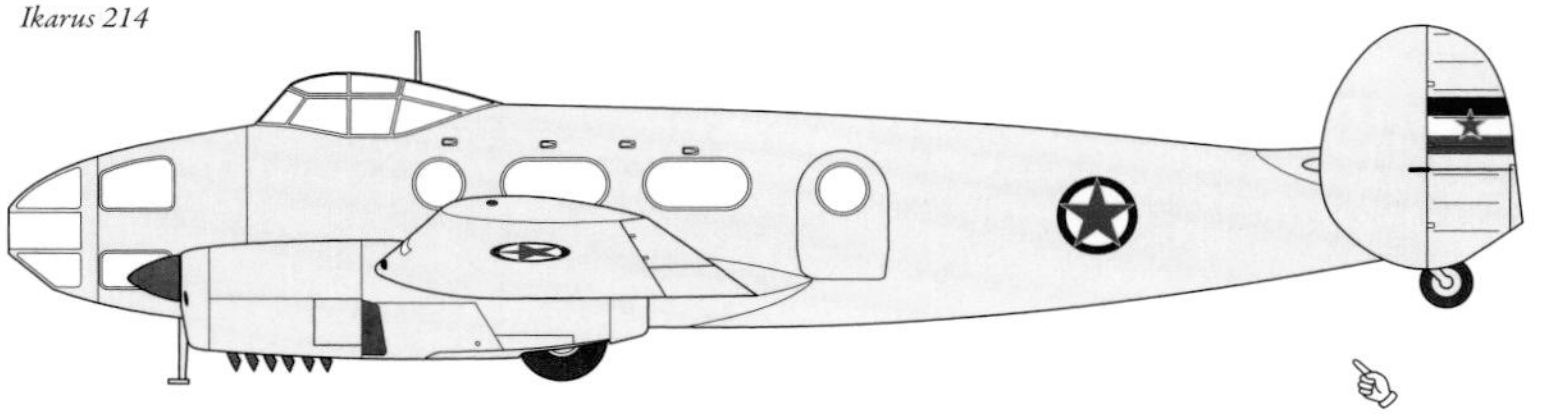

イカルス214 試作2号機［1951年］ゼムン飛行場／墜落した試作1号機にかわり実用化までのテストを行なった2号機。エンジンは同じ倒立V型12気筒。主翼後縁側フィレットは量産型と比べるとまだ小さい。全面シルバーで塗られ、胴体と方向舵の国籍マーク以外のマーキングは見当たらない。

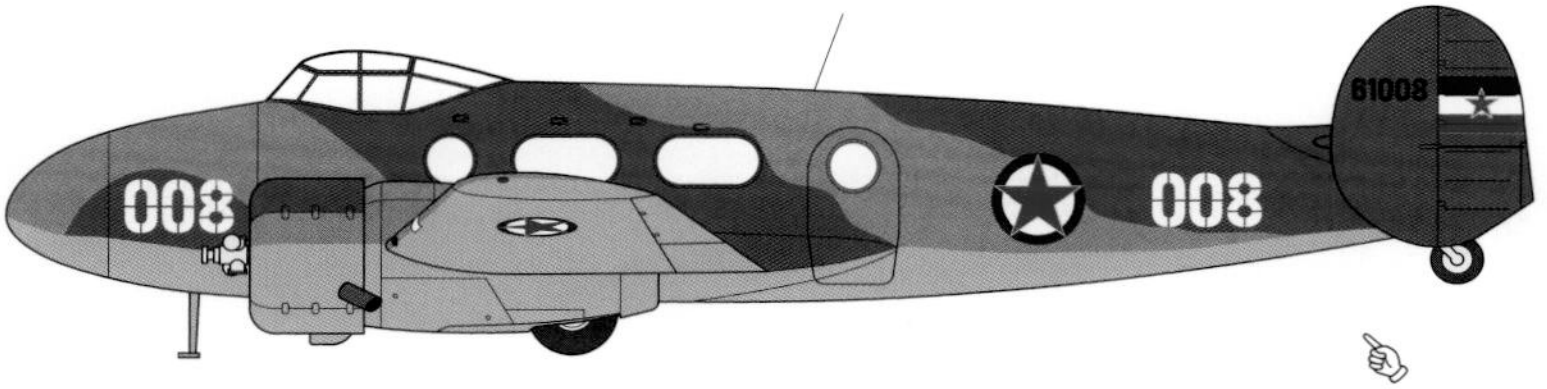

イカルス214D 61008 第679輸送航空飛行隊［1961年］／1957年から量産が始まり21機作られたイカルス214のうち、輸送機型はD型と呼んだようだ。量産型はエンジンを空冷星形に換装、フィレットが大きく後部ドアまでかかっている。物資・人員輸送の他、空挺降下用にも使われた。

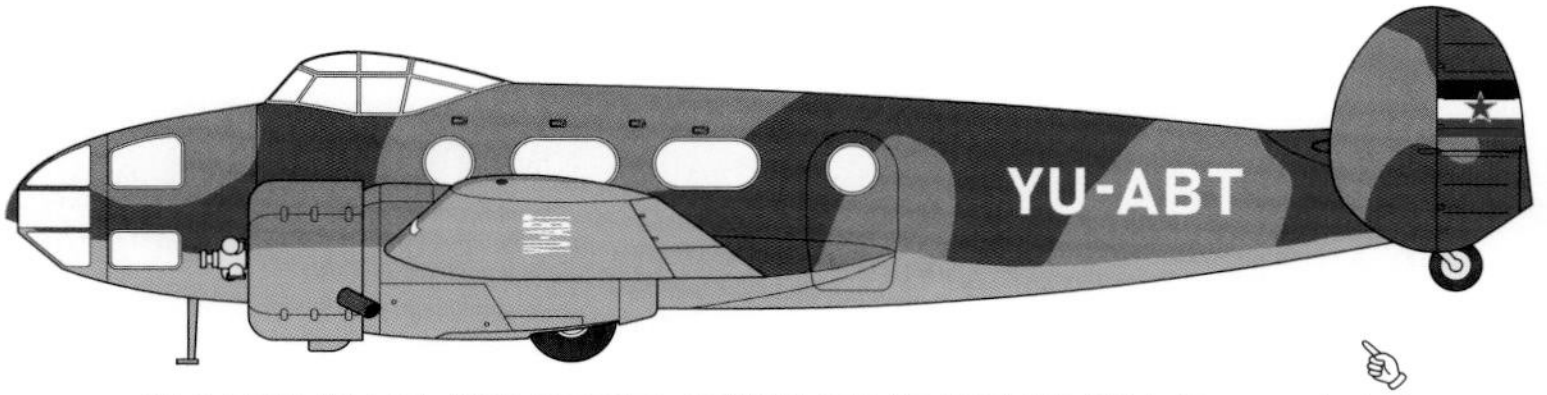

イカルス214D YU-ABT［1971年］／民間払い下げのD型は旅客機を経て、スカイダイビングの降下機としても使われた。カラーリングは迷彩のままで、主翼と胴体の国籍マークの代わりに民間登録記号が描かれている。またこの機体はキャノピーと窓枠がシルバーに塗られている。

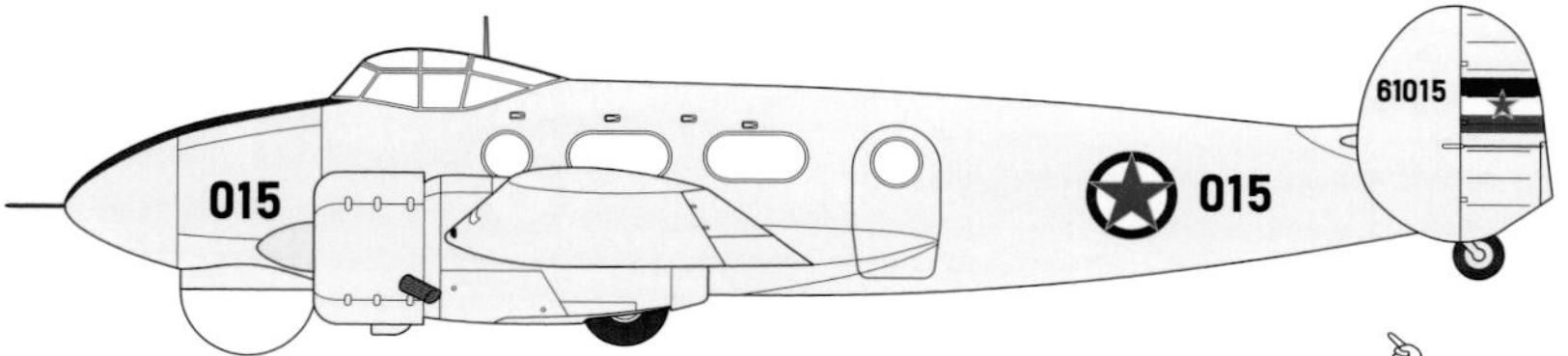

イカルス214M2 61015 第571対潜航空飛行隊［1964年］／輸送・練習機型のうち2機が対潜哨戒機型PP/M2に改造されたが、機首下面のレドームはダミーで中身は無い。結局実戦的な対潜哨戒までは行なわれず、テストのみに始終したようだ。機体全面は明るいグレイに塗られていたと考えられる。

世界の駄っ作機 11

IN Famous Airplanes of The World XI. ver. Mk.XI

◆着陸予定時間になっても帰ってこない試作機を待つ、開発担当者(想像図)

岡部だざく
Written by Dasaku OKABE

大日本絵画

リチャード王「してしまったことは、今さらどうにも取返しはつかぬ。
人間というもの、ときおり向う見ずな振舞いをする、
そうして、後になって後悔の臍をかむ、そういうものだ。」

――シェイクスピア『リチャード三世』第Ⅳ幕第４場（福田恒存訳）

序

愛ゆえに趣味と仕事が両立する――稲葉義泰

私にとって、岡部さんは画面の向こうの存在でした。小学生の頃、私の住む静岡県では夕方にフジテレビ系列の地方局でアニメを放送しており、それが終わると『スーパーニュース』という流れだったのですが、そこで時折軍事系ニュースを解説されていたのが岡部さんでした。中学生の頃、若干の夜更かしを覚えた私が大人ぶって夜中にやっていた『ニュースジャパン』を見ていると、そこにも岡部さんの姿がありました。高校生になるとアニメにはまり、女子高生×戦車という異色の組み合わせが話題となったスポ根作品『ガールズ&パンツァー』のディスク版を購入すると、映像特典には朗らかな笑顔を見せる岡部さん、副音声解説には作品について楽しげに語られる岡部さんが、それぞれいらっしゃいました。そして、大学生になった２０１５年ごろ、当時Twitter（現X）で『週刊安全保障』という番組が話題になっていました。調べてみると岡部さんが出演されていることを知り、視聴するようになりました。当時、放送日ともなると家族団らんの食卓でひとりご飯をせっせと掻っ込み、自分の部屋に戻ってパソコンの画面にかじりついておりました。私がおよそミリタリーというものについて触れて以来、そこにはいつも岡部さんの存在があったのです。

「『世界の駄っ作機』序文の執筆をお願いしたく思うのですが、いかがでしょうか？」そんなご連絡をいただいたのは、２０２４年１月のこと。10年前の自分に、「お前は将来『世界の駄っ作機』に序文を寄稿する機会をいただくぞ」と伝えても、まぁ信じてはくれないでしょう。「ぜひともお引き受けさせていただきます！」と返信するまで、自分でも現実感がなかったのですから。さて、謹んでお引き受けしたのは良いものの、しばらく何を書こうかとあれこれ悩んでおりました。どなたかのご著書に序文を寄稿させていただくという経験は、これまで一度としてなかったのです。それに、岡部さんという存在は自分にとってあまりにも大きく、心の底からの尊敬が、逆に重さとしてドッとのしかかってきます。とりあえず、自宅の本棚から駄っ作機シリーズを手に取り、ほかの方はどんなことを書かれていただろうかと軽く読み返そうとしたのですが、気付けば床に座り込んですっかり熟読の体勢をとり、自分の真上にあったお日様もすっかり山の向こうへと隠れていってしまいました。一種のタイムリープ、これぞ「ださく節」のなせる業です。

　しかし、そこで改めて気づいたことがあります。駄っ作機シリーズの連載はすでに開始から30年近くが経過しているわけですが、これだけの長期にわたる連載となると、もはやこれはライフワーク。私は、そんな駄っ作機シリーズから見えてくる岡部さんの「趣味と仕事」の関係について、誠に不躾な物言いではありますが、とてつもなく大きな興味があるのです。趣味と仕事が果たして両立し得るのかどうか、一度真剣に悩んだことがあります。それは、軍事ライターとしてお仕事をいただくようになってから一年ほどが過ぎた２０１９年頃のこと。それまでは、趣味として楽しんでいたミリタリーを仕事にできるのであれば、これほど良いこともないだろうと、半ばのほほんと考えていました。しかし、お仕事が増えていくにつれ、締め切りや文字数の制限、そしてなによりそれでお金をいただくということの裏返しに生じる責任から、いつしか私にとってミリタリーは趣味ではなくなっていたのです。達成感はあるけれども楽しいとはまた違う、これが「仕事」なのかと実感しました。

　そんななかで、駄っ作機シリーズを読み進めていくと、そこにはあふれ出るヒコーキ愛と、岡部さんの生き生きとした筆致が自分のなかに飛び込んできます。私自身、実はそこまでメカニックなものに興味があるわけではないのですが、しかしそれでもおもしろくてついつい読み進めてしまう。単にわかりやすいというだけでは、きっとこうはいかないはずです。

　ある事柄の芯をとらえ、それを自分の言葉に置き換えたりしながら伝わりやすい文章として出力する、これが「わかりやすい」ということだと思います。しかし岡部さんの駄っ作機シリーズの場合、まるで取り上げる機体のすべてを自分のなかに溶け込ませるような、とても人間味あふれる温かな雰囲気を感じます。これは、岡部さんのヒコーキ愛がこの連載の原動力になっているからこそだと思うのです。そして、愛を原動力にあれこれやるというのは、おそらく一般的には趣味の世界がそうなのではないでしょうか。自分の好きなものを好きな時に好きなだけ突き詰められる、そしてなによりそれをやっていて楽しいと感じられることが、趣味というものなのだと思います。これが仕事となると、自分にとって楽しいからというよりも、仕事として引き受けた際に生じる責任とか、そういうもので自分をおし固めて取り組むという感覚が、どうしても生じてしまいます。

　ところが、駄っ作機シリーズは連載という形で紛れもなくお仕事として取り組まれているにもかかわらず、そこには果てしないダメヒコーキへの愛にあふれた岡部さんの心踊る文章とイラストがある。もちろん、これを書き上げるために計り知れないご苦労があるということは言うまでもありません。しかしながら、それでも私にはこれが「趣味と仕事」の両立という、私が一度諦めた形がドンと実体を伴って堂々屹立しているもののように思えてならないのです。誠におこがましい限りではありますが、いつかこの「趣味と仕事」というテーマについて、岡部さんから直接お話を伺うことができる機会に恵まれれば……と心のなかで願っております。

さて最後に、岡部さんといえば軍事評論家のほかに料理家というイメージがあります。以前、Twitter（現X）で「イワシとアンチョビのパスタ」を調理過程の説明と共にお写真付きで投稿されたことがありました。「おいしそうですね！」と何気なくその投稿にコメントをお送りしたのですが、後日とある番組の収録でご一緒させていただいた際、「稲葉さん、もしよろしければこちらをどうぞ」と、クリアファイルに入れられた一枚の紙を手渡してくださいました。なんと、それは「イワシとアンチョビのパスタ」のレシピだったのです。しかも、そのレシピはところどころ「ださく節」が散りばめられた岡部さんお手製のもの。私はただただ恐縮するばかりでしたが、こんなところでも岡部さんの素敵なお人柄が感じられました。

稲葉義泰●いなばよしひろ

1995年生まれ。軍事ライター、国際法・防衛政策研究者。東京大学先端科学技術研究センター創発戦略研究オープンラボに所属。岡部氏も出演するフジテレビのインターネット配信報道番組『能勢伸之の週刊安全保障』で、自衛隊関連の情報を投稿したことをきっかけに軍事ライターを志すようになる。国際法の観点から安全保障を語る専門家として活躍中。SNSでは「因幡のよっちゃん」というアカウント名で活動している。

目次

CONTENTS

駄っ作機の塗装とマーキング……二宮茂樹……*1*

序……愛ゆえに趣味と仕事が両立する……稲葉義泰……*7*

〈FILE No.01〉求めたものは欲しいものではなかった……ラテコエール６……*15*

〈FILE No.02〉外しちゃったオランダ人……フォッカーＤ．ＸⅣ……*21*

〈FILE No.03〉草がからまったら転んだのだった……セヴァスキーＢＴー８……*27*

〈FILE No.04〉艦上機のはじまりと複葉機の終わり……アラドＡｒ１９７……*33*

〈FILE No.05〉いい考えが駄作の元……ピアッジオＰ１１９……*39*

〈FILE No.06〉理想と野心の早すぎる終わり……ドブケヴィシウス・ドビーⅢ……*45*

〈FILE No.07〉ただの変な可変機……アームストロング・ホイットワース・エイプ……*51*

〈FILE No.08〉要らないアヒルの子……コロンビアＸＪＬー１……*57*

〈FILE No.09〉軽く考えてました……コードロン・ルノーＣ７１４……*63*

〈FILE No.10〉これで戦えというのか…！……コードロン・ルノーC714……69

〈FILE No.11〉敵のワラと折れるワラ……コードロン・ルノーCR760／CR770……75

〈FILE No.12〉空中撮影以前の問題として……クーナート・フォトプレーン……81

〈FILE No.13〉蘇った翼はなんだかダメだった……イカルス214……87

〈FILE No.14〉戦闘機はあてもなく飛ぶ……ウェストランド・ウェストベリー……93

〈FILE No.15〉温め直しはうまくないぞ……マーチン146……99

〈FILE No.16〉人の運命はきりもみ状態……ロールバッハRo.Ⅸ ロフィックス……105

〈FILE No.17〉買った人だけ損をして……アダムA500……111

〈FILE No.18〉負け犬ボアハウンド……ブリストル・ボアハウンド……117

〈FILE No.19〉もう金は出さん！……スペンサー・ラーセンSL-12C……123

〈FILE No.20〉トゥエルヴ・オ・クロック・ハイ！……ボーイング／ヴェガYB-40……129

〈FILE No.21〉関係者全員、ダメだと思ってます……コンソリデーテッドXB-41……135

〈FILE No.22〉人の忠告は聞くものだ……テイラー・エクスペリメンタル……141

〈FILE No.23〉飛行甲板は遠かった……ノール2200……147

〈FILE No.24〉お前の飛行機、飛ばしてやらない……スホーイSu-17……153
〈FILE No.25〉焦って作るとろくなことがない……アエロA42……159
〈FILE No.26〉試験と実験とテストの末に……サローA.33……165
〈FILE No.27〉固定脚から引込み脚、フロートへ……IMAM Ro51……171
〈FILE No.28〉郵便屋さん、ちょっとこれは……トーマス・モースMB-4……177
〈FILE No.29〉惑星のマグネシウム衛星……プラネット・サテライト……183
〈FILE No.30〉こういうもんじゃないことはわかった……マーチンMO-1……189
〈FILE No.31〉〆切りに遅れてボツ……ブレゲー790……195
〈FILE No.32〉ロケット点火せず……DFS228……201
〈FILE No.33〉D.H.は「ダメな飛行機」……デハヴィランドDH29ドンカスター……207
〈FILE No.34〉至らなかったハイエナ……デハヴィランドDH56ハイーナ……213
〈FILE No.35〉了見違いの猟犬……デハヴィランドDH65ハウンド……219
あとがき……225

File No. 1

求めたものは欲しいものではなかった

ラテコエール6

Latécoère 6

全幅：27.7m
全長：16.0m
全高：4.7m
自重：5,050kg
総重量：6,590kg
エンジン：ノームローン・ジュピター
空冷星型9気筒（420hp）×4基
最大速度：198km/h
行動半径：500km
上昇限度：6,500m
兵装：7.7mm連装機銃×3（機首、背部、胴体腹部後方）
乗員：4名

ラテコエール6, 縮めて「ラテ6」, 4発戦闘機。おそらく当時世界最大の戦闘機だったろう。

1930年代のフランスの主力爆型機の一つ, リオレ・エ・オリヴィエLeO20。原型のLeO12は, ラテ6と同じ1924年に初飛行した。LeO20は1927年から部隊配備されて, 各型合わせて320機が作られた。全幅22.2m×全長13.8m, 自重2580kg, 総重量5060kg, エンジンはノームローン・ジュピター×2基で, 爆弾搭載量500kg, 最大速度196km/h という性能だった。

ラテ6の水平尾翼と昇降舵はこんなカタチ。垂直尾翼を外して描きました。

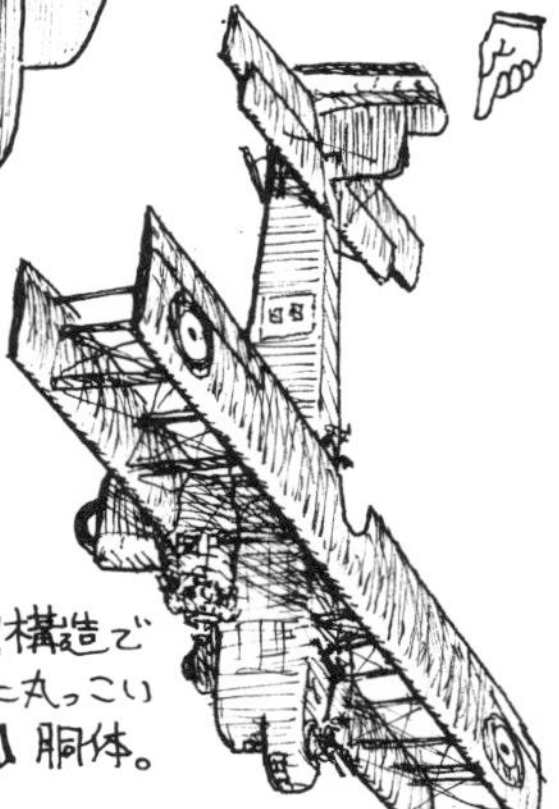

胴体に「AVIATION LATÉCOÈRE TOULOUSE」の文字。ラテコエール社は南フランスのトゥールーズにあった。

胴体のここ, 金魚でいえば肛門にあたるあたりに, 後下方銃座がある。これで機体の全周を射界におさめるのだ。

大圏構造で妙に丸っこい胴体。

ラテ6は自重が5050kgでLeO20爆撃機の総重量とほぼ同じで, エンジンの数が倍だから馬力も2倍, 速力はほぼ同じだけど, 爆弾を積まない戦闘機。これを求めたはずだったんだけど, 出来上がってみれば, 欲しいのはこれじゃなかったのだった。

改造後のラテ6の脚は, こんな構成。最初は車輪は左右1つずつだった。

ノームローン・ジュピターっていうエンジンは, その名のとおり, イギリスのブリストル・ジュピターのライセンス生産版だ。

時は１９１９年、第1次世界大戦が終わってまだ間もないころ。フランスでは新しい航空戦力をいろいろ考えるなかで、大型の多座戦闘機が有望なんじゃないか、という意見が出てきた。

当時の単座で単発の戦闘機は、武装が７・７㎜クラスの機関銃が2門で火力は至って頼りなかったし、速度もたいしたことないから、爆撃機に対して圧倒的に有利っていうわけでもなかった。それなら双発以上の大型多座戦闘機が同じ７・７㎜級の連装銃座を何ヵ所もつけて、いろんな方向に撃ちまくれば単発戦闘機なんか撃退できるじゃないか、これを爆撃機編隊に護衛として付けてやれば無敵、というのがその考え方だったようだ。しかも大型機なら、将来大口径の機関砲で火力を強化することもできそうだ。

実際、第1次世界大戦の末期に、フランスは単発爆撃機の護衛にコードロンR11双発３座戦闘機を使ってそれなりに成果を挙げた。コードロンR11は機首と背部に７・７㎜連装機銃、腹部に７・７㎜単装機銃を装備して、これを見たドイツ戦闘機は爆撃機編隊に容易に近づけなかったんだそうだ。でも本当はフランスの単発単座スパッド戦闘機が遠隔護衛についていて、そのせいでドイツ戦闘機も爆撃機をうまく攻撃できなかったようだ。後にドイツ戦闘機の戦術が進歩してくると、コードロンR11双発戦闘機も爆撃機もろとも損害を出すようになった。しかしこれがフランス軍にとっては成功体験として染みついていたんで、１９１９年にも大型多座戦闘機を作ろうと考えるようになったのだった。

で、フランス国防省第12局は、１９２０年にラテコエール社に「３座爆撃および防護機」ＢＰ３の試作発注を与えた。フランス政府に航空省ができるのが１９２８年、空軍の独立はさらにその後の１９３３年で、この当時はフランス陸軍の航空機の開発は国防省第12局という部署の管轄だった。当初の構想では、エンジンは２６０hpのサルムソンＣＵ−Ｚ９空冷星型９気筒が４基（４発戦闘機！）、翼幅22ｍ、全長17ｍ、自重２９８０kg、総重量５２６０kgというものだった。試作発注は後に２機に増やされた。

　これに応えたラテコエール社のラテ６はこの時代としてはかなり思い切った機体だった。全幅27・７ｍ、全長20・６ｍっていう同時期の爆撃機より大型で、しかも金属骨組みに羽布張りっていうのが、木製骨組みが主流だった時代には異常に先進的だった。複葉だけど下翼は上翼よりも小さい「一葉半」、どちらも後退角がついてる。その上下翼は楕円形の胴体に直接付いてるんだけど、その胴体がなんと大圏構造。１９３０年代にイギリスのヴィッカース社のバーンズ・ウォリスが、ウェルズレー爆撃機やウェリントン爆撃機で大圏構造を採用して有名なんだが、ラテコエール社はそれより前に大圏構造を使ったのだ。損傷に強いのがその大きな理由だ。

　胴体の機首と背部には７・７㎜連装機銃の銃座があって、胴体下部は下翼後方で細くなって、その段のところにもうひとつ銃座があった。これで機体のほとんど全周を銃座の射角に収められる。エンジンは上下翼の間のナセルに前後に前向きと後ろ向きに１基ずつ、４基を装備する。水平尾翼は三角形で、垂直尾翼は３枚、というか左右の水平尾翼にも方向舵が付く。

　ラテ６の胴体構造は１９２１年のパリ航空ショーで展示されたが、開発と製造にはえらく時間がかかったうえに、なにしろこんな構造なんで当初の見積もりよりもすごく重くなってしまった。試作機はやっと１９２４年夏に初飛行したけど、重量増で馬力不足は明らかだった。そこでラテコエール社は試作２号機を改良しようとしたんだけど、もう1機作るのは大変なので、１号機を改造してエンジンをノームローン・ジュピター空冷星型９気筒４２０馬力に変えたり、ナセルまわりの支柱を変えたりした。

改良型ラテ６は１９２５年に初飛行した。自重５０５０kg、総重量６５９０kgと、最初の構想の倍近い重さになってたが、さすがにエンジンの馬力も増えたんで、要求されてた速度２００km／ｈとほぼ同じ１９８km／ｈは出せた。とにもかくにもラテ６は性能的には狙ったところに届いてはいたのだった。

しかしはたしてそれでいいのか？　とフランス国防省も考えた。爆弾を積めない護衛戦闘機のくせに爆撃機より大きい。１９２７年配備のリオレ・エ・オリヴィエＬｅＯ20爆撃機だって、翼幅22・２ｍ、総重量５０６０kgだよ。ラテ６は運動性なんか望めないから、機銃がたくさんあっても戦闘機と渡り合えるのか？　それに金属骨組みの大圏構造で量産できるのか？　乏しい軍事予算で、他にも爆撃機とか買いそろえなくちゃならないのに、この生産に手間がかかって高価なラテ６を買えるのか？

と、フランス国防省は計画開始から5年たって正気に返って、ラテ６は試作だけで量産されずに終わった。求めたものができたら、欲しいものではなかった、というわけだ。でもフランス軍はこの後も、多座戦闘機で爆弾を積めて、偵察もできる飛行機なら、１機種で戦闘機にも爆撃機にも偵察機にも使えるから予算的にもトクだよな……という考えに取り付かれて、それが１９３０年代までフランスの軍用機開発にさまざまな混迷と挫折を強いるのでありました。

多座戦闘機

フランスの3座戦闘機
コードロンR11。

1918年2月から部隊配備されて、爆撃機の護衛で成果をあげた。

第1次大戦で飛行機同士が撃ち合うようになると、前方だけじゃなくて、あっちこっちに射撃ができる3人乗り以上の—しばしば双発の—戦闘機がいろいろ作られたのだった。

イギリス海軍が対飛行船用に1917年に試作した、4葉4座迎撃機、ペンバートン・ビリングス／スーパーマリン・ナイトホーク。

1927年のイギリスのブリストル・バグショット。

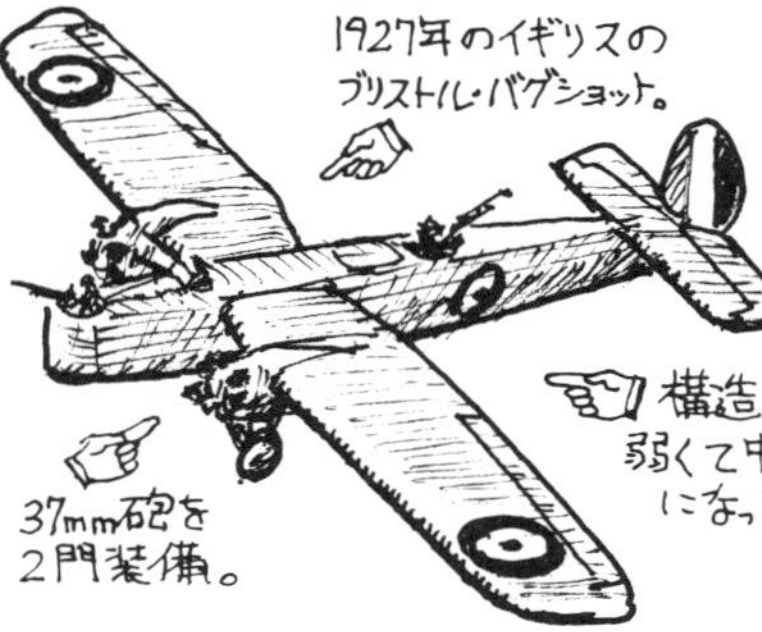

構造が弱くて中止になった。

37mm砲を2門装備。

1920～30年代、フランスは爆撃(B)にも戦闘(C)にも偵察(R)にも使える3座以上の万能機「BCR」っていうアイデアにとりつかれて、長年いろいろ試作しては失敗をくり返した。多座戦闘機の発展型。

1925年のBCR、全金属製のシュナイダー10M。重すぎて強度不足、振動が多くて操縦性も悪くて、ダメ飛行機。

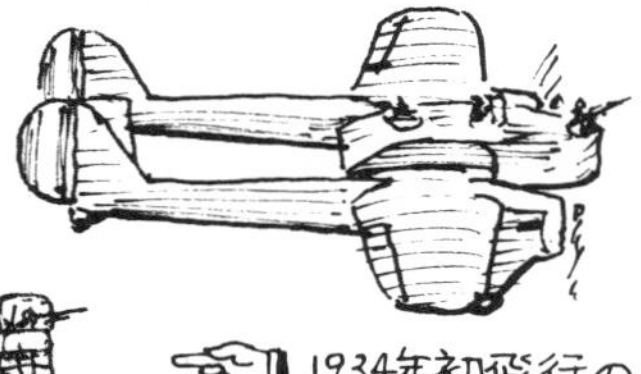

1934年初飛行のBCR、ファルマンF420。5人乗りで木製。試作機が墜落、そこで終った。

File No. 2

外しちゃったオランダ人

フォッカーD.XIV

Fokker D.XIV

全幅：10.8m
全長：7.9m
全高：3.25m
自重：950kg
総重量：1,350kg
エンジン：イスパノスイザHS12Hb
水冷V型12気筒(590hp)×1基
最大速度：274km/h
(その他性能不詳)
兵装：7.9mm機関銃×2門
乗員：1名

こんなに主翼が前にあって、重いエンジンと燃料タンクのすぐ近くだから、重心と揚力の中心の位置関係はどうなってたんだろう。主翼には後退角がついてて、翼端から気流がはがれて失速したりしなかったのかな。それで片翼の失速からスピンに入ったら、この小さな方向舵でうまく回復できたのか？ 墜落したときも、宙返りから横滑りしてスピンに入ったそうだし…。

第1次大戦の最優秀戦闘機といわれたりもするフォッカーD.VII。厚い翼で張線を要らなくしてる。第1次大戦後もしばらくいろんな国で使われた。

フランス製イスパノスイザ水冷エンジンで、円いラジエーターが機首前面にある。第1次大戦のフランスのスパッド戦闘機も同じような配置。フォッカーD.XIVの塗装は、もちろんモノクロ写真しかないんでよくわからないんだが、エンジン周りがベアメタルか銀、その他はオリーブグリーン、といったところだろうか。主翼上下面のFOKKERの文字は白かな。

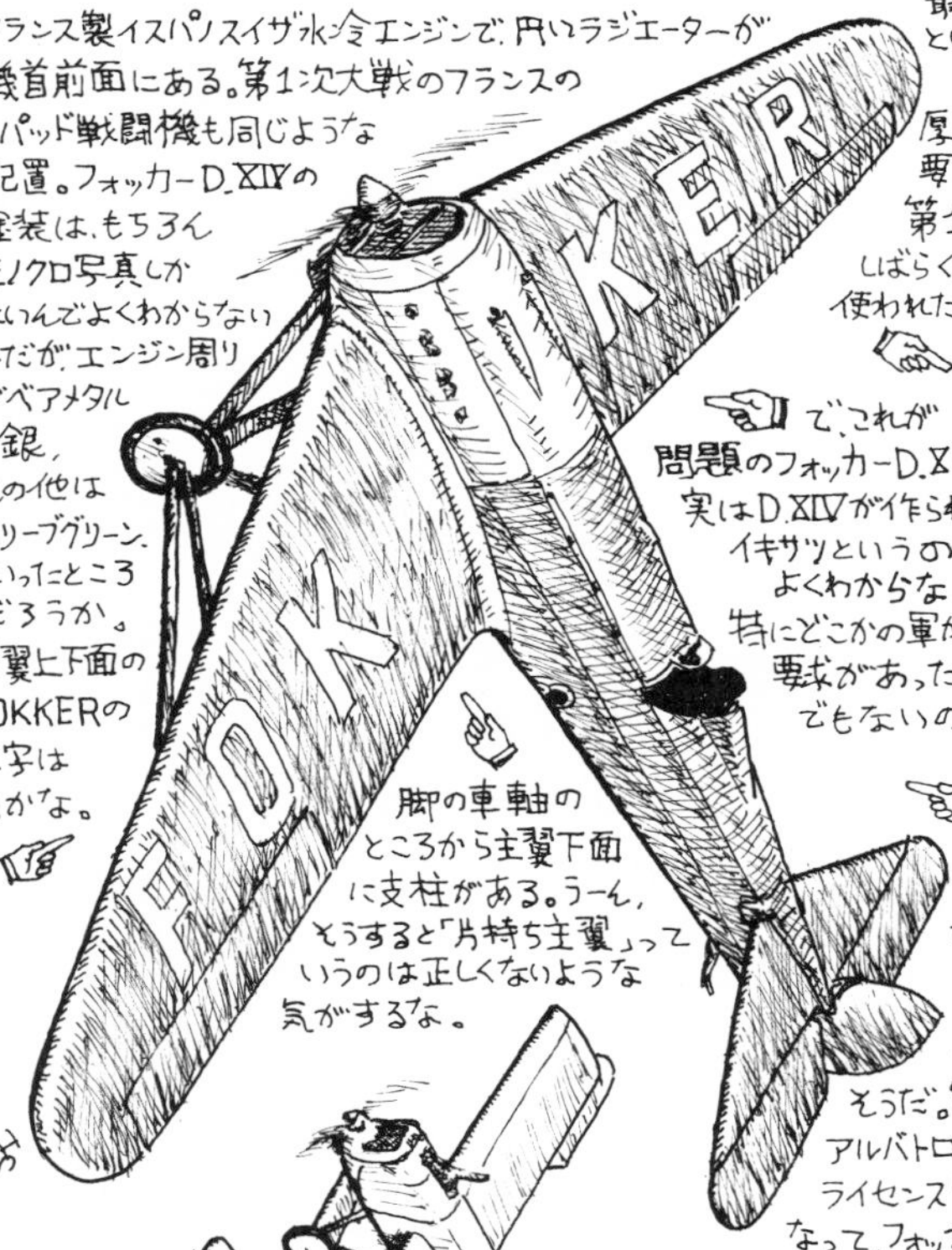

で、これが問題のフォッカーD.XIV。実はD.XIVが作られたイキサツというのがよくわからない。特にどこかの軍からの要求があったわけでもないのだ。

脚の車軸のところから主翼下面に支柱がある。うーん、そうすると「片持ち主翼」っていうのは正しくないような気がするな。

フォッカーとプラッツは図面を描かないで、いきなり飛行機を作っちゃうこともしばしばだったそうだ。第1次大戦で、アルバトロス社がD.VIIをライセンス生産することになって、フォッカー社に図面の提供を求めたら、図面は来なくて、D.VIIの現物が1機そのまま送られてきた、なんて話もある。

フォッカーの中翼単葉試作戦闘機、V20。1918年1月に初飛行した。

ラインホルト・プラッツは、この機を5日半で作り上げた、っていう話だ。

こちらは1918年半ごろの低翼単葉試作戦闘機、フォッカーV.25。

オランダの飛行機メーカーとして名高いフォッカー社は、第１次世界大戦でドイツ軍向けに多くの戦闘機を作って、大戦初期の単葉の「Ｅ」シリーズや中期の３葉Ｄｒ．Ⅰ、後期の複葉D.Ⅶ、最末期のパラソル翼単葉D.Ⅷは、優れた性能や運動性でそれぞれの時期に猛威を奮ったものだ。なかでもフォッカーD.Ⅶは第１次世界大戦の最優秀戦闘機のひとつともいわれるくらいだ。

ドイツは第１次世界大戦で負けちゃって、ヴェルサイユ条約で飛行機の開発や製造を禁止されたんだけど、フォッカー社はそもそもオランダ人のアントニー・フォッカーが作った会社だったんで、第１次世界大戦後はオランダに移って飛行機の製造を続けることができた。

大戦後の１９２０年代にはフォッカー社は当時としては先進的な単葉の旅客機を作って、ヨーロッパだけでなくアメリカでも成功を収めた。そのいっぽうで、フォッカー社はパラソル翼や複葉、一葉半（複葉だけど下翼が上翼に比べてかなり小さい形式）のいろんな戦闘機も作ってた。その戦闘機をフォッカー社はアメリカ陸軍に売り込んでみたりもしたが、なにしろ世界が戦争にこりごりしてた時代だったから、旅客機と違って戦闘機はなかなか売り先が見つからなかった。でも１９２４年には、ドイツが戦勝国に秘密でソ連のリペツクに設立してた空軍（本当は空軍の保持なんか禁止だ）の訓練センターが、フォッカーD.ⅩⅢ戦闘機を50機買ってくれた。

そんな頃、フォッカー社は久々に単葉戦闘機を作った。D.ⅩⅣ戦闘機だ。当時の各国の戦闘機はもちろん複葉が主流だったのに、フォッカーD.ⅩⅣは単葉の、しかも支柱や張線のない片持ち翼だった。それだけ抵抗が少なくて高速が狙えるわけだ。実はフォッカー社は、というかアントニー・フォッカーとその片腕のドイツ人設計者ラインホルト・プラッツは、すでに第1次世界大戦の末期にフォッカーＶ17、Ｖ23、Ｖ25といった中翼の片持ち単葉戦闘機をいくつか試作してたのだ。確かに片持ち単葉だと抵抗が少なくて性能も良かったんだが、パイロットの前下方の視界が良くないとか、いろんな理由で制式採用にならずに終わってた。

今度のフォッカーＤ．ⅩⅣは低翼で、主翼は思いっきり胴体の前の方に付いてた。そんな位置に主翼があると、重心位置と主翼の揚力の中心位置が違っちゃって安定が悪くなりそうに思うんだが、主翼に後退角がついてたのは揚力の中心位置を下げようとしたんじゃないかしら。その後縁より後ろに操縦席を置いたのは、きっと下方の視界を良くしようと思ったんだろうな。

胴体の後ろには小さな方向舵が付いてる。垂直安定板はなくて、垂直尾翼は方向舵だけなのだ。第1次世界大戦の頃の飛行機じゃそういう配置がよくあって、フォッカーＤｒ．Ⅰ戦闘機もそうだったし、大戦後のフォッカー戦闘機も垂直安定板がなくて方向舵だけの機体がいくつかある。水平尾翼と昇降舵は一応普通なのが付いていた。

機体の構造についてはよくわからないんだが、フォッカーの飛行機の通例としておそらく胴体は鋼管骨組み、主翼は木製の箱形の桁で羽布張りだったんじゃないだろうか。エンジンはフランス製のイスパノスイザＨＳ12Ｈｂ水冷Ｖ型12気筒５９０hpだから、当時としては最強クラスのエンジンを装備してたことになる。もちろん脚は固定式で、脚の外側と主翼下面を結んでＶ型の支柱があった。だから厳密には片持ち式とは言い切れないんだろうけど。

フォッカーD.ⅩⅣは１９２５年3月末に初飛行した。テスト飛行では最大速度２７４㎞／hを出した。これは当時としてはすごい性能で、この年の2月に初飛行したイギリスのグロスター・ゲームコック複葉戦闘機は４２５hpの空冷星型エンジンで２３３㎞／hだった。フォッカーD.ⅩⅣのエンジン出力と空力的洗練の成果っていうところだな。テストしたドイツ秘密空軍のパイロットは高性能を絶賛したそうだ。

ところがフォッカーD.ⅩⅣは安定性が足りなかった。射撃時の機体の座りは良かったともいうから、水平飛行する分には安定してたようだが、どうも運動すると危なかったのかもしれない。D.ⅩⅣの主翼の位置とか垂直尾翼の小ささを見ると、素人目にもいかにも安定が悪そうだが、やっぱり安定が悪かったのだ。

実は会社のボスのフォッカーという人も設計担当のプラッツも、ちゃんとした航空力学や工学を学んだ人じゃなくて、現場で自分の経験やカンで飛行機を作っちゃう人だった。だから当たると傑作機になるけど、外すとどうしようもない。フォッカーD.Ⅶだって、最初は方向安定が足りなくて胴体を伸ばして成功してるくらいだ。

そしてD.ⅩⅣでもフォッカーとプラッツは外してしまった。１９２５年10月、オランダのスキポール飛行場でのデモンストレーション中、D.ⅩⅣはスピンに入って墜落、パイロットのヘルマン・ヘスは死亡してしまった。主翼がひどく振動したともいうから、構造にも問題があったのかもしれない。これでたった1機のフォッカーD.ⅩⅣは失われ、その先の開発も製造も中止になった。フォッカー社は１９２０年代末にまともな複葉戦闘機D.ⅩⅥとⅩⅦで成功するが、それはまた全然別の話だ。

イラストで見る
航空用語の基礎知識
basic knowledge

ドイツの秘密空軍

ヴェルサイユ条約で
空軍を持つことも
飛行機を開発・生産する
ことも禁じられたドイツは、
1925年にソ連のリペツクに、
空軍の訓練センターを
こっそり作らせてもらう、という
秘密協定をソ連との間で結んだ。
見返りにドイツはソ連に技術やテストデータ
を提供することになった。

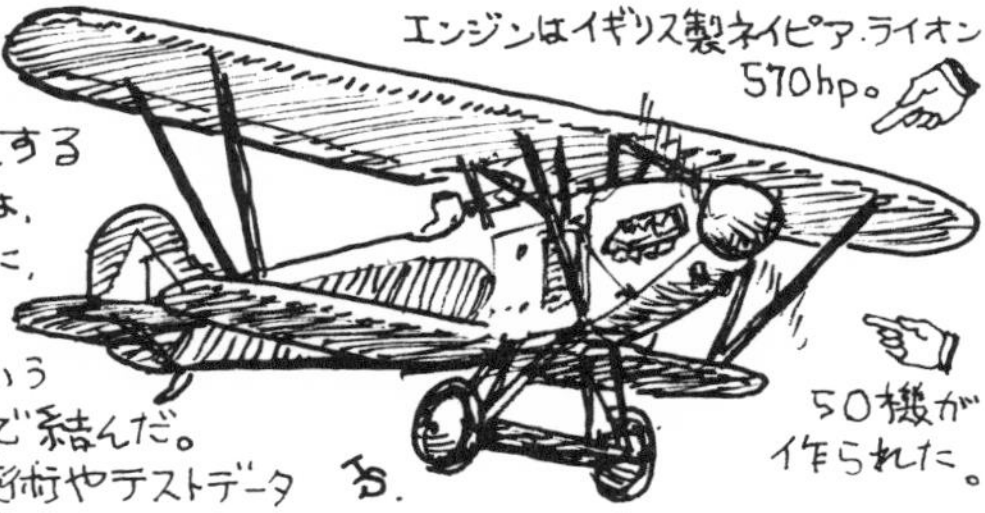

エンジンはイギリス製ネイピア・ライオン
570hp。

50機が
作られた。

リペツクのドイツ軍航空要員の
訓練センター、いわば「秘密空軍」の
主力戦闘機となったフォッカーDXIII。
1924年初飛行。最大速度270km/h
で、当時世界最速の戦闘機だった。
フォッカー社は輸出先を
アルゼンチンと偽ってた。

リペツクの
練習機、ハインケルHD17。
1926年から7機が
配備された。

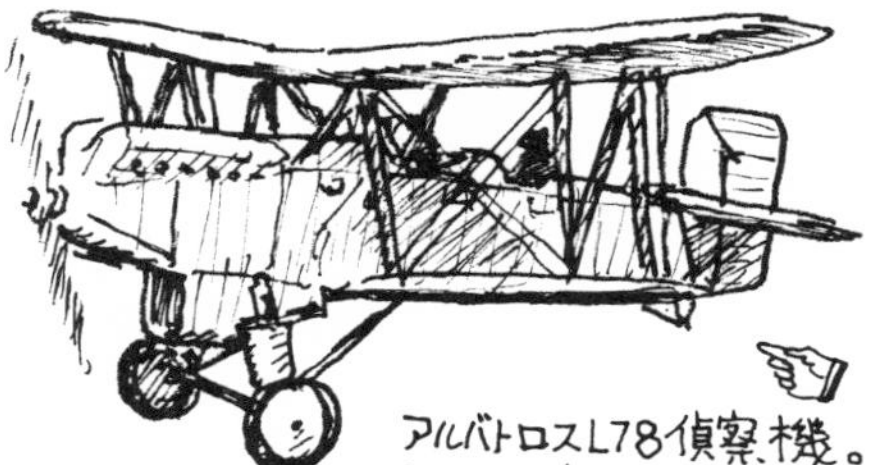

アルバトロスL78偵察機。
リペツクで6機が使われた。

輸送機として使われた
ドルニエB「メルクール」旅客機。

偵察・軽爆として使われた、
ユンカースA35。
全金属製。

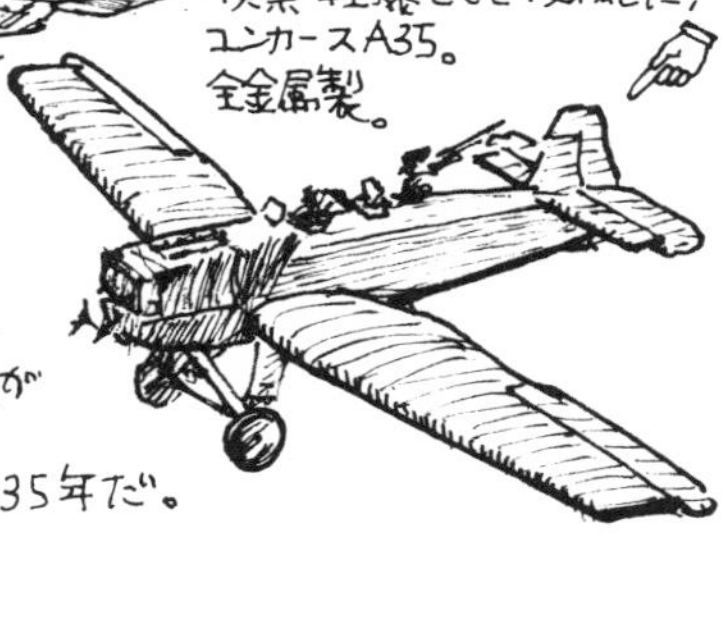

1930年ごろから、ソ連側はリペツクの
ドイツ側から得るものは少いと
考えるようになった。ソ連の航空技術も
進歩したし。1933年、ドイツにナチス政権が
できると、リペツクの訓練センターは
閉鎖された。ドイツの再軍備宣言は1935年だ。

File No. 3

草がからまったら転んだのだった

セヴァスキー BT-8

Seversky BT-8

全幅：11.0m
全長：7.4m
全高：2.7m
自重：1,239kg
総重量：1,840kg
エンジン：プラット＆ホイットニー R-975-11
空冷星型9気筒（400hp）×1基
最大速度：282km/h
実用上昇限度：4,496m
航続距離：850km
乗員：2名

1930年代のアメリカ
陸軍の練習機
というと……

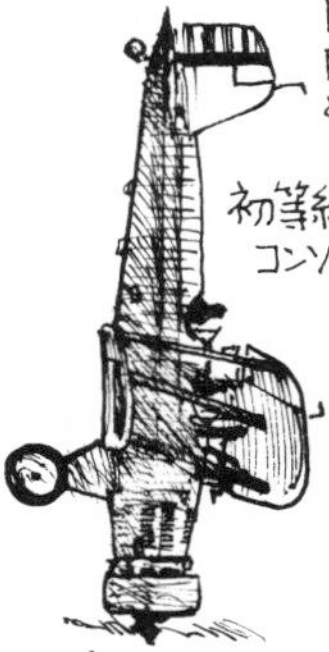

初等練習機の
コンソリデーテッド
PT-3。

基本練習機のダグラスBT-2。
O-32観測機の練習機型で、
原型のXO-2は1924年に初飛行。

セヴァスキー社の最初の製品SEV-3。
いろいろ改修されて、風防の形やら
塗装やら変わってる
んだけど、これは
最初期の形態。

色がわからない。
模型では
ブロンズ色の
作例がある。

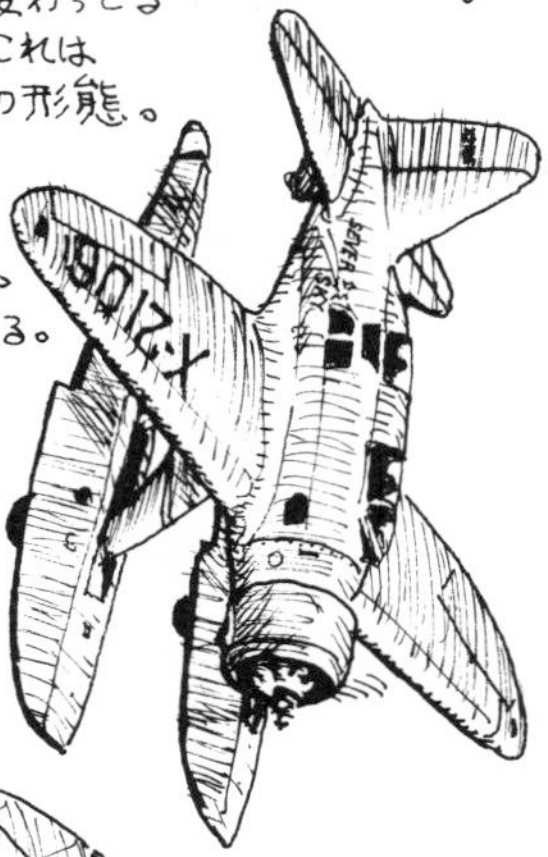

EDO社製
水陸両用
フロート。

SEV-3を基にして作られた、セヴァスキーBT-8
基本練習機。アメリカ陸軍からの発注をもらった
ものの、陸軍が使ってみたら、なんとダメ練習機だった。
ちなみにシリアルナンバーは34-247〜-276だった。

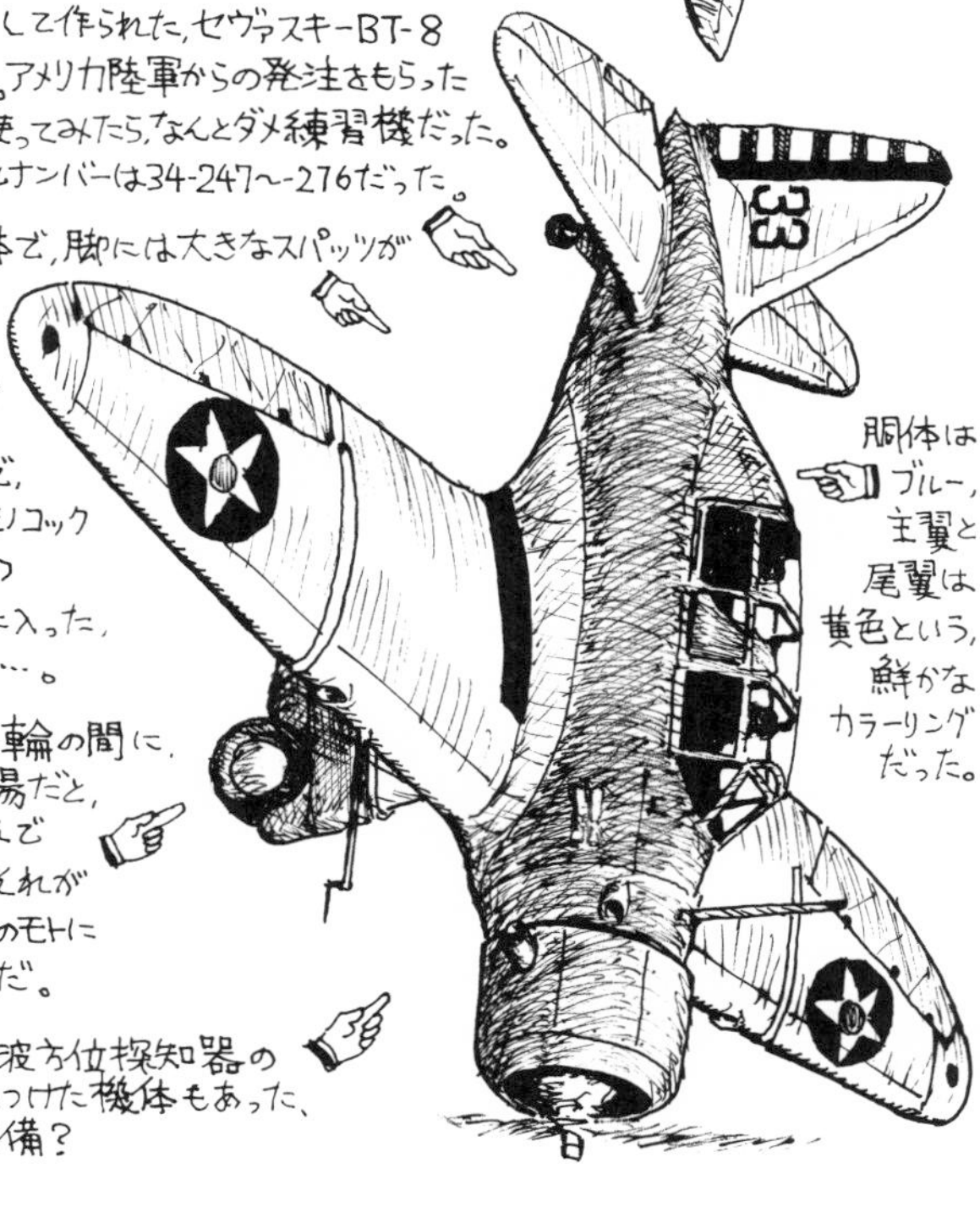

この太短い胴体で、脚には大きなスパッツが
ついてて、
風見安定が
足りなそう
ではある。

せっかくBT-8で、
単葉の全金属モノコック
構造の最新の
練習機が手に入った、
と思ったのに……。

このスパッツと車輪の間に、
草地の飛行場だと、
草や泥が入りこんで
詰まっちゃって、それが
着陸時の事故のモトに
なったりしたそうだ。

ここに大きな電波方位探知器の
ループアンテナをつけた機体もあった、
というか標準装備？

胴体は
ブルー、
主翼と
尾翼は
黄色という、
鮮かな
カラーリング
だった。

１９３４年、アメリカ陸軍航空隊は新型の基本練習機が必要になっていた。この頃すでに爆撃機じゃ単葉で引込み脚のマーチンＢ－10の引き渡しが始まってたし、攻撃機じゃ単葉固定脚のノースロップＡ－17が初飛行して、戦闘機の方も次に作るのは明らかに単葉引込み脚機になる。そういう単葉引込み脚で高性能の飛行機を操縦するパイロットには、やっぱり単葉の練習機で訓練させなくちゃならない、と考えたのだ。

この頃のアメリカ陸軍のパイロット養成は、まず初等練習機（ＰＴ）で飛行機の飛ばし方を覚えてから、基本練習機（ＢＴ）で編隊飛行や曲技飛行、計器飛行とかを習うというやり方だった。初等練習機は１９２５年から使ってる複葉のコンソリデーテッドＰＴ－３で、基本練習機はやはり複葉のダグラスＢＴ－１と－２だった。このダグラスＢＴ－１と－２は元は複座の観測機Ｏ－２とＯ－32で、それを後席からも操縦できるようにして、練習機に使ってたのだ。この基本練習機が旧式な複葉機のままだと、パイロットがこれからの単葉引込み脚の実戦機との性能の違いに戸惑ってしまう。それなら基本練習機を単葉で高性能の機体にしておけば、実戦機に対応しやすくなるだろう、という構想だった。

アメリカ陸軍航空隊がこの新型練習機の要求を出すと、早速それに応えたメーカーが現れた。セヴァスキー社だ。この会社を作ったのはアレクサンダー・デ・セヴァスキーという旧ロシア帝国の貴族だった人だ。第１次世界大戦じゃ海軍の戦闘機パイロットで、１９１５年の最初の戦闘で負傷して右脚を失いながらも、その後ドイツ機13機を撃墜してエースになってる。セヴァスキーは１９１７年のロシア革命で国を逃れてアメリカに渡り、陸軍航空隊に協力してテストパイロットなどを務め、１９３３年にジョージア出身のアレクサンダー・

カートヴェリを主任設計者にセヴァスキー社を設立した。

そのセヴァスキー社の最初の飛行機が１９３３年のＳＥＶ−３だった。ＳＥＶ−３は当時としては最新技術の全金属モノコック構造を採用し、楕円翼の単葉、双フロートの水陸両用で固定脚にも変更できる複座機だった。キャノピーは密閉式で、フラップも装備してた。

セヴァスキー社はアメリカ陸軍の新練習機要求に、このＳＥＶ−３の発展型、ＳＥＶ−３ＸＡＲという機体を作った。もちろん陸上型で、固定脚にはズボン型のスパッツが付いて、コクピットの位置はＳＥＶ−３よりも前進して高くなり、垂直尾翼も大きくなった。エンジンは空冷星型９気筒３５０hpのプラット＆ホイットニーＲ−９７５−Ｅだった。このＳＥＶ−３ＸＡＲは１９３４年９月に初飛行して、同年末には陸軍航空隊のテスト基地のオハイオ州ライトフィールドに運ばれた。

実はアメリカ陸軍の新練習機にはもう1社、新興のノースアメリカン社も試作機を用意してた。こちらのＮＡ−16は鋼管骨組みに羽布張りで、固定脚は剥き出し、コクピットも開放式だった。ＮＡ−16は１９３５年４月に初飛行、半ばにライトフィールドに持ち込まれて、ＳＥＶ−３ＸＡＲと比較テストされることになった。

しかしなにしろＳＥＶ−３ＸＡＲは全金属モノコック構造だし、いろいろ先進的な機体だったんで、アメリカ陸軍はすっかり感心して、ＳＥＶ−３ＸＡＲをＢＴ−８という名称で採用することにして、50機を発注したのだった。

量産機のセヴァスキーＢＴ−８は、エンジンを４５０hpのプラット＆ホイットニーＲ−９７５−11に換えて、その他いろいろ改修を加えた機体で、１９３６年には引き渡しが始められた。アメリカ陸軍じゃＢＴ−８をテキサス州ランドルフ・フィールドの訓練基地に配備した。

ところが実際に部隊で使ってみると、ＢＴ−８は危ない飛行機だった。まず馬力不足。エンジンは試作当時から強化されたのに、いろいろ機体の重量も増えたんだろう。それに安定が悪かった。なんでも10分間とまっすぐに飛んでいられなかったそうだ。太短い胴体に大きな脚スパッツで素人の見た目にも方向安定性が足りなそうだが、やっぱり安定が不足してたのだ。それに失速特性が悪くて、ベテランのパイロットじゃないと飛ばせられなかった。さらには高度２０００ｍ以上だとキャノピーが曇って、開けてないと操縦できなかったし、草地の飛行場だと脚のスパッツと車輪の間に泥や草が挟まって、車輪が回らなくなって機体がつんのめる。

ＢＴ−８は危なくてパイロット訓練生には安心して飛ばせられないんで、早々に訓練部隊から引き揚げられて、アメリカ陸軍も発注を30機に減らして、残りは生産中止になった。

ＢＴ−８がダメ練習機で終わったことで、ノースアメリカンのＮＡ−16の改良型がＢＴ−９として基本練習機に採用されることとなった。これが後に発展してＴ−６テキサンになって、各型合わせて１万５０００機以上が生産される。セヴァスキーはＰ−35戦闘機を作ったものの、会社経営には向いてなくて、１９３９年には会社を追い出されてしまう。セヴァスキー社はリパブリック社と名を変えて、Ｐ−47サンダーボルトやＦ−84サンダージェット、Ｆ−１０５サンダーチーフなどを作って大いに繁盛することになる。

さらに セヴァスキーは……

BT-8の後、セヴァスキー社は1936年にSEV-X-BTという飛行機を作った。基本練習機にもなれば高等練習機にもなり、さらには偵察機とか複座戦闘機にも、1機でいろいろ使える便利飛行機だ。

そのヒミツがこの外翼。長いのと短いのを用意して、高速の要らない基本練習機に使うときは長い外翼をつけて翼面積を増やし、短い外翼につけ換えれば、高速が出せて、実戦機に使える、というわけだ。エンジンもいろいろ選べるようになってた。

SEV-X-BTは売れなかったけど、複座戦闘機2PAに改造して、外国に売り込んだ。すると、1937年に日本海軍に20機(25機とも)売れちゃった！日本海軍は中国で少し使っただけだったけど、アメリカ軍は日本に戦闘機を売るセヴァスキーに腹を立てて、それも後にセヴァスキーが会社を追われた一因だったのかも。

File No. 4

艦上機のはじまりと複葉機の終わり

アラドAr197

Arado Ar197

全幅：11.0m
全長：9.2m
全高：3.6m
自重：1,840kg
総重量：2,475kg
エンジン：BMW132J
空冷星型9気筒(880hp)×1基
最大速度：400km/h
実用上昇限度：7,950m
航続距離：695km
武装：20mm MG FF機関砲×2門
7.9mm MG17機関銃×2門
50kg爆弾×4発
乗員：1名
(データはAr197V3)

ドイツ最初の艦上戦闘機で、ドイツ最後の複葉戦闘機、
アラドAr197。これは最終形態の
試作3号機Ar197V3。
「こんなのじゃダメ」ってわかってるんだったら、
最初からそう言ってくれればいいのに、
わざわざ作らせなきゃいいのに……
というかわいそうな
飛行機ではあった。

可変ピッチで
3枚ブレードの
プロペラ。

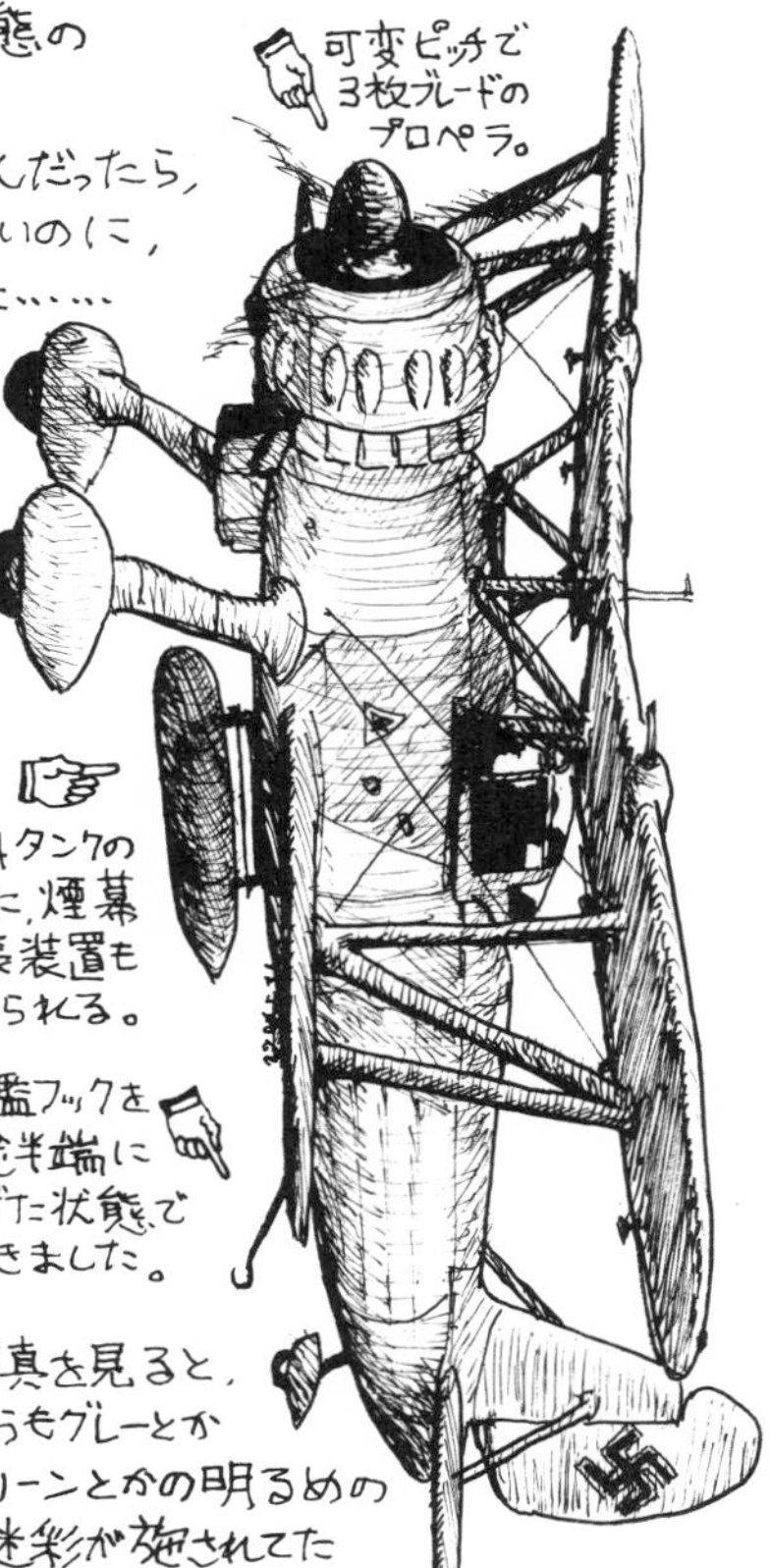

液冷のダイムラーベンツ
DB600Aエンジンをつけてた
試作1号機Ar197V1。
これはこれでかっこ良くて面白い
飛行機だったのに。

燃料タンクの
代わりに、煙幕
展張装置も
つけられる。

着艦フックを
中途半端に
下げた状態で
描きました。

1号機の
民間登録
記号は
D-ITSE、
試作2号機
Ar197V2
はD-IVLE。
3号機には
民間登録記号は
つかなかったみたい。

写真を見ると、
どうもグレーとか
グリーンとかの明るめの
迷彩が施されてた
ようにも見えるけど、
よくわからない。後には
グリーン系の濃い感じ
の迷彩になって、GA+NOのコードを書いて、
カタパルト試験をやってる写真もある。

最大速度400km/h、航続距離695kmは
大ざっぱにグロスター・グラジエーターと同じくらい。
洋上でイギリス海軍のシーグラジエーターと出会ってたら、良い勝負か、あるいは
20mm機関砲の火力で、Ar197の勝ちだったかもしれないな。

１９３５年、いよいよ大っぴらに再軍備を宣言したナチス・ドイツは、海軍の増強計画のひとつとして空母を建造しようとした。イギリスやアメリカ、日本の海軍を見てて、ドイツも強い海軍を作る以上、空母も必要だと考えたのだ。

で、ドイツ航空省は早速１９３６年にこの空母に積む艦上戦闘機と雷撃・爆撃・偵察の多用途機を作ることにした。その戦闘機の開発を任されたのがアラド社だった。

１９３６年というと、もう陸上戦闘機は単葉引込み脚の時代が始まってたし、艦上戦闘機も日本じゃ単葉固定脚の九六式艦戦が採用されて、アメリカじゃ単葉引込み脚のグラマンＸＦ４Ｆ−２の試作発注が出された頃だ。ドイツ航空省もアラド社も、戦闘機は今や単葉引込み脚だよなあ、というのは承知してたけど、なにしろこれまで空母を持ったこともなければ艦上機を飛ばしたこともない。そこで性能的には新世代の陸上戦闘機にはおよそ及ばないにしても、とにかく空母で離着艦できる戦闘機を作るために、アラド社はあえて複葉で固定脚の機体にすることにした。

アラド社は１９３４年に初飛行させたＡｒ68戦闘機を成功させてたんで、今度の初の艦上戦闘機Ａｒ１９７もＡｒ68との基本形式を踏襲してた。構造も手堅くて、主翼は金属骨組みに金属外皮、胴体も鋼管骨組みで金属外皮と羽布張りだった。エンジンはダイムラーベンツＤＢ６００Ａ液冷倒立Ｖ型12気筒９００hp、脚は固定脚で、とりあえず新しいところとして、キャノピーが密閉式になってはいた。

アラドＡｒ１９７の試作1号機Ｖ１は１９３７年初めに完成して初飛行した。ちょうどイギリスでも複葉固定脚で密閉式キャノピーのグロスター・グラジエーター戦闘機が初飛行した頃だ。このＶ１はあくまでも飛行試験用の試作機で、武装はなく、着艦拘束フックやカタパルト発進用のスプールも付いてなかった。

テスト飛行では、アラド社が手堅く作っただけあって、Ａｒ１９７も良好な操縦性を示したんだそうだ。試作2号機は着艦フックなどの艦上機装備を付けたんだけど、ドイツ航空省にとっては海軍の艦上機計画の開発優先度は低かったんで、Ａｒ１９７試作2号機Ｖ２は貴重なＤＢ６００Ａエンジンをまわしてもらえなくなっちゃった。しかなたく空冷星型９気筒のＢＭＷ１３２Ｊエンジン８１５hpを付けることになった。出力は１００hpも減っちゃったな。しかもドイツ空軍も海軍の艦上機にはいたって冷淡で、空母がまだ進水もしていないうちに艦上機の開発を進めるのは時期尚早じゃないの、みたいなことを言ってきた。

開発を始めたものの、なんだか航空省からも空軍からも冷たくされたＡｒ１９７だったけど、本格的な実用原型となるＶ３も１９３７年末には完成して、初飛行した。Ａｒ１９７Ｖ３はエンジンを強化してカウルフラップを付けて、上翼に20㎜機関砲２門、胴体上面に７・９㎜機関銃２門の武装も付いて、胴体下には燃料タンクか煙幕展張装置を取り付けて、下翼下面には50kg爆弾４発の爆弾架も備えられた。主脚は不時着水の時には投棄できるようになった。

でもこの頃には、ドイツ航空省も外国の艦上戦闘機の開発ぶりを見て、いくらなんでもこれから複葉固定脚機の時代じゃないな、と感じるようになった。しかも当の空母のほうが完成するのはまだ2年ぐらい先になりそうだった。その時の艦上戦闘機がこれでいいのか？　と考えるようになると、Ａｒ１９７の開発にはもはや意味がなかった。アラド社にしてみれば「いまさらそれを言われても……」だったろうけど、とにかくＡｒ１９７には開発中止が命ぜられて、３機の試作だけで終わった。

Ａｒ１９７はその後北ドイツのトラーヴェミュンデの試験場に置かれてテストに使われた。１９４２年３月、トラーヴェミュンデ空襲の時に３機のＡｒ１９７が迎撃に上がったけど、戦果はなく、逆に防御機銃でさんざん被弾したんだそうだ。

ドイツ最後の複葉戦闘機にして最初の艦上戦闘機、アラドＡｒ１９７は飛行機としてはそれなりにちゃんとしてたけど、最初の時点でも時代からこぼれ落ちるのは明らかだった。それを作らせて、時代遅れだからといって開発中止にしたのは、ドイツ海軍の空母艦上機に対する無定見や、航空省や空軍の艦上機への無関心や冷淡さのせいだったんじゃないかな。でもＡｒ１９７はイギリスのシーグラジエーターよりは火力が強いし、ソードフィッシュ雷撃機を追い払うぐらいはできたかもしれないぞ。

当の空母は１９３８年12月に進水、グラーフ・ツェッペリンと命名されて、新戦闘機にはメッサーシュミットＢｆ１０９Ｅの艦上型Ｂｆ１０９Ｔが作られ、１９３９年にはドイツ空軍に空母航空団が編成された。しかしグラーフ・ツェッペリンは１９４０年には建造中断、１９４２年に工事を再開したりもしたけど、もうドイツには空母を建造したり、その搭載機を作ったりする余力はなく、結局未完成のままに終わった。Ｂｆ１０９Ｔとかのドイツ艦上機も空母には載らずじまいだった。ドイツの空母そのものもアラドＡｒ１９７と同じ運命を辿ったのだった。

グラーフ・ツェッペリン

ドイツ海軍が建造に着手した唯一の空母グラーフ・ツェッペリンは満載排水量34000トン、全長262.5m、速力33ノットの予定だった。
ちょっと後のイギリスのイラストリアス級(23000トン)や後のアメリカのエセックス級(設計27000トン)より大きかった。

イラストリアス級みたいに飛行甲板に装甲を施して、15cm砲×16門、10.5cm高角砲×12門の重武装で、カタパルト2基とエレベーター3基を持つ。
でも搭載機数は、1939年時点の予定で、戦闘機12機と急降下爆撃機30機。

きっとイギリスのシーファイアと着艦事故の多さで良い勝負になったかも。

グラーフ・ツェッペリンの搭載戦闘機メッサーシュミットBf109T。主翼がE型より2m長くて折りたためる。少し作られた。

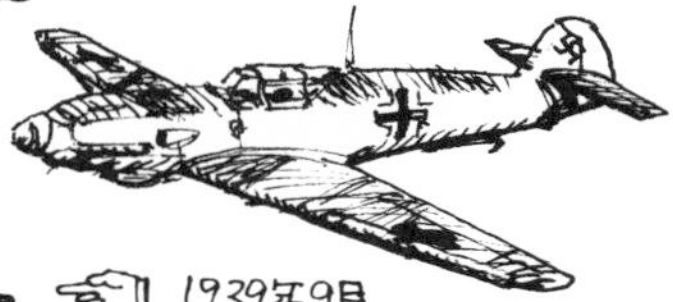

1939年9月、第2次大戦の開戦時、グラーフ・ツェッペリンは85%ぐらい出来てて、搭載航空部隊も編成されてた。でも1940年4月に、空母1隻を敵空軍の勢力圏内で行動させるのはムリだし、他の軍艦の建造も急ぐんで、工事は中断された。1942年に一旦は再開されたけど、もはや空母どころじゃなくてすぐ中止になった。1945年の終戦で未完成のままソ連が分捕って、1947年にバルト海で標的として沈めちゃった。

雷撃機兼急降下爆撃機にはユンカースJu87Cが予定された。こちらも主翼は折りたたみ式になった。少数作られて、Ju87CもBf109Tも空軍が陸上機として使った。

File No. 5

いい考えが駄作の元

ピアッジオP119

Piaggio P119

全幅：13.0m
全長：9.7m
全高：2.9m
自重：2,438㎏
総重量：4,091㎏
エンジン：ピアッジオP. XV RC60
　　　　　空冷星型18気筒（1,500hp）×1基
最大速度：620㎞/h
実用上昇限度：12,600m
航続距離：1,513㎞
兵装：20㎜ブレダCL20機関砲×1門
　　　12.7㎜ブレダ-SAFAT機関銃×4門
乗員：1名

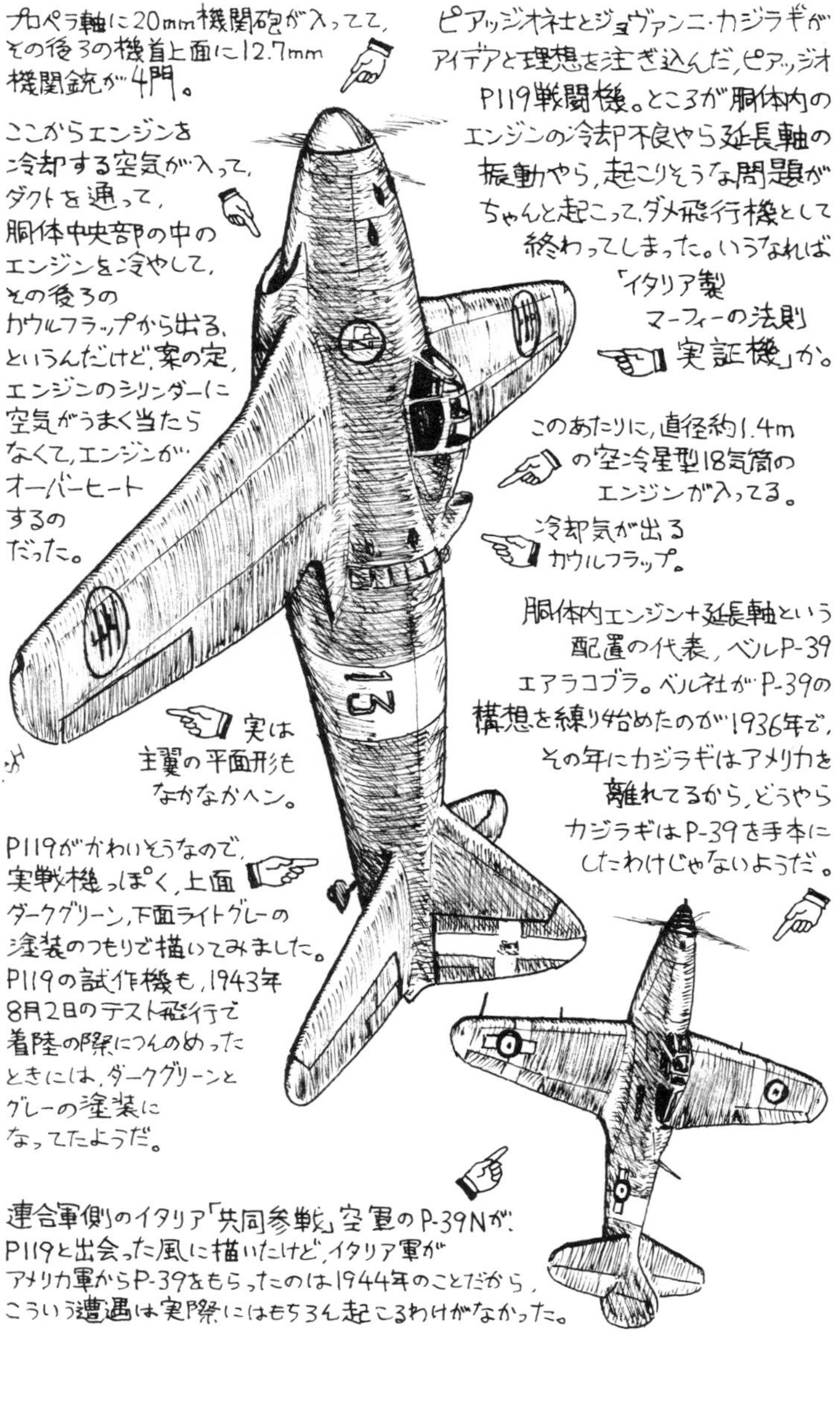
プロペラ軸に20mm機関砲が入ってて、その後ろの機首上面に12.7mm機関銃が4門。

ピアッジオ社とジョヴァンニ・カジラギがアイデアと理想を注ぎ込んだ、ピアッジオP119戦闘機。ところが胴体内のエンジンの冷却不良やら延長軸の振動やら、起こりそうな問題がちゃんと起こって、ダメ飛行機として終わってしまった。いうなれば「イタリア製マーフィーの法則実証機」か。

ここからエンジンを冷却する空気が入って、ダクトを通って、胴体中央部の中のエンジンを冷やして、その後ろのカウルフラップから出る、というんだけど、案の定、エンジンのシリンダーに空気がうまく当たらなくて、エンジンがオーバーヒートするのだった。

このあたりに、直径約1.4mの空冷星型18気筒のエンジンが入ってる。

冷却気が出るカウルフラップ。

13
胴体内エンジン+延長軸という配置の代表、ベルP-39エアラコブラ。ベル社がP-39の構想を練り始めたのが1936年で、その年にカジラギはアメリカを離れてるから、どうやらカジラギはP-39を手本にしたわけじゃないようだ。

実は主翼の平面形もなかなかヘン。

P119がかわいそうなので、実戦機っぽく、上面ダークグリーン、下面ライトグレーの塗装のつもりで描いてみました。P119の試作機も、1943年8月2日のテスト飛行で着陸の際につんのめったときには、ダークグリーンとグレーの塗装になってたようだ。

連合軍側のイタリア「共同参戦」空軍のP-39Nが、P119と出会った風に描いたけど、イタリア軍がアメリカ軍からP-39をもらったのは1944年のことだから、こういう遭遇は実際にはもちろん起こるわけがなかった。

第2次世界大戦が始まる前年の１９３８年のこと。イタリアの飛行機メーカー、ピアッジオ社は、１９３６年に新しい設計主任に迎えたアメリカ帰りのジョヴァンニ・カジラギのもとに、戦闘機を開発することとした。この戦闘機、社内設計番号Ｐ１１９は、特にイタリア空軍や航空省からの要求や指示に基づいたものじゃなくて、ピアッジオ社の自主開発で、これを成功させて空軍からの発注をもらおうという目論見だ。

Ｐ１１９の狙うところは高性能と運動性、それからエンジンやプロペラもピアッジオ社製のものを使うことだった。カジラギは高性能と運動性を実現するために、エンジンを胴体中央に収めて、延長軸で機首のプロペラを駆動する方式を採用することにした。

こうすることで胴体を空気抵抗の少ない形にできるし、重いエンジンを重心位置の近くに置くことで運動性も良くなる。それに加えて、プロペラは延長軸でギアボックスを介して回すんだから、そのプロペラ軸を中空にしてそこから機関砲を撃てるようにすれば射撃精度も高くなる。それに操縦席を前の方に設けられるから、パイロットの視界も良くなる、という具合にこの配置はいろいろ好都合なことが多かったのだ。少なくとも理屈の上では。

実はこの１９３８年にアメリカじゃベルＰ－39エアラコブラ戦闘機の試作機が初飛行してる。Ｐ－39は液冷Ｖ型12気筒のエンジンを胴体のコクピット後方に置いて、延長軸で機首のプロペラを回す配置だった。しかし同じような配置といっても、Ｐ－39が細長い液冷Ｖ12エンジンを細い胴体に収めたのに対して、Ｐ１１９はピアッジオ自社製の空冷星型18気筒のＰＸⅫエンジン、１７００馬力を使うことにしていた点が大きな違いだった。Ｐ１１９のエンジンは空冷星型だから直径が１・４ｍぐらいあったんで、それを収めるためには胴体は太くならざるを得なかった。

それに空冷エンジンだから空気を当てて冷やしてやらなくちゃならないが、胴体の中に置かれた空冷エンジンをうまく冷やすには工夫が必要だった。Ｐ１１９は胴体前部下面に大きな空気取り入れ口を設けて、そこからダクトで胴体の中に空気を送り、冷却を終えた空気はエンジン直後の胴体上部のフラップから排出する。

この星型エンジンのためにＰ１１９の胴体は円い断面形になり、エンジン搭載部分は鋼管骨組み（エンジンのマウントを兼ねるわけだ）に金属外皮、それより前と後ろの胴体はジュラルミンのモノコック構造で、エンジンからの延長軸はコクピット下を通って、機首のギアボックスにつながって、そこからプロペラを回す。コクピット直後の胴体背面にはエンジンの過給器用の空気取り入れ口が突き出して、エンジンの排気はフラップ直前の4本の排気管から出すようになっていた。主翼は2本桁の全金属製で、補助翼や昇降舵、方向舵は金属骨組みに羽布張り構造だった。武装はプロペラ軸のブレダ20㎜ＣＬ20機関砲1門に加えて、機首上面にブレダ−ＳＡＦＴ12・7㎜機関銃4門が装備されて、火力が集中されるようになっていた。さらに空軍が戦闘機に爆弾を積むことを求めてたんで、主翼下と胴体下に爆弾架を付けられるようにした。

Ｐ１１９の設計は１９３９年3月にまとまって、ピアッジオ社はイタリア航空省に提案してみた。しかし航空省はこの提案を1年以上ほったらかして、やっとイタリアが第2次世界大戦に参戦した後の１９４０年の末になって、試作機1機と地上強度試験用機1機の製造を発注した。

Ｐ１１９の試作機（シリアルＭＭ４９７）は、予定していたＰⅩⅫが間に合わないんで、１５００馬力のＰ．ⅩⅤ ＲＣ60／２Ｖを装備して、１９４２年の11月からヴィラノーヴァ・ダルベーニャで地上試験を開始して、12月19日にテストパイロットのニコロ・ラナの操縦で初飛行した。この頃すでに連合軍は11月初めに北アフリカに上陸、イタリア軍とドイツ軍はチュニジアで東西から攻められて進退窮まりつつあった。

　困ったことになったのはイタリア軍だけじゃなくて、ピアッジオＰ１１９もテスト飛行でいろいろ困ることになった。まずエンジンが冷えない。胴体下面からの空気が全部のシリンダーにうまく当たらなくて、エンジンがオーバーヒートするのだ。だからフラップを開けっ放しで飛ぶしかないんだけど、そうすると抵抗が増えて最大速度が出せない。しかもフラップからのエンジン冷却気で尾翼の気流が乱れて安定が悪い。そのせいで曲技飛行の操縦性のテストもできなかった。そして延長軸にありがちな問題として、震動が激しいし、エンジン自体の振動も伝わって、射撃の照準が不正確になってしまう。

　こんな問題がいろいろ出てきて、何度もテストを繰り返しているうちの１９４３年８月２日、連合軍がシシリー島に上陸して戦ってる頃、Ｐ１１９は着陸時にブレーキが効きすぎてつんのめって、プロペラを壊してしまう。損傷は軽かったけど、なにしろそんな戦況なんで修理はされず、９月にはイタリアは降伏して、Ｐ１１９の開発もそこで終わり、試作機はスクラップにされて消えてしまったらしい。せっかくうまい配置で作ったはずだったのに。

イラストで見る 航空用語の基礎知識 basic knowledge ☞ イタリア「共同参戦軍」

1943年9月8日に連合軍に降伏したイタリアは、
連合国じゃないけど連合軍側という
「共同参戦軍」の立場で、ドイツと戦うことになった。
一方、イタリア北部はドイツ軍が占領、
「イタリア社会共和国(RSI)」となって
連合軍と戦い続けた。

イタリア共同参戦空軍の国籍マークは外から、赤〜白〜緑のラウンデル。

RSI空軍の主翼のマーク、「ファスケス」だ。

胴体と尾翼のマークは、3色旗に黄色のギザギザのフチ。

この共同参戦空軍が、今日のイタリア空軍の前身となる。

共同参戦空軍はいろんな飛行機の寄せ集めだった。

「イタリア最優秀戦闘機」、マッキMC205ヴェルトロは、降伏時の稼動機66機中、6機だけが共同参戦空軍の手に入り、他はRSI側で戦い、RSIで生産もされた。

他にもレッジアーネRe2002が16機、Re2001が18機、マッキMC200が約40機、MC202が100〜150機あったそうだ。

連合軍からもスピットファイアMk.Vを約50機、P-39N/P-39Qを約150機もらって使った。いずれも現地の中古機。

爆撃機じゃカントZ1007が40機あって、他にもフィアットBR20やサヴォイア・マルケッティSM79とかいろいろあった。

連合軍からマーチン・バルチモアも約30機もらった。

メリディオナリRo.37bis偵察機。

イタリア共同参戦空軍はイタリア本土でイタリア人と戦うのはさすがに辛いので、もっぱらバルカン半島のユーゴスラビアやアルバニアの方で戦ったのだった。

File No. 6

理想と野心の早すぎる終わり

ドブケヴィシウス・ドビーⅢ

Dobkevicius Dobi-III

全幅：12.5m
全長：6.4m
自重：513kg（推定）
エンジン：BMW-Ⅲa
水冷直列6気筒185hp×1基
最大速度：250km/h（推定）
兵装：装備せず
乗員：1名

ユルギス・ドブケヴィシウスの最初の飛行機、ドビ-Ⅰ。全幅7.9m、全長4.5m、自重167kg、ハーケHFM-2っていう空冷対向2気筒エンジンをつけた小さな機体。でも最大速度175km/hを出せた。エンジン出力はたったの30hpなのに。

ユルギス・ドブケヴィシウスが作ったリトアニア初の戦闘機、ドビ-Ⅲ。1926年6月の2回目の飛行で着陸に失敗して墜落、操縦していた設計者ドブケヴィシウスは死亡した。その時、26歳。

機体は木製部分が黄色の塗装で、機首やスピナは銀かベアメタル。

こういうリトアニアの国籍マークを黒フチつきの白で描いてた。

この主翼の翼形が対称翼だったんだって。

引込み脚にすることも考えてたそうだ。

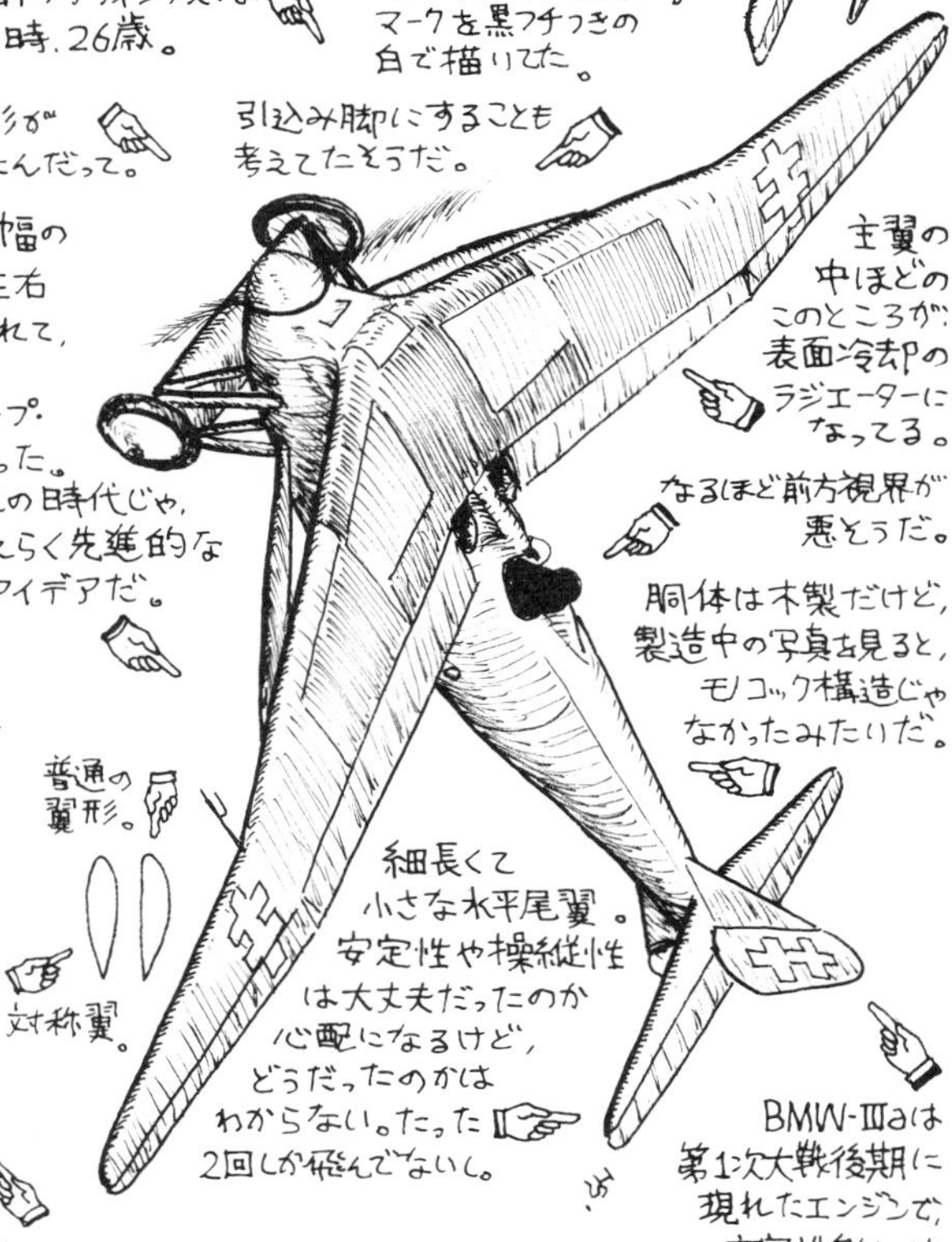

主翼後縁全幅の補助翼は、左右一緒に下げられて、フラップになるいわゆる「ドループ・エルロン」だった。

この時代じゃ、えらく先進的なアイデアだ。

主翼の中ほどのこのところが、表面冷却のラジエーターになってる。

なるほど前方視界が悪そうだ。

胴体は木製だけど、製造中の写真を見ると、モノコック構造じゃなかったみたいだ。

細長くて小さな水平尾翼。安定性や操縦性は大丈夫だったのか心配になるけど、どうだったのかはわからない。たった2回しか飛んでないし。

BMW-Ⅲaは第1次大戦後期に現れたエンジンで、高空性能には定評があった。ドビ-Ⅲは、細長い主翼で高空に上がって、敵機を上から高速で攻撃する一撃離脱を目指してたのかも。

細長くて尖った主翼のドビ-Ⅱ。エンジンの上に主翼を乗せたような配置といい、短かくて尾部が急にすぼまる胴体といい、小さな尾翼といい、ドブケヴィシウスの設計の特徴はドビ-Ⅲにも受け継がれる。

ヨーロッパの北、バルト海の東のどん詰まりには小さな国が三つある。北からエストニア、ラトヴィア、リトアニアだ。この「バルト3国」はそれぞれ長い歴史があるんだけど、18世紀にロシア帝国に飲み込まれて、それが１９１８年のロシア革命をきっかけに独立する。

１９２０年代、リトアニアではユルギス・ドブケヴィシウスという若き航空エンジニアがいた。生まれたのは１９００年、ロシアのサンクトペテルスブルクだけど、リトアニアの独立で父親の祖国の国籍となったのだな。１９１９年にリトアニアは南隣のポーランドと国境を巡って小さな戦争となって、ドブケヴィシウスもリトアニア陸軍に志願、できたばかりの空軍に移って弱冠20歳で航空隊の隊長になった。

１９２１年には最初の飛行機、ドビーⅠを作った。ドビーⅠは小さな高翼単葉機で、まあ実験作だったようだ。ドブケヴィシウスは１９２３年には軍を退役して、やはり高翼単葉の複座偵察機ドビーⅡを作る。ドビーⅡは木製で、主翼が翼端の尖ったテーパー翼、割と寸詰まりの胴体に操縦席は主翼のすぐ後ろ、脚は胴体下の逆Ｔ字型の支柱につくというかなり独特の形態だった。

ドビーⅡは量産化しようという構想もあったらしいが、なにしろパイロットの目の前が主翼の後縁だから前方視界がとても悪かったんで、それが原因で2回も着陸事故を起こして、量産は中止になってしまった。

それでもリトアニア政府はドブケヴィシウスのアイデアと設計を評価してボーナスを支払って、戦闘機の設計と開発を許可する。こうして20代前半のユルギス・ドブケヴィシウスは１９２３年から戦闘機の設計に取りかかった。ただし機体の製造費は政府は出してくれなかったようだから、どうもドブケヴィシウスの自主開発だったみたいだ。大変だな。

ドブケヴィシウスの戦闘機、ドビ‐Ⅲはドビ‐Ⅱの構造や配置を踏襲して、木製の高翼単葉機だったけど、いろいろ驚くべきアイデアが投入されていた。まず主翼の翼断面がなんと対称翼。つまり上下の曲面具合が同じ翼形だった。これだと迎え角をつけてやらないと揚力が作れないから、普通に飛ぶにはかえって抵抗が増えて、離着陸性能も悪くなる。でも上下対称なんで、背面飛行しても揚力の出方が変わらなくて、曲技飛行には適してる。今日でもアクロバット機なんかじゃ対称翼が使われてたりする。ドブケヴィシウスは空中戦でいろんな機動をする戦闘機には対称翼がよいと思ったんだろうな。

主翼の平面形は、内翼部が後退翼で、外翼部は強いテーパーのついた翼端の尖った、細長い形だった。高空性能をよくしようと思ったんだろうな。でもパイロットの前方視界が悪そうなところはドビ‐Ⅱと同じだ。その主翼の後縁は全幅にわたって補助翼が付いてて、この補助翼は離着陸時には下げて、フラップになる。

最大速度は３００km／hという当時のフランスやイギリスの戦闘機を大きく上まわる性能を狙ってたが、使えるエンジンは、リトアニア軍の倉庫にあった旧ドイツのＢＷＶ‐Ⅲａ水冷直列６気筒１８５hpしかなかった。すでにフランスやイギリスじゃ３００hp級のエンジンが現れてたけど、小国リトアニアじゃそんな新型強力エンジンは手に入らなかったのだ。

非力なエンジンで高速を出すために、ドブケヴィシウスは抵抗を減らそうと野心的なアイデアを注ぎ込んだ。ひとつは表面冷却。主翼内翼部の上下面（あるいは上面だけ？）にラジエーターを貼り付けて空気抵抗を減らす。

もうひとつは引込み脚だ。でもさすがに当時のリトアニアの技術じゃうまく脚を引込める算段がつかなくて、結局脚の引込みは見送られたが、それでも胴体に脚を収めるスペースは用意されてたんだそうだ。

ドビ-Ⅲは、ドブケヴィシウスのパリ留学をはさんで、１９２４年11月に完成、12月に首都カウナス近郊の狭い飛行場で、リトアニア政府の偉い人の前で初飛行した。ドブケヴィシウスの操縦でドビ-Ⅲはちゃんと飛んだけど、ちゃんと着陸できなかった。当時の戦闘機の着陸速度が60~80km/h程度だったのに、抵抗の少ないドビ-Ⅲは１２０km/hとすごく速かったのだ。しかもフラップ兼用の補助翼が、かえって気流の剥離を引き起こして、着陸時に失速、地面にぶつかってひっくり返ってしまった。

この損傷の修理や、2度目のパリ留学から戻ったドブケヴィシウスがドビ-Ⅰのテスト飛行でやっぱり着陸に失敗して脚を骨折したりで、ドビ-Ⅲの2度目の飛行は１９２６年の6月8日になった。ドブケヴィシウスは飛行場のまわりを飛んだ後、着陸しようとしたが、この日は無風でしかも飛行場は狭くて、着陸性能の悪いドビ-Ⅲにとっては難しい。ドブケヴィシウスは2回着陸をやりなおして、3回目に降りようとした。ところが着陸進入中に右翼が飛行場の手前の樫の木に衝突、ドビ-Ⅲは墜落、ドブケヴィシウスは病院に運ばれたが、数時間後に死亡した。前方視界が悪くて立木が見えなかったのが直接の原因とみられたが、それ以前にドビ-Ⅲの飛行特性や着陸性能が事故の背景だったみたいだ。

ドビ-Ⅲの開発もリトアニアの飛行機開発も、ユルギス・ドブケヴィシウスの野心と理想、若い命の終わりとともに終わったのだった。

イラストで見る航空用語の基礎知識 basic knowledge　バルト3国

バルト3国，エストニアとラトヴィア，リトアニアは，帝政ロシアが革命で倒れた1918年にロシアから独立した。でも1940年，共産主義のソビエト・ロシア（ソ連だな）がバルト3国に侵攻、ソ連に占領されてしまう。さらに1941年，ナチス・ドイツがソ連と戦い始めると今度はドイツに占領された。
そして第2次大戦後、バルト3国はソ連の一部にされちゃったのだった。

リトアニアとラトヴィアには小さいけど航空産業があって，練習機とかを作ってた。

1939年にラトヴィアのVEF社が試作したイルビティスI-16戦闘機。ソ連に送られかけたけど，後にドイツ軍の手に渡った。

白円にエンジ色で卍が当時の国籍マーク。

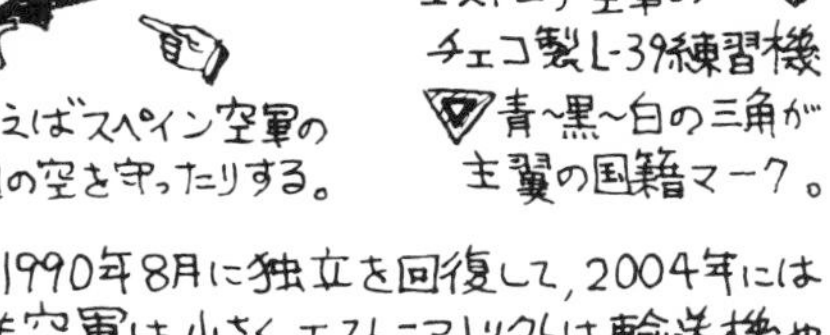

エストニア空軍のチェコ製L-39練習機
▽青~黒~白の三角が主翼の国籍マーク。

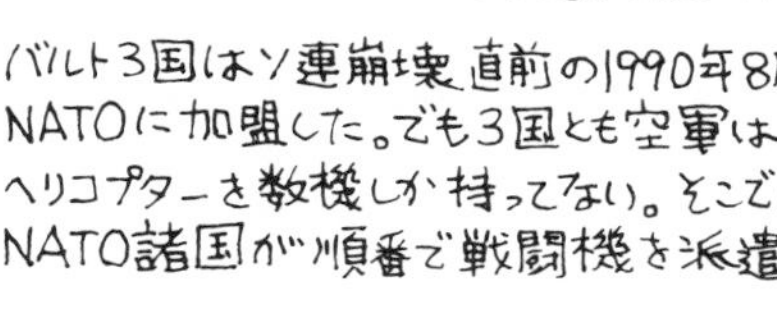

例えばスペイン空軍のタイフーンとかがバルト3国の空を守ったりする。

バルト3国はソ連崩壊直前の1990年8月に独立を回復して，2004年にはNATOに加盟した。でも3国とも空軍は小さく，エストニア以外は輸送機やヘリコプターを数機しか持ってない。そこでバルト3国の領空警備は，NATO諸国が順番で戦闘機を派遣して行ってる。

File No. 7

ただの変な可変機

アームストロング・ホイットワース・エイプ

Armstrong Whitworth Ape

全幅：12.2m
全長：8.6～11.7m
全高：4.0～4.6m
自重：916～1,166kg
総重量：1,225～1,474kg
エンジン：アームストロング・シドレー・リンクスⅢ
空冷星型7気筒（180hp）×1基
最大速度：145㎞/h
実用上昇限度：1,951m
乗員：2名

「ヴァリアブル・ジオメトリー」の究みっちゃ、まあ究み。胴体長やら尾翼の大きさやら、主翼まわりの角度やら、とにかくいろいろ変えられる実験機、アームストロング・ホイットワース・エイプ。しかし実験の役に立つには、あまりに非力、あまりに低性能過ぎたのだった。

これは水平尾翼っていうか、尾部を一杯に前に倒したところ。水平尾翼の前縁付け根がヒンジになってて、操縦席からのワイヤで、アームを動かして、取付け角を変える。

これが
アームね。

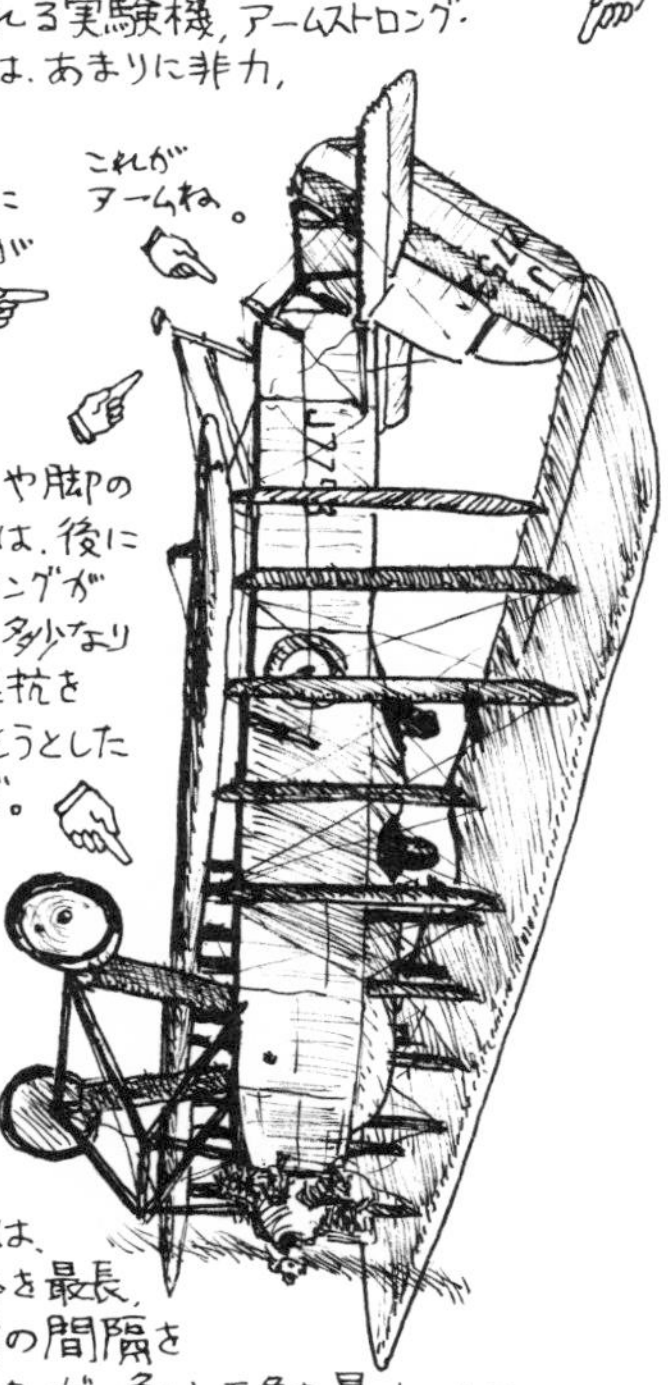

エイプのいろんな形態のうち、胴体を最短にして、上下翼の間隔を最大に、スタッガー角0°、上反角0°、尾翼も最小サイズにした姿。それにしてもブサイクな飛行機……。

尾ソリや脚の支柱は、後にフェアリングがついて、多少なりとも抵抗を減らそうとしたようだ。

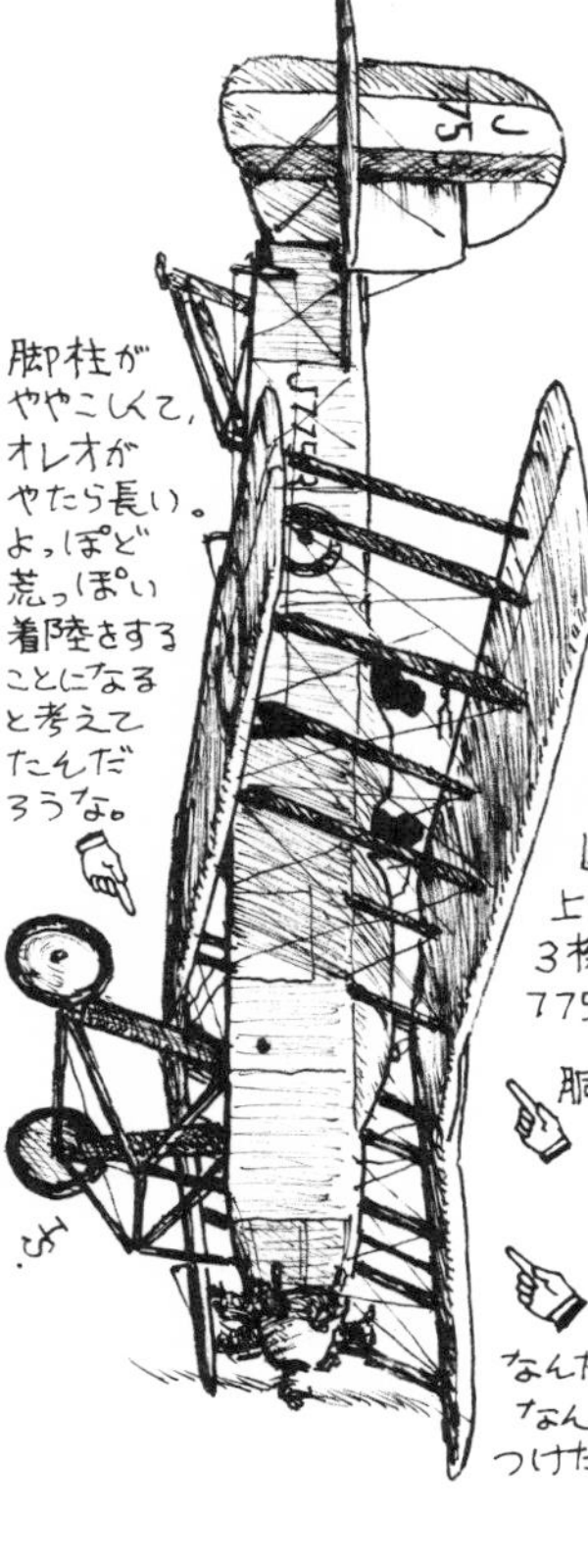

脚柱がややこしくて、オレオがやたら長い。よっぽど荒っぽい着陸をすることになると考えてたんだろうな。

こちらは、胴体を最長、上下翼の間隔を最小、スタッガー角と上反角を最大にして、最大サイズの尾翼を取り付けた形態のエイプ。鋼管骨組みに羽布張りの胴体は四角い断面で、尾部の直前部分は幅が狭くなって、上から見ると平面形が三角になってる。3機のエイプのシリアルは、J7753、7754、7753だった。「三猿」だな。

胴体を長くすると、もう気味が悪いくらい、細長い飛行機になる。

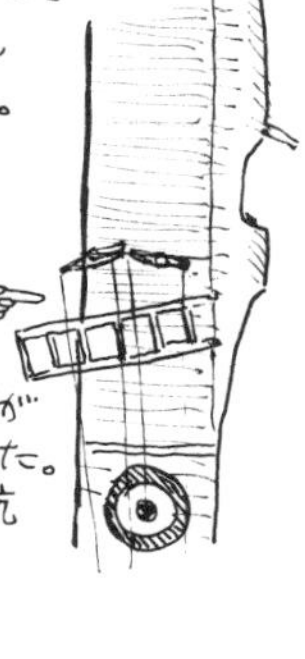

それにしても なんだって「エイプ」なんていう名前をつけたんだろうな。

胴体左側、後席横には、乗降用のハシゴが取り付けられてた。ただでさえ抵抗が大きいのに。

可変後退翼を「ＶＧ翼」っていうことがある。ＶＧとは「ヴァリアブル・ジオメトリー」、ヴァリアブルとは「変えられる」、ジオメトリーとは「幾何学」のことで、つまり主翼の後退角みたいな幾何学的な形状を変えられるから、可変後退翼をＶＧ翼というのだな。

長い飛行機の歴史のなかには、主翼の後退角どころか、胴体の長さや複葉の主翼の上下間隔、上下翼の食い違い（スタッガー）角度、主翼の上反角、尾翼の大きさ、水平尾翼の取り付け角などが変えられる「いろいろジオメトリーがヴァリアブル」な飛行機があった。１９２６年のイギリスのアームストロング・ホイットワース・エイプという実験機だ。

そもそもこんな飛行機を作りたがったのは、イギリスのファーンボロにあったＲＡＥ、「王立航空研究所」だった。このＲＡＥは当時のイギリス戦争省、まあ国防省というか防衛省なんだが、その直轄機関で、いろんな航空技術の研究や開発、実験を行なうところだった。そのＲＡＥが、いろんな形状に変えられる実験機を作ったら、さまざまな形状と飛行特性を１機の実験機で調べられるだろうと考えたのだ。

その要望に沿ってイギリス航空省は１９２２年に48／22仕様を策定して、アームストロング・ホイットワース社、略してＡＷ社に機体の設計と３機の製造を発注した。この機の名前はエイプ。つまり猿のことだ。ＡＷ社の主任設計者、ジョン・ロイドはエイプの設計にはあんまり気乗りがしなかったそうだ。普通の飛行機は目指す性能や特性があって、設計者はそれを実現できる機体を作ろうとするんだが、このエイプはとにかく「どうにでもなる」ように設計しなくちゃならないのだから、これはロイドも困ったことだろう。

でもロイドはがんばってエイプを設計した。胴体は四角い断面の鋼管骨組み羽布張り構造で、その上面に前後複座のコクピット部分のフェアリングが付く。この胴体は後席後部に継ぎ目があって、そこに４つの延長部分を挟み込むことで、胴体の長さを変えられるようになっていた。延長部分は長さ84㎝のがふたつと、53㎝のと61㎝のがあって、これでいろんな長さの胴体にすることができた。胴体の後部が長くなると、重心位置も変わってくるから、それに合わせて機首部分も長さを変えられた。結局エイプの全長は、最短８・６ｍから最長11・７ｍまで、３ｍぐらいの範囲で変更できた。

その胴体の後ろに垂直尾翼と水平尾翼の付いた尾部が取り付けられるんだが、この尾翼の大きさも3通り用意された。しかも尾部全体は操縦席のレバーを動かすことで上下に動いて、つまり水平尾翼の取り付け角、っていうか実際には尾部の取り付け角なんだが、飛行中に変えられるようになっていた。おかげで機体の全長も４・０ｍから４・７ｍの範囲で変わることになった。

主翼は複葉で、胴体はその中間にある。平面形はなんのヘンテツもない矩形翼。構造は木製骨組みの羽布張りだ。でも胴体と上下翼を結ぶ支柱の長さや傾きを変えることで、上下翼の間隔を１・２ｍから２・９ｍまで変えられて、スタッガー（上下翼の食い違い角度）も0度から30度に、上反角も0度から7度まで変えられた。

さらに脚はオレオのストロークが異常に長くて、尾部のソリも複雑な作りになっていた。失速してドスンと着地しても大丈夫なようにしたのだな。これでエンジンはたった１８０hpのアームストロング・シドレー・リンクスⅢ空冷星型7気筒だった。

エイプ1号機は１９２６年1月に、どんな形態だったか不明だが、とにかく初飛行した。飛ぶには飛んだのだ。でもファーンボロにＲＡＥに引き渡されたのは9月以降のことだったらしい。社内テストでいろんな形態で飛行できることを確認するのに時間がかかったのだな。2号機と3号機も１９２６年中には引き渡された。

　エイプは低速時の操縦性の研究に使われたが、根本的な問題が明らかになった。性能が低すぎるのだ。機体の総重量は１・２～１・５トン程度で、そんなに重くはないんだけど、支柱の類いが多くて空気抵抗が多いのに、エンジン出力が１８０hpしかないから、最大速度は１４５km／hしか出ないし、上昇限度は１９５０m、上昇時間は高度９００mまで11分もかかった。

　この低性能のせいで、エイプによるいろんな実験はいっこうにはかどらなかった。エンジンをスーパーチャージャー付きの２３０hpにしたり、支柱にフェアリングを付けて抵抗を減らして、多少は上昇性能も良くなったんだが、もちろん抜本的な解決にはならなかった。１９２７年7月には「この低性能は予期できたものだったかどうか」を確認するためのテストまで行なわれたというから、ＲＡＥはエイプの低性能に驚いたみたいだが、驚く方がむしろ意外だぞ。

　エイプ2号機は下翼に初歩的なスラットのような小翼を付けてテストしたりもしたが、ＲＡＥはだんだんエイプを使ってテストする気が薄れてきて、１９２９年5月に2号機が不時着して壊れてしまうと、エイプでのテスト計画は打ち切られてしまった。機体形状の変更機能が何かのテストの役に立ったのか、どのぐらい役に立ったのかはわからない。なんだったんだ？

イラストで見る 航空用語の基礎知識 basic knowledge 後退角・後退翼

主翼が付け根から翼端にいくにつれて、後ろに下がってく形の翼が「後退翼」。音速に近い速度で飛ぶときに、後退翼だと衝撃波の発生を遅らせられて、抵抗の増加も緩やかになるんで、高速が出せる。それに上反角と同じ効果があって、安定も良くなる。主翼の弦長25%の線が、飛行方向と垂直な線より、どのぐらい後ろかが「後退角」。

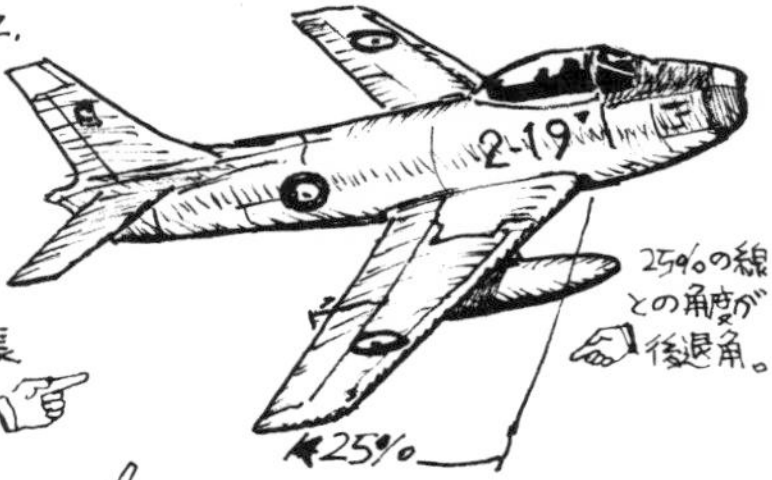

25%の線との角度が後退角。

第2次大戦中のナチス・ドイツの後退翼研究の成果を採り入れた、ノースアメリカンF-86セイバー。これはイタリア空軍のF-86F。

後退翼はジェット機時のものと思うと、さにあらず、低速のプロペラ機でも諸般の事情で主翼に後退角をつけた例があったりする。例えば、このダグラスDC-3/C-47とか。

DC-3/C-47の大モトのDC-1の設計中に、重心位置がだんだん後ろに行っちゃって、主翼の位置を変えるのは大変なんで、後退角をつけてツジツマを合わせた。それをDC-3/C-47でも踏襲したのだった。

原型のモスは直線翼だったけど、タイガーモスでは前席の出入りが楽なように、主翼中央部とその支柱を前に移した。重心と空力中心の位置関係を保つために、後退翼にしちゃったのだ。

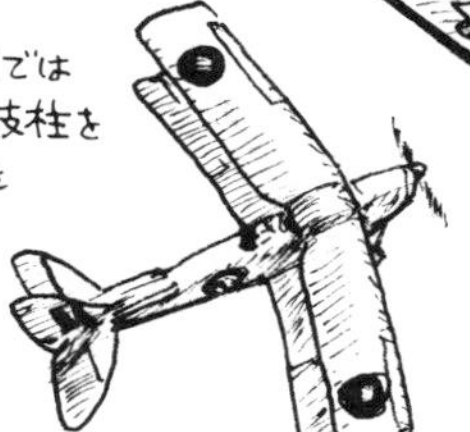

デハヴィランド・タイガーモスも後退翼。

ピッチアップですごく苦労した、スーパーマリン・スイフト。

グラマンF9F-8クーガー。

でも、後退翼は直線翼に比べると構造が複雑になりがち、という難点がある。それに、翼端方向に気流が流れて、翼端で気流がはがれて失速する「翼端失速」が起こりやすい。すると後退翼だと翼端が重心より後ろにあって、その部分の揚力が失われるから、揚力が前方に寄っちゃって、機首が急に上がる「ピッチアップ」という困った現象が起きたりもする。

File No. 8

要らないアヒルの子

コロンビアXJL-1

Columbia XJL-1

全幅：15.2m
全長：14.0m
全高：4.9m
自重：3,288kg
総重量：5,897kg
エンジン：ライトR-1829-56サイクロン
空冷星型9気筒（1,350hp）×1基
最大速度：322km/h
航続距離：3,330km
乗員：2名＋乗客：4名

コロンビアXJL-1。グラマン・ダックの直系の子孫にして、ローニング式水陸両用機の最終進化型。でも何にもならずに終わってしまった。XJL-1はJ2Fダックより二回り大きくて、翼面積はほぼ同じ、重量はだいたい2倍で、エンジン馬力は5割増しぐらい。

グラマン社のG-42としてXJL-1の計画が始まったのが1939年。そのまま開発が進んで1942年ごろに初飛行していれば、太平洋戦争末期の1944年あたりには実用化されてたかもしれない。でも、そうはならなかったのは、やっぱり急いで作る必要もない機種だった、っていうことだったんだろうか。

海軍のテスト中にしょっちゅう壊れて、しまいには修理用の部品がなくなっちゃった前脚。

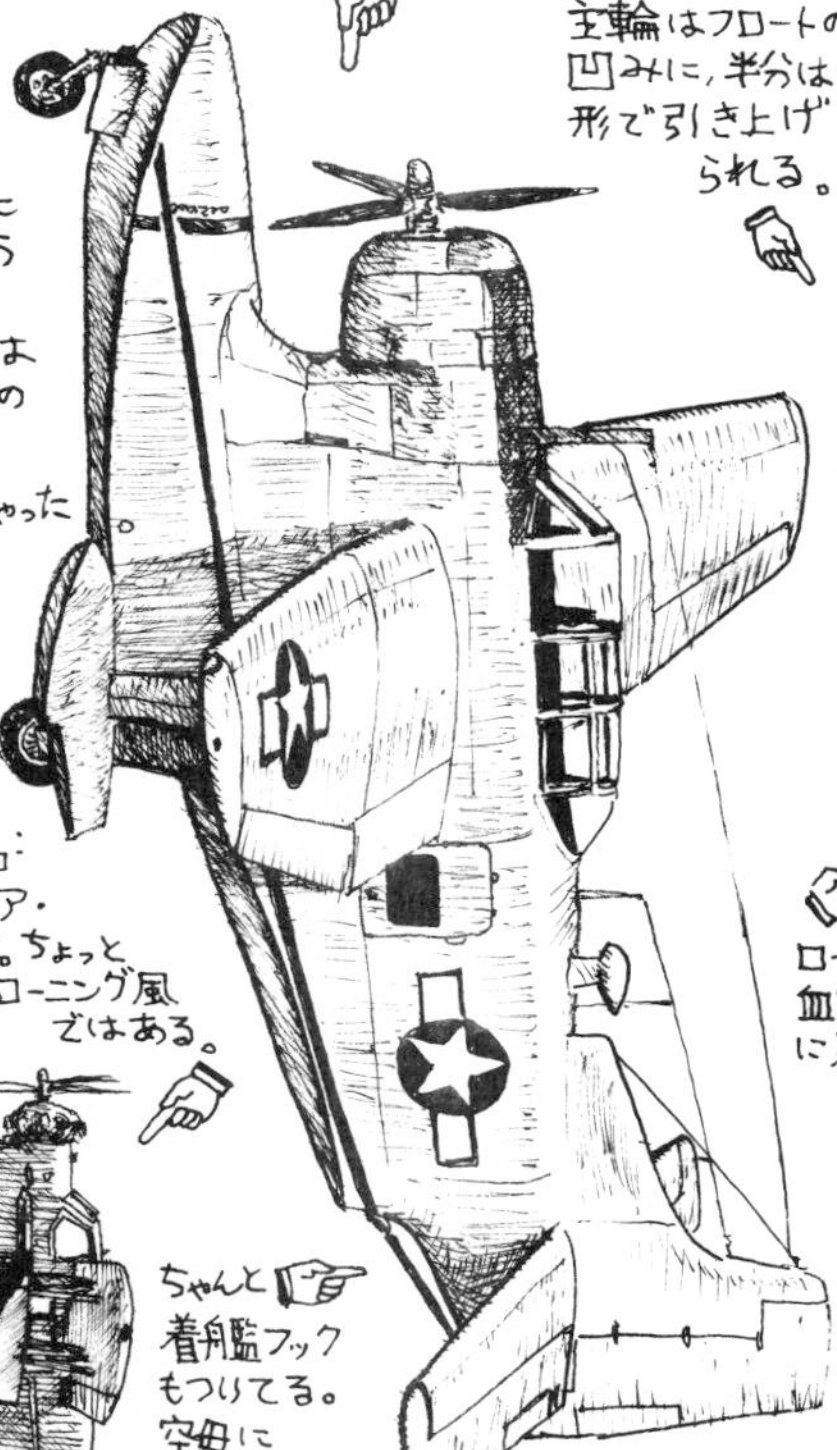

主輪はフロートの側面の凹みに、半分はまるような形で引き上げられる。

ちゃんと着艦フックもつけてる。空母に降りられるぞ。

参考出品：グラマン・ダック。これはJ2F-2。

ローニングの血筋は明らかに見てとれる。

参考出品：コロンビア・トライアド。ちょっとローニング風ではある。

胴体下のフロートは着脱式で、主脚も着脱式だった。一応引込み脚にするつもりもあったらしい。2機作ったものの、売れずじまい。

参考出品：ローニングOL-9。OLシリーズの最終型で、最初のOL-1は1923年に飛んだ。OL系は各型合計約110機作られた。

アメリカ海軍の戦闘機や攻撃機をいろいろ作って名高いグラマン社は、リロイ・グラマンっていう人が１９３０年に作った会社だ。このリロイ・グラマンは元アメリカ海軍のパイロットで、第１次世界大戦直後に海軍向けの水陸両用の偵察／観測機を作ってたローニング社に出向してテストパイロットを務め、その後海軍を退役してローニング社に入社、設計も担当するようになったんだが、１９２９年にローニング社がキーストン社に買収されて移転することになったのをきっかけに、仲間とともに独立してグラマン社を設立したのだった。

ローニング社の名物の単発水陸両用機ＯＬ－１～９は、胴体下部がフロートにつながってて、機内容積がたっぷり取れるという配置が特徴で、脚は胴体側面に取り付けられて、飛行中や着水時は引き上げられるようになっていた。グラマン社は、１９３１年の最初の製品の複座艦上戦闘機ＦＦ－１の後に、１９３３年に海軍向けの偵察／観測／輸送用の水陸両用機を作る時にも、このローニングＯＬシリーズの配置を踏襲した。ただし脚はＦＦ－１と同様に胴体側面に引っ込むようになって、空母にも降りられるように着艦フックも装備された。

これがグラマンＪＦとそのエンジン強化改良型Ｊ２Ｆダックで、ローニングＯＬシリーズの後継として第２次世界大戦前に合わせて約３００機が作られた。１９４１年末にアメリカが第２次世界大戦に参戦すると、海軍はさらにＪ２Ｆダックを３３０機発注したんだが、もうグラマン社は戦闘機や攻撃機、それに飛行艇の開発と生産で手いっぱいになって、海軍はニューヨーク州ベスペイジのグラマン社工場に近い、ロングアイランド州にあったコロンビア社に生産を任せて、コロンビア社製のダックはＪ２Ｆ－６と呼ばれた。

このＪ２Ｆダックはなにしろ１９３０年代初期の設計の複葉機だったんで、グラマン社は１９３９年にはその後継機となる水陸両用機、社内設計番号Ｇ－42の設計に取りかかっていた。しかしアメリカが戦争に突入してグラマン社も忙しくなったんで、この機体の設計と開発はなかなか進まず、結局１９４２年にコロンビア社に機体製造を譲って、海軍も試作機２機をコロンビア社にＸＪＬ－１として発注した。

　このコロンビア社は、１９２６年ごろにチャールズ・レヴァインという人が設立した会社だった。レヴァインは性格や行ないにいろいろ問題のあった人だったようだが、それでもアメリカに移民してきた航空技術者アレクサンダー・カートヴェリ（後にリパブリック社でＰ－47サンダーボルトを設計する）や、アーマンド・シーボルト（後にフェアチャイルド社で数々の機体を設計する）を雇い入れたりもした。レヴァインのコロンビア社は単発水陸両用機「トライアド」を作ってみたものの全然売れず、Ｊ２Ｆを生産してたころのコロンビア社は、レヴァインとは縁が切れていた。

　コロンビアＸＪＬ－１はいわばグラマン・ダックの単葉版のような機体で、つまりローニングＯＬシリーズと同じく胴体とフロートが一体になった配置で、一見すると低翼の単発機が主フロートの上にそのまんまくっついたみたいな姿だった。ただしダックよりはもちろん全然近代的で、脚は主脚が主翼下面に引っ込んで、首脚は主フロートの先端部分に引っ込む。つまり３輪配置になってて、主脚の間隔も広くとってあった。元がこの時期のグラマンの構想だけに主翼も尾翼も四角い。これでエンジンはライトＲ－１８２０－56サイクロン空冷星型９気筒１３５０hpを装備する。乗員はタンデム配置のコクピットに２名と、胴体内に４人が乗る。

　ＸＪＬ－１の製造はコロンビア社でもなかなか進まず、そのうちに１９４５年の８月に第２次世界大戦が終わっちゃって、１号機は75%、2号機は半分ぐらいできてきたところで、機体製造はいったん中断されてしまった。それでもとにかく完成させてみようということになって、ＸＪＬ−１の1号機は１９４６年10月に、２号機も12月に初飛行して、翌年9月にはメリーランド州パタクセントリヴァーの海軍航空テストセンターに送られて、海軍のテストを受けた。

ＸＪＬ−１はテストじゃ操縦性や扱いやすさは良好という評価をもらったんだが、問題は別のところにあって、首脚の引っ込み機構や収納部のドア、フロート後端の舵の取り付け部がしょっちゅう壊れたのだった。まあ直せばなんとかなるんだろうけど、２機しか作ってないんで、予備部品がたちまち底を突いちゃって、テストは１９４８年9月に打ち切られてしまった。

そもそも第2次世界大戦後で海軍も縮小するし、軍の予算だって削減される時代だったうえに、輸送や連絡にはグラマンＪＲＦグース双発水陸両用飛行艇はあるし、空母への輸送にはＴＢＦアヴェンジャーを使えばいいし、救難にはヘリコプターも実用化されつつあって、ＸＪＬ−１みたいな飛行機はほとんど必要なくなってた。部品を作らせてまでテストを続けても、海軍が採用する可能性はなかったのだ。

そんなわけでＸＪＬ−１は不要になって、２機とも民間に払い下げられ、有為転変の末に2号機はアリゾナ州ピマで、１号機もカリフォルニア州で博物館に現存してる。

イラストで見る
航空用語の基礎知識
basic knowledge

博物館に現存

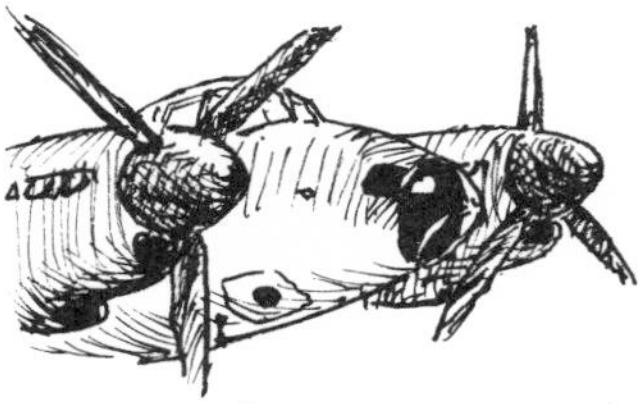

世界にはたくさん航空博物館があって
歴史上重要な飛行機、有名な飛行機、
貴重な飛行機、珍しい飛行機、
妙な飛行機、ダメな飛行機
（ヘリコプター等も含めて）いろいろ保存してる。
イギリスのデハヴィランド博物館の現存機の
中には、モスキートの試作1号機もあるぞ！

駄作機も結構現存してる。
アメリカ・オハイオ州デイトンの
空軍博物館にある、☞
フィッシャーXP-75A戦闘機。

☜フロリダ州ペンサコラの
海軍航空博物館のブリュースター
SB2A急降下爆撃機。

☜イギリス空軍博物館には、
ボールトンポール・デファイアント
複座戦闘機が現存してる。

ヨーヴィルトンのイギリス海軍航空隊
博物館には、フェアリー・アルバコア
雷撃機が現存する。☞

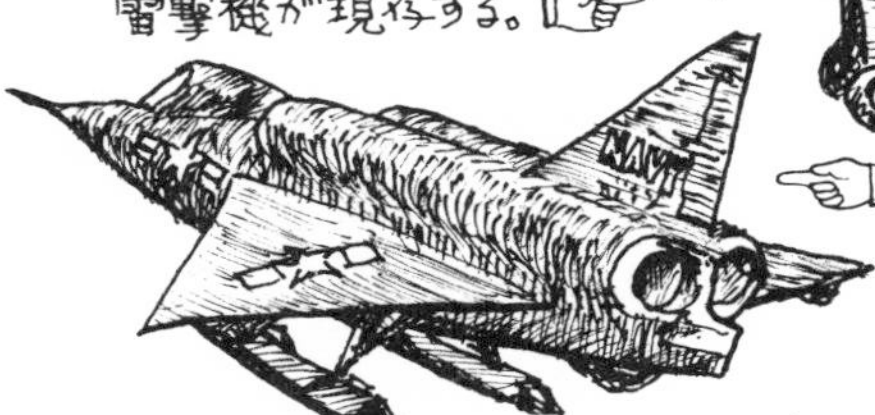

☜サンディエゴ航空宇宙博物館
にある、コンヴェアF2Y
シーダート・ジェット水上戦闘機。

空軍博物館には、
ターボプロップ戦闘機
リパブリックXF-84H ☞
「サンダースクリーチ」も現存してる。

File No. 9

軽く考えてました

コードロン・ルノー C714

Caudron-Renault C714

全幅：9.0m
全長：8.6m
全高：2.9m
自重：1,395kg
総重量：1,880kg
エンジン：ルノー 12R-03
空冷倒立V型12気筒(450hp)×1基
最大速度：455km/h
航続距離：900km
武装：MAC7.5mm機関銃×4門
乗員：1名

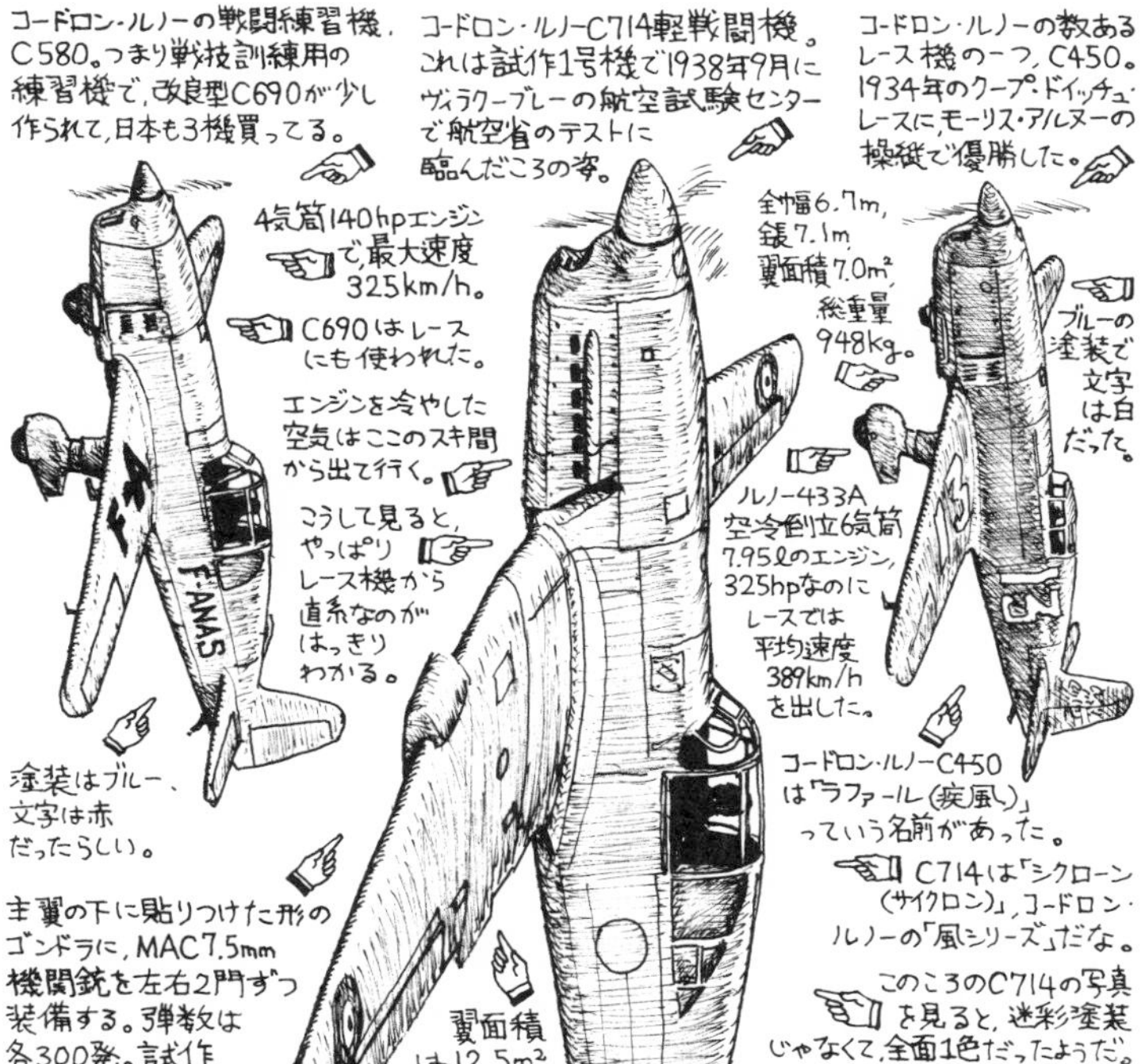
コードロン・ルノーの戦闘練習機、C580。つまり戦技訓練用の練習機で、改良型C690が少し作られて、日本も3機買ってる。

コードロン・ルノーC714軽戦闘機。これは試作1号機で1938年9月にヴィラクーブレーの航空試験センターで航空省のテストに臨んだころの姿。

コードロン・ルノーの数あるレース機の一つ、C450。1934年のクープ・ドイッチュ・レースに、モーリス・アルヌーの操縦で優勝した。

4気筒140hpエンジンで、最大速度325km/h。

C690はレースにも使われた。

エンジンを冷やした空気はここのスキ間から出て行く。

こうして見ると、やっぱりレース機から直系なのがはっきりわかる。

全幅6.7m、全長7.1m、翼面積7.0m²、総重量948kg。

ブルーの塗装で文字は白だった。

ルノー433A空冷倒立6気筒7.95ℓのエンジン、325hpなのにレースでは平均速度389km/hを出した。

F-ANAS
塗装はブルー、文字は赤だったらしい。

コードロン・ルノーC450は「ラファール(疾風)」っていう名前があった。

C714は「シクローン(サイクロン)」、コードロン・ルノーの「風シリーズ」だな。

主翼の下に貼りつけた形のゴンドラに、MAC7.5mm機関銃を左右2門ずつ装備する。弾数は各300発。試作1号機はこのころには武装はつけてなかったようだ。

このころのC714の写真を見ると、迷彩塗装じゃなくて、全面1色だったようだ。C710とC713が全面ダークグレーだったというから、それから類推すると、同じくグレー1色だったのかもしれない。

翼面積は12.5m²しかない。

尾ゾリ。モラーヌソルニエMS406戦闘機も尾ゾリだった。

塗装はダークグレーだったらしい。

コードロン・ルノーの最初のレーサー系戦闘機の試み、C710。垂直尾翼が丸い形になってる。風防の枠組みも後のC713やC714とは違ってる。

全面ダークグレーの塗装だったようだ。

20mm機関砲。ドラム弾倉で弾数60発。

コードロン・ルノーC713。C710の引込み脚版で、2機作られて、1号機はC710の改造?2号機はC713として作られたらしい。

この系列の戦闘機の主翼平面形はこんな感じ。

１９３４年にフランス航空省は新型戦闘機の要求を出した。この前年にナチス・ドイツは再軍備を宣言するし、気が付いてみるとフランスの戦闘機はどれも速力の点で立ち後れてたので、もっと高速の戦闘機を求めたのだった。要求は何度か改訂されて、仕様が決まったのはずるずる遅れて１９３５年12月になってしまった。

この要求は2種類の戦闘機を求めていて、ひとつは８００～１０００hp級のエンジン付きの戦闘機で、これは後にモラーヌソルニエＭＳ４０６になる。それともうひとつは４５０～５００hp級の小さいエンジンを付けた木製の軽戦闘機だ。フランスは１９２０年代から、安くて簡単な戦闘機を試みてきたから、それをここで実現しようと考えたようだ。

この軽戦闘機の方でフランス航空省が期待したのはコードロン・ルノー社だった。飛行機の老舗コードロン社と自動車の大メーカー、ルノー社が一緒になったこの会社は、前年から小型レーサーで目覚ましい成績を挙げていた。特に１９３４年５月のクープ・ドイッチュ航空レースじゃ、コードロン・ルノーＣ４５０がたった３００hpのエンジンで優勝してた。航空省はこのコードロン・ルノー社を１９３４年単座戦闘機計画の軽戦闘機に参加するよう声をかけたのだった。まあ、実はコードロン・ルノー社はすでに１９３４年からレーサー機を基にした戦闘練習機Ｃ５８０を自主試作してるから、戦闘機に興味がないわけではなかったみたいだ。

航空省が軽戦闘機に求めた性能は、最大速度４５０km／h、高度４０００ｍまで6分以内の上昇時間、巡航速度で2時間半の航続性能、武装は20mm機関砲2門か７・５mm機関銃４門とされた。コードロン・ルノー社はこの戦闘機のエンジンに、レースで活躍した6気筒エンジンの発展型、空冷倒立V型12気筒のルノー12Ｒのスーパーチャージャー付き、４５０hpを使うことにした。コードロン・ルノー社の開発主任マルセル・リファールは、ジョルジュ・オトフィノフスキーに設計を担当させたが、オトフィノフスキーは辞退しちゃった。４５０hpのエンジンじゃ、水平飛行で４５０㎞／ｈは出せるにしても、武装やら何やら付けたらとても使える戦闘機にはできませんよ、というのだ。代わってモーリス・ドヴリジェが設計することになった。

このコードロン・ルノーの軽戦闘機試作機Ｃ７１０はレース機を基にして機体は得意の木製構造で、主翼の２本の桁もリブも木製で左右一体に作られる。そこに木製の胴体が載るんだけど、胴体はモノコック構造じゃなくて、エンジン後方の隔壁から後は木製骨組みに板張りの箱形で、それに背部と腹部の整形部分が付く。エンジン架とカウリングは金属製、脚はとりあえず固定脚で、武装は20㎜機関砲２門だ。

Ｃ７１０は１９３６年７月に、レースでも名高いパイロットのレーモン・デルモットの操縦で初飛行した。最大速度は一応４５５㎞／ｈは出たんだけど、実はこの時に航空省はもう１９３４年の要求性能どころじゃなくなっていた。イギリスの新戦闘機ハリケーンやスピットファイアが５００㎞／ｈを優に越える速度を出していたのだ。フランス航空省は１９３６年の要求では最大速度５２０㎞／ｈを求めることにした。つまりＣ７１０はできた時にはすでに要求に合わなくなっていたのだ。

そうはいわれてもコードロン・ルノー社はＣ７１０の開発を続けて、引込み脚にしてＣ７１３にした。Ｃ７１３は１９３７年12月に初飛行して、４７０㎞／ｈの速度を出したんだけど、１月のテストで墜落、パイロットが死亡してしまった。胴体内に積んだテスト用の計測機器の取り付けが悪くて、飛行中に外れて昇降舵の操縦系統にひっかかったのが原因だった。

　コードロン・ルノー社は新しい要求に沿って、この系列のエンジン強化型を計画したけど、その一方で実用機を目指した改良型Ｃ７１４を作った（コードロン・ルノーなんで「ＣＲ７１４」とも書かれる）。垂直尾翼やエンジンカウリングが改まって、武装も左右主翼下のゴンドラに７・５㎜機関銃各２門を装備した。Ｃ７１４は１９３８年６月にデルモットの操縦で初飛行した。でも実戦機を目指して武装を積んだり、コクピット後方に装甲板を付けたりして総重量は１８８０㎏に増えて、当然性能にも影響した。最大速度は４６０㎞／ｈだし、上昇性能に至っては４０００ｍまで９分40秒もかかる。モラーヌソルニエＭＳ４０６が最大速度４８６㎞／ｈで、４０００ｍまで６分27秒だったのに比べると、全然及ばない。ほら、やっぱりオトフィノフスキーの言ったとおりじゃないか。

　フランス航空省は、コードロン・ルノーの軽戦闘機の性能がおよそ実戦的でないうえに、武装も薄弱だし、機体構造も脆弱なんでかなりがっかりした。だがこの頃になるとフランス航空省はコードロン・ルノーＣ７１４に期待せざるを得ない状況になっていた。ドイツとの戦争の気配が濃くなってきて、大急ぎで空軍を増強しなくちゃならないのだが、戦闘機が足りないのだ。ＭＳ４０６やその後継、ドヴォワティーヌＤ５２０に使うイスパノスイザＨＳ12Ｙエンジンの生産が追いつかない。ルノーのエンジンを使うＣ７１４なら急いで量産させて、戦闘機の不足を補える……というところで次回へ！

モラーヌソルニエMS406対コードロン・ルノーC714

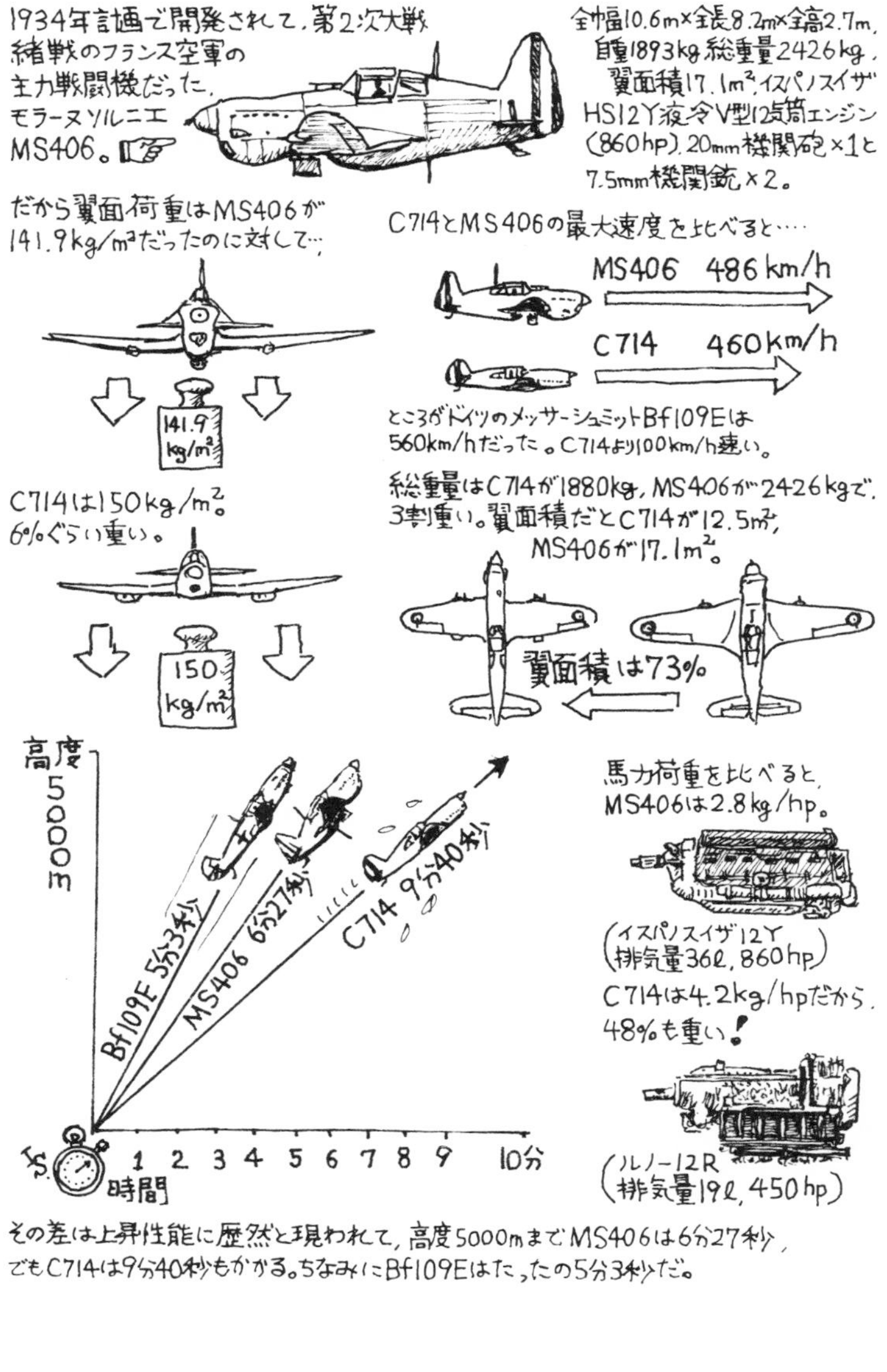

File No. 10

これで戦えというのか…!

コードロン・ルノー C714

Caudron-Renault C714

全幅：9.0m
全長：8.6m
全高：2.9m
自重：1,395kg
総重量：1,880kg
エンジン：ルノー 12R-03
空冷倒立V型12気筒(450hp)×1基
最大速度：455km/h
航続距離：900km
武装：MAC7.5mm機関銃×4門
乗員：1名

戦う軽戦闘機，コードロン・
ルノーC714。1940年6月9日，
フランス北部ルーアン付近で，ドイツ空軍
のメッサーシュミットBf109E戦闘機を，
フランス空軍のポーランド人部隊I/GC145
(第145戦闘団/第I飛行隊)
のミエチスワフ・パラチンスキー
伍長が撃墜した
ときの乗機
……たぶん。

この6月9日の空戦の相手は，ドイツ空軍
III/JG26(第26戦闘航空団/第III
飛行隊)のBf109Eだった。もちろん
C714にとっては厳しい相手で，
ポーランド人パイロットたちは
勇戦したものの，
3機を墜とされ，
3機が不時着，
6機を失った。

この時期の
JG26の塗装と
マーキングに詳しい人は，
どうかカンベンして下さいね。

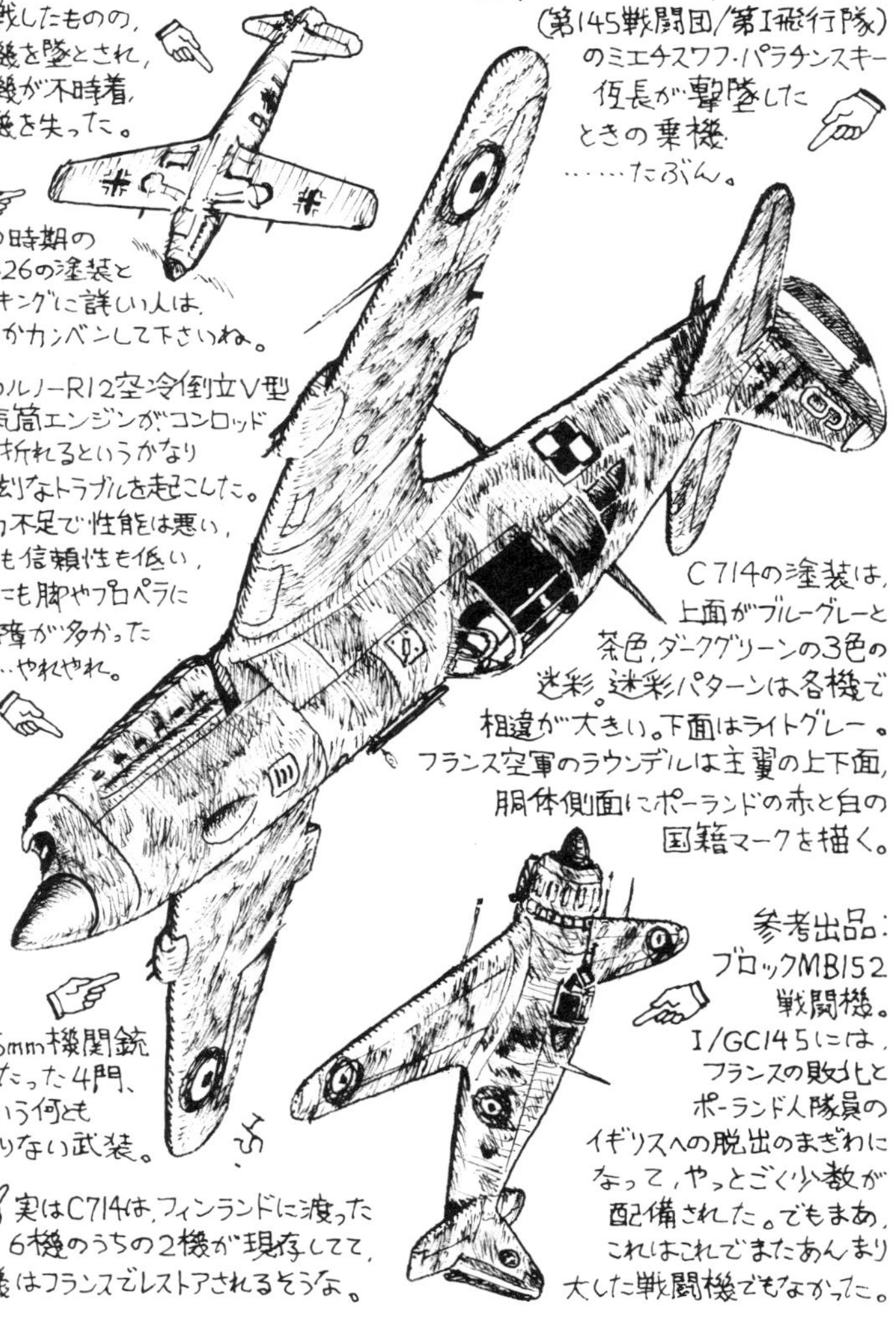

このルノーR12空冷倒立V型
12気筒エンジンが，コンロッド
が折れるというかなり
深刻なトラブルを起こした。
馬力不足で性能は悪い，
しかも信頼性も低い，
他にも脚やプロペラに
故障が多かった
……やれやれ。

C714の塗装は，
上面がブルーグレーと
茶色，ダークグリーンの3色の
迷彩。迷彩パターンは各機で
相違が大きい。下面はライトグレー。
フランス空軍のラウンデルは主翼の上下面，
胴体側面にポーランドの赤と白の
国籍マークを描く。

7.5mm機関銃
がたった4門，
っていう何とも
頼りない武装。

参考出品：
ブロックMB152
戦闘機。
I/GC145には，
フランスの敗北と
ポーランド人隊員の
イギリスへの脱出のまぎわに
なって，やっとごく少数が
配備された。でもまあ，
これはこれでまたあんまり
大した戦闘機でもなかった。

実はC714は，フィンランドに渡った
6機のうちの2機が現存してて，
1機はフランスでレストアされるそうな。

フランスが１９３４年に求めた軽戦闘機コードロンＣ７１４は、計画開始から４年も経った１９３８年６月に初飛行した。ところが確かに軽い機体ではあったものの、エンジン出力がたった４５０hpしかなくて、速度はたいしたことないし、上昇性能は惨憺たるものだった。

そうなんだけど、もうナチス・ドイツとの新たな戦争が近付いてきて、フランスは大急ぎで空軍を増強しなくちゃならなくなった。でも新主力戦闘機モラーヌソルニエＭＳ４０６は生産に手がかかるし、エンジンのイスパノスイザＨＳ12の生産も追いつかない。その点、コードロンＣ７１４はルノー製のエンジンを使うし、ＭＳ４０６を作るのに必要なマンアワーの半分の５０００マンアワーで作れる。性能は大いにものたりないけど、この際それはよしとしよう！

というわけで１９３８年11月に２００機の発注が下された。しかし政府からの支払いの遅延などがあって、量産１号機の完成は１９３９年６月になってしまった。しかもＣ７１４は地上での強度試験で主翼の桁が折れて、構造を強化しなくちゃならなくなって、さらに操縦席に装甲板を足したり軍用装備を載せたりしたんで、重量が増えて、高度５０００ｍまでの上昇時間は試作機の９分40秒から、今度は12分もかかるようになった。おまけに装備品の生産が遅くて、プロペラとかがなかなか届かず、Ｃ７１４の量産は大幅に遅れてしまった。性能が悪くて生産も進まないんで、フランス航空省はＣ７１４の発注数を83機に減らしてしまった。

そのうちに１９３９年９月にとうとうナチス・ドイツがポーランドに侵攻して、フランスはドイツとの戦争になっちゃった。ポーランドは勇戦空しく敗北、生き延びた多くのポーランド人は連合国のフランスに逃れてなおも戦い続けようとした。その直後、11月には北欧のフィンランドにソ連が侵攻、こちらでも戦争が起きた。フランスはイギリスとともにフィンランドに飛行機を送って助けようとしたんだが、なにしろ自分たちも戦争中だから、ちゃんとした飛行機は自国で使う分で精一杯だった。そこでフランスはポーランド人パイロットをフィンランドに派遣することにした。ポーランドは西からドイツに、東からはソ連に攻め込まれて蹂躙されたから、ポーランド人はソ連と戦う気は満々のはずだ。その戦闘機にはＣ７１４を80機、贈与してしまう。つまり性能が悪くてフランス空軍じゃ使えそうにないＣ７１４を押しつけるんだな。その第1陣として１９４０年2月に6機がフィンランドに送られた。

　その頃フランス空軍に引き渡されたＣ７１４はたったの9機、しかも装備品の未着とかで実戦使用は不可の状態だった。悪いことは重なるもので、4月にはテスト飛行中のＣ７１４はエンジンのコンロッドが折れて不時着、ひっくり返るという事故があった。エンジンのクランクシャフトが弱いことが原因だったが、すぐには解決できないことがわかった。

　それから間もない１９４０年5月、ドイツ軍のフランス侵攻が近付くと、もうフランスはポーランド人パイロットをフィンランドに派遣するどころじゃなくなって、5月2日に中部リヨンにポーランド人で第1飛行隊／第１４５戦闘団（Ｉ／ＧＣ１４５）を編成、そこにＣ７１４とＭＳ４０６を配備して、実戦参加に向けて錬成を進めることにした。実戦態勢になったら、急遽生産中のブロックＭＢ１５２戦闘機に機種転換させる予定だった。Ｉ／ＧＣ１４５はリヨンの防衛に当たっていたが、ＭＳ４０６はほかの部隊で使うんで取り上げられて、しかもＭＢ１５２の配備も棚上げにされてしまった。残るはＣ７１４のみ。しかも一応書類上の部隊の定数は38機だったが、実際の在籍機数は最も多い時でも18機ぐらいだった。

そんなⅠ／ＧＣ１４５も５月20日には戦闘の激しいフランス北部の防衛に駆り出されてパリ近郊に進出した。そうはいってもＣ７１４はプロペラや脚の引込み機構に故障が多くて、それにもちろん性能も悪いんでポーランド人も喜んで乗ってたわけじゃなかった。

それでもポーランド人パイロットはＣ７１４で勇敢に戦って、６月８日にはルーアン近郊でドイツ空軍のメッサーシュミットＢｆ１１０双発戦闘機とドルニエＤｏ17爆撃機各１機を撃墜、翌日にはＢｆ１０９Ｅ戦闘機３機を、10日にはＢｆ１０９を２機とＤｏ17を１機撃墜した。Ｃ７１４も苦戦して、６月９日には６機が撃墜されて、３人のパイロットが戦死、１人が行方不明、２人が負傷という痛手を受け、11日には稼動11機になってしまっていた。

実はこれがＣ７１４の戦闘のすべてで、Ⅰ／ＧＣ１４５は主に着陸事故で機体を失い、故障や部品待ちで動けない機体を残して西部へ撤退して、６月18日にはイギリスへと逃れていった。

フィンランドに行った６機は、ちょっと飛んだだけで着陸事故を起こして、脚の弱さと機体の華奢さから飛行停止になった。さすがのフィンランドでもＣ７１４は使いようがなかったな。

Ｃ７１４の実際に完成した機体は63機、パリに近いギヤンクールのコードロン社工場に残っていた15機はドイツ軍の手に落ちたけど、もちろん何にも使われずに終わった。

イラストで見る 航空用語の基礎知識 basic knowledge　軽戦闘機・2

小さくて軽い戦闘機は、性能や武装を多少ガマンすれば、安く早く作れるから良いんじゃない？という考えは昔からあった。

それとは違う構想だけど……。

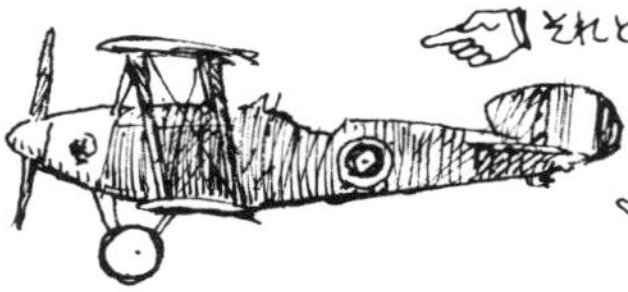

1917年のイギリスのポート・ヴィクトリアP.V.7「グレイン・キトゥン」。全幅5.5m×全長4.6m。飛行船迎撃用に駆逐艦から発進することを考えて試作された。小さいぞ。

1920年代のフランスの軽戦闘機「ジョッキー」計画での採用を狙って作られた、ベルナール20。1929年に初飛行。当時としてはえらく洗練された機体で性能も良かったが、「ジョッキー」計画そのものが中止になって試作で終った。かっこ良かったのになあ。

1939年のソ連のボロフコフ-フロロフI-207。翼幅はたったの7.0m。

1940年のイタリアのアンブロシーニS.A.I.207。量産に至らず。

ジェット時代には、戦闘機は大きく重くなる傾向があった。それじゃいかんだろう、と軽量小型を目指した、イギリスのフォーランド・ナット。インド空軍で活躍した。

アルミニウム不足を心配して木製軽戦闘機を試した、1944年のアメリカのベルXP-77。ダメ飛行機。

アメリカでも1950年代末に、外国向けに、軽量小型のノースロップF-5が作られて、多くの国々で使われた。

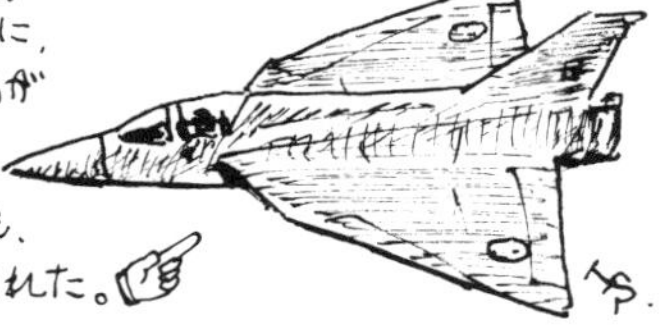

インドの新鋭国産戦闘機、HALテジャスも、「LWF（軽量戦闘機）」という計画名で開発された。

YS.

File No. 11

敵のワラと折れるワラ

コードロン・ルノー CR760/CR770

Caudron-Renault CR760/770

全幅：9.0m
全長：8.9m
全高：2.9m
自重：1,550kg
総重量：2,000kg
エンジン：イソッタ・フラスキーニ・デルタRC-40
空冷倒立V型12気筒（730hp）×1基
最大速度：570km/h
航続時間：3時間10分（巡航速度にて）
実用上昇限度：10,300m
武装：MAC7.5㎜機関銃×6門
乗員：1名
（データはCR760）

倒立V型16気筒，23.5L，
スーパーチャージャーつき800hpという，
ルノーの飛行機用エンジンの最強型，
ルノー626を装備したコードロン・ルノー
CR770。初飛行の離陸後12分で，
クランクシャフトが折れて緊急着陸。
それがただ1度の飛行だった。

ほぼ敵国になる可能性がかなり大
のイタリアからエンジンを買って作った
コードロン・ルノーCR760。730hpの
馬力をもらったら，ちゃんと570km/hの
最大速度が出せた。
なんだ，やれば
できるじゃん！

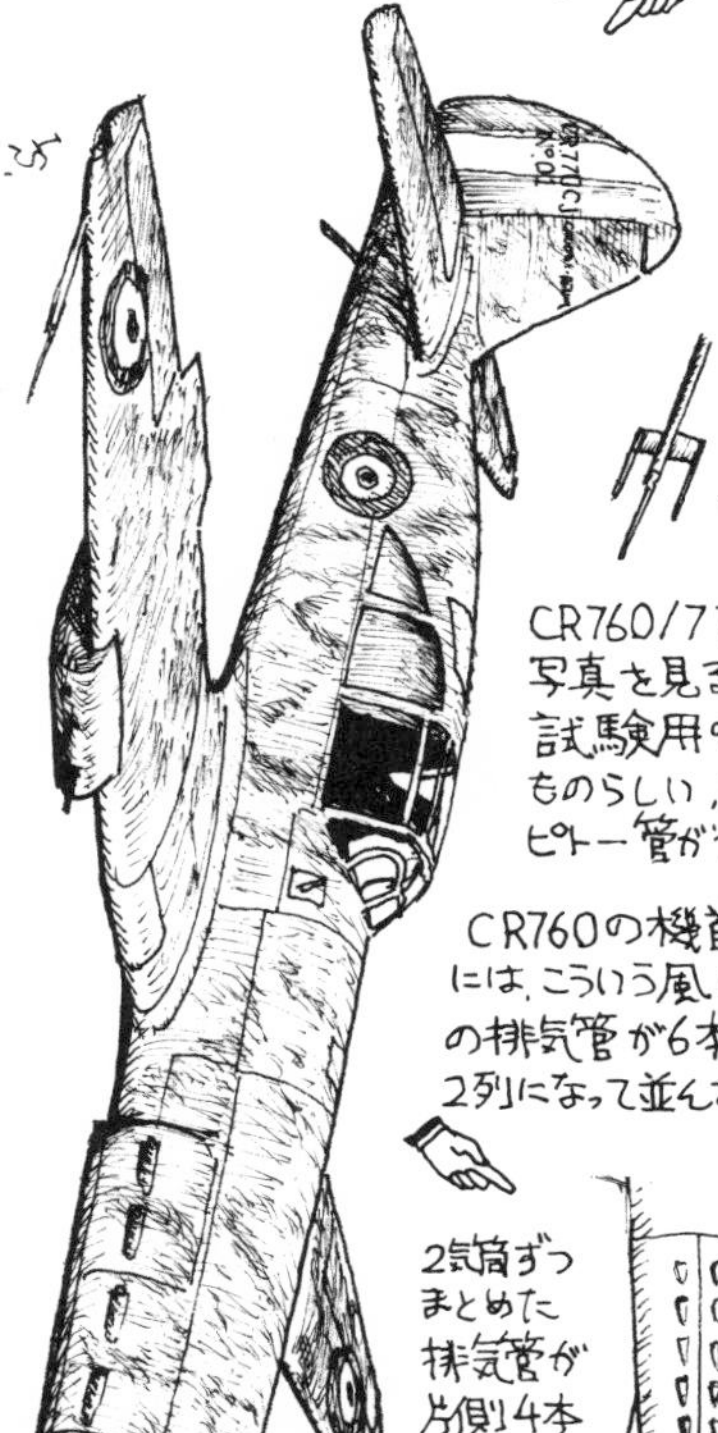

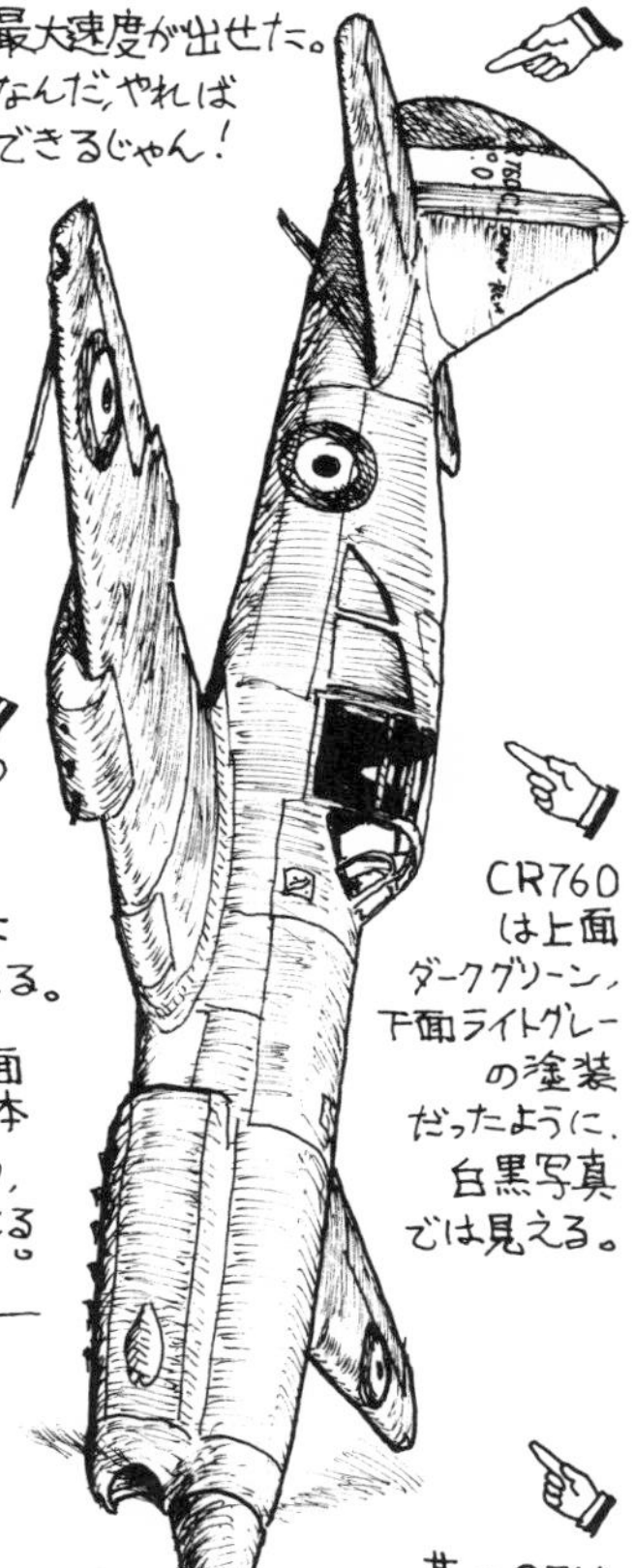

CR760/770の
写真を見ると，
試験用の
ものらしい，こんな
ピトー管がついてる。

CR760
は上面
ダークグリーン，
下面ライトグレー
の塗装
だったように，
白黒写真
では見える。

CR760の機首下面
には，こういう風に12本
の排気管が6本づつ，
2列になって並んで出てる。

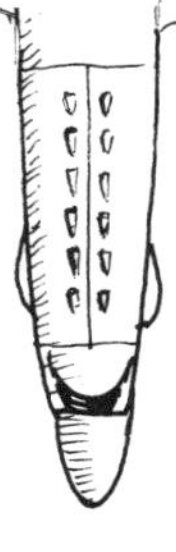

2気筒ずつ
まとめた
排気管が
片側4本
ずつ。

基のC714
だと胴体が
木製箱型構造
で断面形がカクカクしてたけど，
CR760/770は鋼管骨組みに
合板外皮張りになって，胴体の
断面形，とくに下側の角が丸み
のついた形になった。

CR770の方は，おそらく
ダークグリーンとグレー，茶色のヒョウ柄みたいな
不思議なパターンのマダラ迷彩だったようだ。

フランス空軍が１９３４年に急いで戦闘機を揃えようと計画した軽戦闘機、コードロンＣ７１４は、４５０hpのエンジン出力じゃどうにもならなくて、性能は劣悪だし機体は華奢だし、エンジンを含めて信頼性は低いしで、戦闘機としては失敗だった。ポーランド人パイロットの勇戦にもかかわらず、戦果はおよそぱっとしないままに終わったのだった。実はＣ７１４の馬力が足りないのはコードロン・ルノー社もフランス空軍も重々承知で、改良型のＣ７１５というのを考えて、１９３８年12月に試作機２機を発注した。しかしじゃあＣ７１５に装備するパワフルなエンジンがあるのか、となるとそうもいかなかった。コードロン社の期待は親会社のルノーが開発中の６２６という８００hpのエンジンだったんだが、それはそうすぐにできてくるわけじゃなかった。

それまでのつなぎというか、とりあえずイタリア製のイソッタ・フラスキーニ・デルタＲＣ−40空冷倒立Ｖ型12気筒21Ｌ、７３０hpのエンジンを買ってきて改良型機に付けてみることにした。元のルノーＲ12エンジンが19Ｌ４５０hpだから、排気量がそれほど増えない割に馬力の向上が大きいのはいいんだが、当時のイタリアはムッソリーニのファシスト政権でナチス・ドイツとは軍事同盟寸前の同盟国だ。そんな国から戦闘機のエンジンを買うのか、というところが問題なんだが、実はこの時期のイタリアはドイツと戦争しそうないろんな国に軍用機とかを売っていて、割と節操がなかった。

ＲＣ40エンジン装備の機体は１９３９年１月に発注されて、コードロン・ルノーＣＲ７６０と名付けられて、エンジンも２月に発注された。ＣＲ７６０は胴体を強化するため、Ｃ７１４じゃ木製箱形構造だったのを、鋼管骨組みに合板外皮にして、翼は木製のままだったけど構造を簡単にした。武装もＣ７１４の７・５㎜機関銃4門じゃあんまりなんで、6門に強化した。

ＣＲ７６０は１９３９年秋から地上テストを開始した。でも１９３９年5月にはイタリアとナチスは軍事同盟を結んでしまってたから、ドイツと交戦してるフランスにエンジンを供給してくれるとしたら、相当ムシのいい話だ。

ＣＲ７６０が初飛行したのは１９４０年4月、いよいよドイツ軍の侵攻が始まりそうな時期だった。さすがに強力なエンジンのおかげで、ＣＲ７６０は最大速度５７０㎞／ｈ、高度４０００ｍまでの上昇時間5分という性能を示した。元のＣ７１４の４６０㎞／ｈ、高度５０００ｍまで9分40秒に比べたら、性能向上は明らかだった。エンジン供給元のイソッタ・フラスキーニ社からの要請で、イタリア空軍の名高いパイロット、アルトゥール・フェラリンがフランスに来てＣＲ７６０に試乗したそうだ。

でもそれから間もなくナチス・ドイツがフランスに攻め込み、たちまちフランスは敗れてしまう。6月にはイタリアもフランスに宣戦布告する。イタリア製エンジン付きのＣＲ７６０はフランス中部のオルレアンでドイツ軍に捕獲されてしまった。ＣＲ７６０はドイツ軍塗装を施されて、ほかのコードロン製機と偽装飛行場に並べて囮にされた、というのが最後の消息だ。

Ｃ７１５の試作発注のもう1機には本命の、そして新開発のルノー６２６エンジンが搭載された。こちらは空冷倒立Ｖ型16気筒で排気量25・３Ｌ、Ｃ７１４のルノーＲ12が12気筒で19Ｌだから、計算してみると1気筒の大きさは同じで、基本的に片バンク２気筒ずつ増やしたみたいだ。これにスーパーチャージャーを付けて８００hpを絞りだそうというのだ。しかし12気筒のＲ12エンジンだって、クランクシャフトの弱さが問題になったのに、16気筒で長くなったクランクシャフトは大丈夫なのか？　このルノー６２６エンジン付きの機体はＣＲ７７０という名になって、ＣＲ７６０よりも翼幅と全長が３㎝、全高が２㎝大きくなった。なんでだろう？　自重が１９０kg、総重量も２５０kg重くなったのはエンジン関係かな。

ＣＲ７７０の製造は大急ぎに進められた。なにしろ空軍は早くちゃんとした性能の戦闘機が欲しいのだ。イスパノスイザやノームローンの９００～１０００hp級エンジンは他の戦闘機や爆撃機に使うだけでも足りないから、それ以外のエンジンを使う戦闘機が欲しいのだ。

だからルノー６２６エンジンはベンチテストもそこそこにＣＲ７７０の機体に取り付けられて、１９３９年11月に初飛行した。ところが離陸から12分後、エンジンが突然壊れた。パイロットのレーモン・デルモットはなんとか機体を着陸させたが、エンジンを分解して調査すると、原因はクランクシャフトが潤滑不良で折れたことだった。ルノー６２６エンジンはまるで未成熟だったのだ。ＣＲ７７０が再び飛べるようになる前にフランスは敗北、機体はドイツ軍の手に渡らないよう破壊されてしまった。

Ｃ７６０の方はエンジンが敵国イタリア製だから手に入らなくなり、Ｃ７７０の方はエンジン開発が間に合わない。フランスはワラをも掴もうとしたものの、ひとつのワラは敵のワラ、もうひとつのワラは折れてしまったのだった。

イラストで見る 航空用語の基礎知識 basic knowledge 空冷倒立V型エンジン

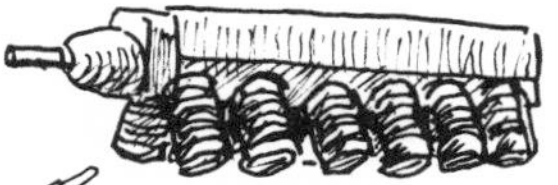

空冷倒立V型エンジンは、まず正面面積が小さいので抵抗を少くできる、プロペラ軸を機体の中心線に近くしやすい、ラジエーターがいらない、といった利点がある。

でも大きな馬力を出そうと、シリンダーを大きくすると、コンパクトさの利点が失われる。シリンダーを増やすと、後ろの方のシリンダーに空気が当たり難くなってオーバーヒートしやすくなる。それにクランクシャフトが長くなって、ねじれや振動も起きてくる。大出力エンジンには不向きなの。

第2次大戦のドイツでは、アルグス社が空冷倒立V型エンジンを作ってて、アラドAr96練習機には12気筒465hpのAs410が使われた。双発双胴のフォッケウルフFw189偵察/直協機も同じアルグスAs410エンジンだった。

イタリアはイソッタ・フラスキーニ社のデルタ・シリーズが有名。

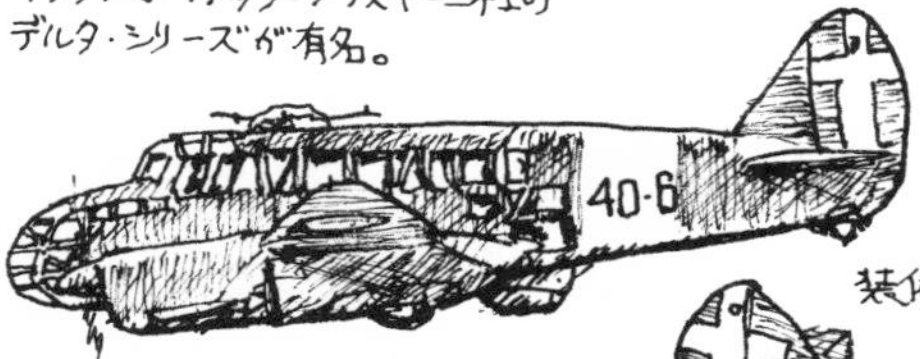

その装備例が、カプロニ・ベルガマスキCa314雷撃機。レッジアーネRe2001戦闘機にも840hpのデルタ装備型の試作機が1機あった。

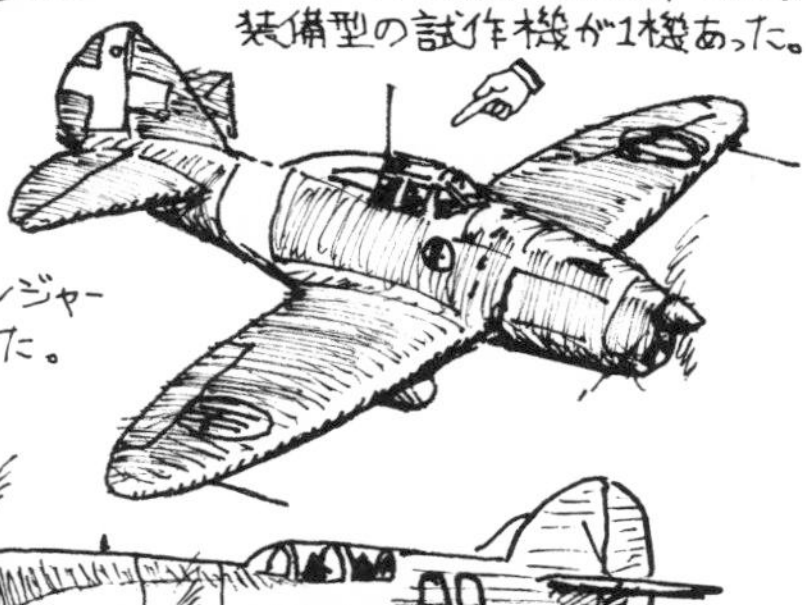

イギリスと日本には、この種の空冷倒立V型エンジンの実用例がないけど、アメリカにはレインジャーV-770っていう12気筒エンジンがあった。

1937年の3発レーサー、ベランカ28-92。まん中だけ420hpのV-770で、左右のエンジンは空冷倒立直列6気筒251hpのメナスコ・バッカニア。

ノースアメリカンAT-6/T-6テキサン練習機の系列にも、V-770エンジン装備の試作機XAT-6Eが1機だけ作られてる。

File No. 12

空中撮影以前の問題として

クーナート・フォトプレーン

Kuhnert Photoplane

全幅：9.2m
全長：5.6m
重量：不詳
エンジン：ローレンスA-2
空冷水平対向2気筒（30hp）×1基
最大速度：113km/h（推定）
乗員：1名

アメリカ、ペンシルヴァニアの空飛ぶカメラマン、サミュエルR.クーナートが、自分で飛んで自分で撮るために自分で作った、その名も「フォトプレーン」。でも、とうとう一度もまともに飛ぶことはなく、最後は強風に吹き飛ばされて終ってしまった。これは高翼形態の姿。

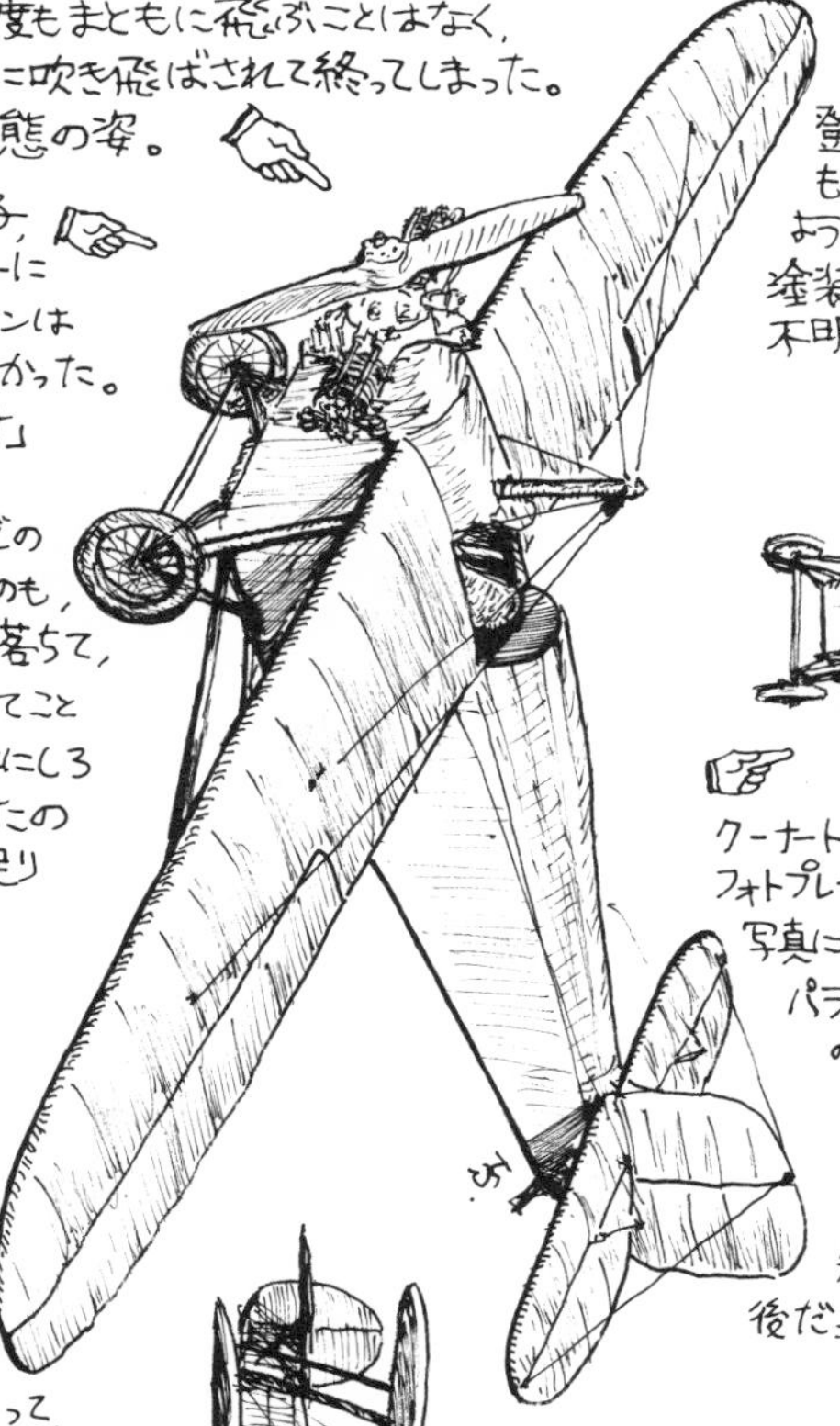

サミュエルの息子、ロバート・クーナートによるとフォトプレーンは「一度も飛ばなかった。ホップしただけ」だったそうだ。2度目の飛行での着陸事故というのも、ちょっと跳ねて落ちて、翼が折れた、ってことだったのかな。なにしろエンジンはたったの30hp、馬力が足りなかったんじゃないのかなあ。

登録記号はもらわなかったようだ。塗装も不明。

クーナート・フォトプレーンの写真にはこんなパラソル翼形態の姿のものもある。高翼とパラソル翼、さてどっちが先でどっちが後だったんだろう?

なにしろ写真が少ないので、いろいろ推測や想像で補って描いたところもあって、なにとぞご容赦を。

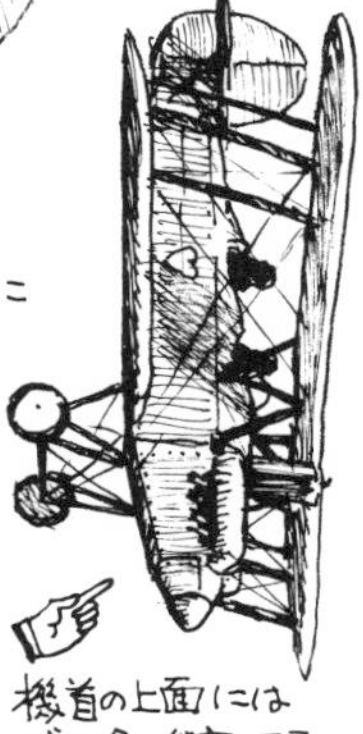

クーナートが撮った写真に写ってた飛行機の中には、このクレイダー・レイズナーC-2があった。167機作られたそうだから、1930年代初等の飛行機としては、なかなかの成功作。

機首の上面にはラジエーターが立ってる。

1919年、クーナートが初めて飛行機から写真を撮ったときに乗ったのが、カーチスJN-4"ジェニー"。1915年からおよそ6800機が作られて、1920年代には民間でもたくさん使われてた。

軍用の写真偵察機や、民間機でも航空写真用の専門の飛行機は作られてきたが、個人で自分の撮影用の飛行機を作った人というのはごく少ないはずだ。

そういう人のひとりに、１９２０年代のアメリカの航空写真カメラマン、サミュエル・ウィリアム・クーナートがいる。クーナートは東部ペンシルヴァニア州のドーフィン郡に１８９０年に生まれた。父親は鋳掛屋というかなんでも修理業だったらしい。家は裕福ではなかったが、15歳の時にカメラを買ってもらって、写真を撮るようになった。その後の１９１１年頃には近所で開かれた航空ショーを見て、飛行機が大好きになったようだ。

クーナートは家業を手伝うので学校には行けなかったが、それでも写真を学んで、第1次世界大戦後の１９１９年には地元で写真スタジオを開くまでになった。主な仕事は家族写真や結婚式、同窓会とかの記念写真の撮影だった。

この年の5月、クーナートは初めて飛行機に乗って空から写真を撮った。飛行機と写真という大好きなものを一緒にできたのだな。ウォルター・シャッファーというパイロットが操縦するカーチスＪＮ－４の後席にカメラを持って乗せてもらったのだ。

カーチスＪＮ－４、別名「ジェニー」は第1次世界大戦で量産されたアメリカ陸軍の練習機で、戦後は安い値段で民間に払い下げられて、飛行学校や自家用機、あるいは田舎で曲芸飛行を見せて回る巡業飛行、いわゆる「バーンストーミング」などにたくさん使われてた。

クーナートが空からの撮影に使ったのは、第１次世界大戦で軍が航空偵察用に作った大判カメラ、４×５インチのフィルム用のものだった。最初の頃のクーナートの写真は、飛行機が揺れたり振動したりするんでブレるしボケるし、露出もうまくいかなくて暗っぽくて、満足のいくものじゃなかった。

そこでクーナートはなにしろ鋳掛屋の経験があるから工作が器用で、自分でいろいろ工夫したカメラを作り上げた。おかげで航空撮影が進歩して、地元の工場や会社を空から撮影する仕事も入るようになった。他にも祭りやイベントなど地域のいろいろな出来事の航空撮影など、クーナートはペンシルヴァニア州中部の航空写真家として名を成していった。

撮影に飛ぶ時はパイロットを雇ったり、友人に頼んで乗せてもらったり、乗る飛行機もいろいろだった。後席から身を乗り出して大きなカメラを扱うのは大変だし危ないので、安全に撮影できるようクーナートは自分でハーネスやスリングを作ったんだが、なにしろ良い写真が撮りたいから、パイロットにもっと機体を傾けろだの被写体に近寄れだの注文が多い。さらに時には後席から複葉機の下翼の上に降りていって、いやもちろんハーネスは付けてるんだが、翼間支柱に脚をからませて撮影するなんていうこともした。あんまりクーナートが無茶を言って無茶をするもんだから、パイロットのなかには頭にきて、「お前とは二度と飛ばない！」と宣言する人もいたんだそうだ。

クーナートは写真で稼ぎながら、近在のベックリー・カレッジで飛行機の操縦と航法、航空工学を勉強した。そのうちにとうとう自分の写真撮影に適した飛行機を自分で作ろうと思い立ったのだった。こうして１９２５

年、クーナートの自製飛行機「フォトプレーン」は完成した。

　クーナート・フォトプレーンは自製といっても、既成の飛行機の部品を流用して組み合わせたもので、主翼は第1次世界大戦でアメリカ軍が使ったデハヴィランドDH9複葉単発爆撃機のものを改造して、単葉のパラソル翼あるいは高翼にした。フォトプレーンは何度か改造されてて、パラソル翼と高翼の両方の写真があるけど、どっちが最初の形式かわからないのだ。エンジンはローレンスA-2という空冷水平対向2気筒で30 hpの小さなもの。機体構造はおそらく木製羽布張りだったんだろう。写真撮影が目的だから、胴体腹部に大型カメラを装備して、操縦しながら撮影するつもりだったのだな。

　ところがクーナートのフォトプレーンは最初の飛行に離陸したものの、直後に鶏小屋に突っ込んで壊れてしまった。修理して臨んだ2度目の飛行では、着陸進入中に主翼が折れて墜落、幸いクーナートにたいした怪我はなかった。

　クーナートは機体を作り直して、主翼の形式が変わったのはどうやらこの時のことらしい。しかし改良なったフォトプレーンが飛ぶことはなかった。ある日、飛行場に大風が吹いてフォトプレーンは隣の畑まで吹き飛ばされて、またまた壊れてしまった。

　これでクーナートは自製の飛行機を諦めて、フォトプレーンはまともに飛ぶことなく終わった。でもクーナート自身は航空撮影を続けて、彼の写真はペンシルヴァニア州中部地域の歴史の貴重な資料になってる。クーナートは当時の飛行機の写真もいろいろ撮ってるぞ。

航空写真カメラマン

昔から飛行機の美しい写真を撮る人が数多くいて、その人たちのおかげで、私たちは飛行機のかっこ良さを楽しむことができる。

こういう感じのスピットファイアのモノクロ写真を見たことあるでしょ? あれはイギリスのチャールズ・ブラウンという有名なカメラマンが撮ったもの。チャールズ・ブラウンは第2次大戦とその前後のイギリス機の写真を沢山撮ってる。

モスキートのこんなカラー写真とか。

今日、世界的に名高い航空写真家の一人に、日本の徳永克彦氏がいる。徳永氏の写真は、各国のメーカーや軍からも高く評価されてる。皆さんも徳永氏の作品をきっと多く目にしてるだろう。

中野さんの撮る鳥の姿はみんな美しくてかわいい。パフィンとか。

飛行機というより、陸でも海でも空でもどこでもの軍事フォトジャーナリスト、菊池雅之さんも大活躍してる。他にもすごい航空カメラマンは日本にも世界にもたくさんいるよ。

中野耕志さんは、飛行機の写真だけじゃなくて、鳥の写真でも素晴しい作品を撮ってる。

File No. 13

蘇った翼はなんだかダメだった

イカルス214

Ikarus 214

全幅：16.2m
全長：11.2m
全高：4.0m
自重：3,970kg
最大離陸重量：5,025kg
エンジン：プラット&ホイットニー R-1340-AN-1
空冷星型9気筒(600hp)×2基
最大速度：365km/h
航続距離：1,030km
実用上昇限度：7,000m
武装：50kg爆弾×4発
乗員：2名＋乗客：7名

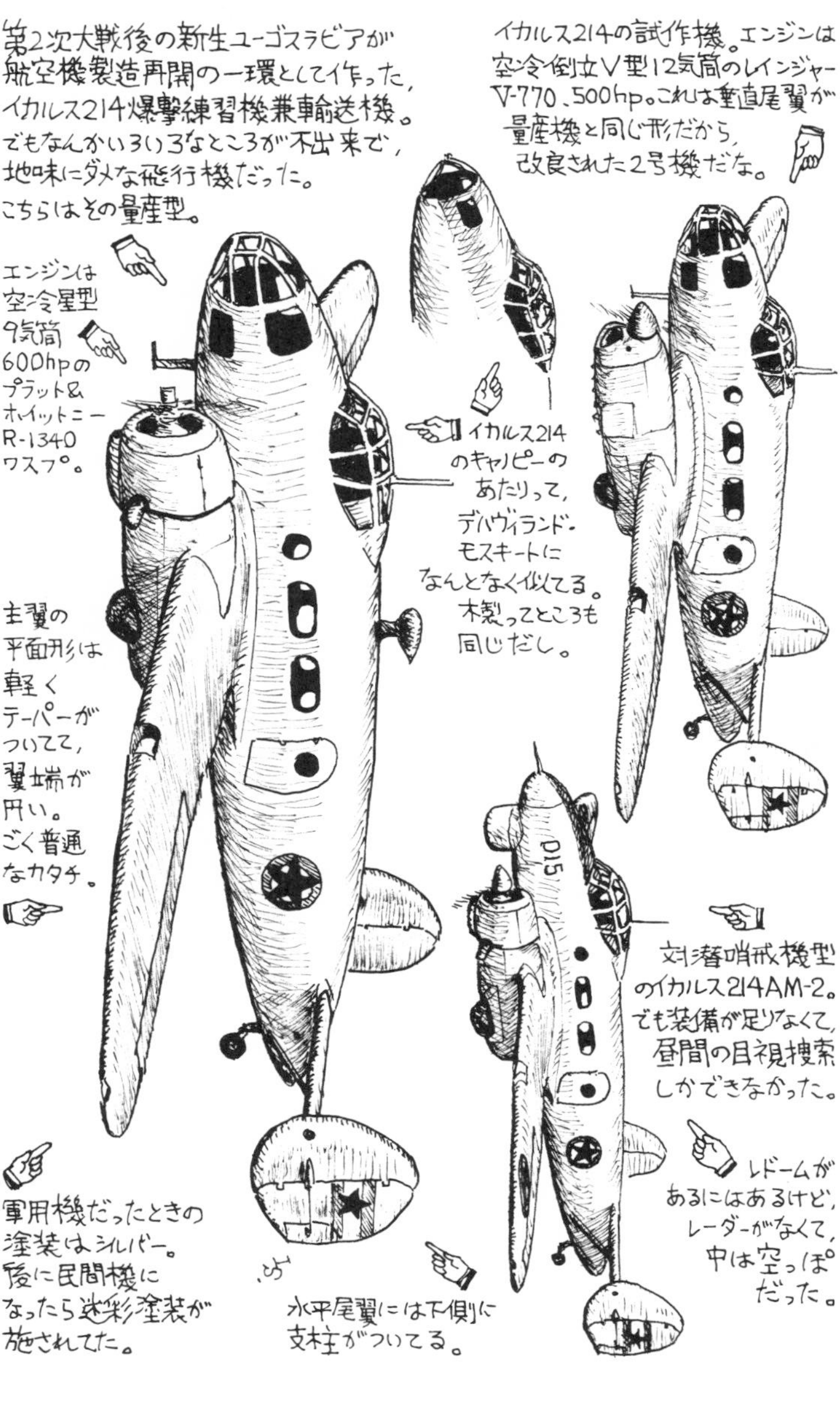
第2次大戦後の新生ユーゴスラビアが
航空機製造再開の一環として作った、
イカルス214爆撃練習機兼輸送機。
でもなんかいろいろなところが不出来で、
地味にダメな飛行機だった。
こちらはその量産型。
イカルス214の試作機。エンジンは
空冷倒立V型12気筒のレインジャー
V-770、500hp。これは垂直尾翼が
量産機と同じ形だから、
改良された2号機だな。
エンジンは
空冷星型
9気筒
600hpの
プラット&
ホイットニー
R-1340
ワスプ。
イカルス214
のキャノピーの
あたりって、
デハヴィランド・
モスキートに
なんとなく似てる。
木製ってところも
同じだし。
主翼の
平面形は
軽く
テーパーが
ついてて、
翼端が
円い。
ごく普通
なカタチ。
D15
対潜哨戒機型
のイカルス214AM-2。
でも装備が足りなくて、
昼間の目視捜索
しかできなかった。
レドームが
あるにはあるけど、
レーダーがなくて、
中は空っぽ
だった。
軍用機だったときの
塗装はシルバー。
後に民間機に
なったら迷彩塗装が
施されてた。
水平尾翼には下側に
支柱がついてる。

今はいくつもの国に分裂しちゃったけど、１９１８年から２０００年頃まで、バルカン半島にユーゴスラビアという国があった。民族も宗教も歴史も複雑で、オーストリア-ハンガリー帝国の崩壊で国ができてからもいろいろすったもんだがあって、第２次世界大戦じゃ１９４１年にドイツと枢軸国に侵略されちゃった。でもヨシップ・ブロズ・チトー率いるユーゴスラビアのパルチザンは激しく戦って、自力でドイツ軍を追い払って、１９４６年にチトーを独裁者とする社会主義連邦共和国を再建した。

このユーゴスラビアには第２次世界大戦前から小さいとはいえ航空産業があって、イカルス社やロゴザルスキー社といったメーカーが、練習機や哨戒機、戦闘機を作っていた。もちろん第２次世界大戦で航空産業は壊滅しちゃったが、大戦後には早くも航空工業再建の動きが始まった。

そんな１９４６年のこと。政府の航空技術研究所の指導でいろいろな飛行機の開発計画が進められて、そのなかのひとつに爆撃機兼練習機兼輸送機があった。その設計を指示されたのは、シマ・ミルトノヴィッチ教授率いる第５航空機製造グループの技術陣だった。なにしろ社会主義国なので、航空機メーカーも国有航空工業に統合されてたのだ。

この爆撃機兼練習機兼輸送機は、旧メーカーの名前をつけてイカルス２１４と呼ばれた。イカルス２１４は双発の低翼単葉機で、胴体は合板２層サンドイッチのモノコック構造だった。ユーゴスラビア空軍がイギリスからもらったデハヴィランド・モスキートに範を取ったようだな。主翼も木製で、箱形構造の桁２本に合板の外板張り、尾翼も木製だけど方向舵と昇降舵はジュラルミンの骨組みに羽布張りだった。これでパイロット２

名と乗客７名、50kg爆弾４発が積めて、機首はガラス張りの爆撃手席になっていた。

　エンジンはアメリカ製のレインジャーV−７７０空冷倒立V型12気筒５００hpで、そのエンジンナセルに主脚が引っ込む。ユーゴスラビアは社会主義国だったけど、１９４８年にソ連と不仲になって、独自の外交・国防方針を採るようになったんで、ソ連製じゃなくてアメリカ製のエンジンを使ってるのだな。

　こうしてイカルス２１４は１９４８年から試作機２機の製作が始まり、１９４９年には1号機が完成した。脚の引込み機構が未完成だったんだけど、政府側は早くテストをさせたくて、試作1号機は間に合わせにイリユーシンＩＬ−２の脚を下げ位置で固定して使うことになった。

　イカルス２１４試作1号機は１９４９年8月に首都ベオグラード近くのゼムン飛行場で初飛行した。ところが途中で片方のエンジンが止まって、パイロットのシマ・ニコリッチは飛行場に引き返そうとしたが、イカルス２１４は高度を保てなくなって墜落、パイロットも死亡してしまった。固定した脚のせいで抵抗が大きかったし、それに実はプロペラのフェザリング機構が働かなくて、その抵抗も加わって、非力なエンジン1発では飛んでいられなくなったのだ。

　フェザリングとはプロペラのブレードを風に向かって縦にすることで、エンジンが止まった時、プロペラが風車になって空転して抵抗が増えるのを防ぐものだ。それが働かなかったんで抵抗が大きくなったのだな。方向安定の不足という欠点もこの事故で明らかになった。

　試作２号機も１９４９年12月に完成したけど、こんな事故があったんで、２年をかけて垂直尾翼や脚にいろいろ改良を加えて、やっと本格的なテストに入ったのは１９５１年のことだった。今度はちゃんと飛べるようになり、エンジンも１９５５年にはアメリカ製の空冷星型９気筒６００hpのプラット＆ホイットニーＲ-１３40-AN-1に強化された。この2号機の一応の成功で、１９５５年には限定的ながらイカルス２１４は量産されることになって、１９５７~１９６０年に21機が作られた。

このうち18機は練習機／輸送機型の２１４ＡＣまたは２１４Ｐで、３機は旅客座席を取り外した写真偵察型の２１４Ｆだった。練習機／輸送機型のうち２機は改造されて、対潜哨戒機型２１４ＰＰと２１４ＡＭ２になったんだそうだ。対潜哨戒機型は機首が透明じゃなくて、下面にレドームが付いてた。しかしこれは単にこういう形だというだけで、搭載するレーダーも対潜爆弾も入手のあてがなかったんで、つまり対潜哨戒機の役には立たなかった。

普通の練習や輸送に使うイカルス２１４ＡＣ／Ｐも、操縦操作にすぐに機体が反応しないっていう嫌な癖があった。それにフラップの操作に問題があったし、無線機がお粗末、夜間飛行の装備が不充分とか、至らない点が多々あった。１９６６年、６機だけ残っていたイカルス２１４は民間に移籍、１９７０年まで旅客機に使われて、その後もしばらくスカイダイビングの降下機として働いたようだ。２００１年の時点じゃ、１機だけがベルグラードの航空博物館に保存されてるが、レストアの見込みはなさそうだ。

こうしてイカルス２１４は地味にダメな飛行機で終わったけど、ユーゴスラビアの航空工業はその後、戦闘機やジェット練習機も作れるようになったんだぞ。

イラストで見る
航空用語の基礎知識
basic knowledge

ユーゴスラビア空軍の航空機

ユーゴスラビアは1920年代から
ライセンス生産や国産でいろんな
飛行機を作ってきた。どれも
生産機数はあんまり多くないが。

見た目はホーカー・ハリケーン
にも似てる。

1938年に初飛行の
国産戦闘機・ロゴザルスキー
IK-3。最大速度527km/h。
ドイツ侵攻時には6機しかできてなかった。
モラーヌ・ソルニエMS406に似てるけど、もっと速い。

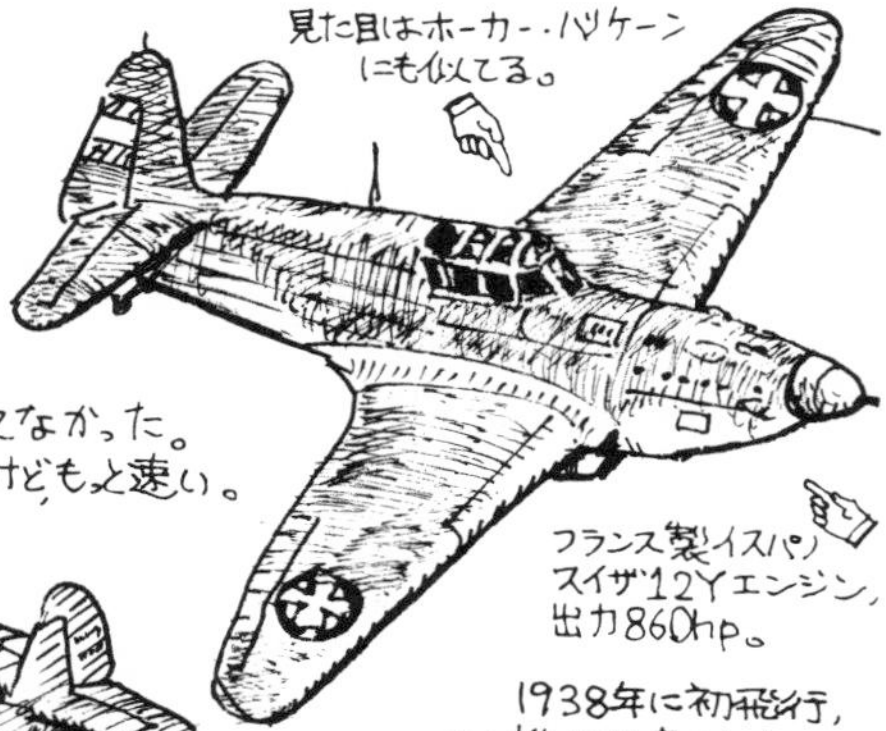

フランス製イスパノ
スイザ12Yエンジン、
出力860hp。

1936年に初飛行したイカルス
IK-2戦闘機。12機
が作られた。

どちらもエンジンは
フランスのイスパノスイザ。

1938年に初飛行、
26機が生産された、
ロゴザルスキーR-100練習機。単座にして
戦闘練習機にもなった。

ユーゴスラビアは、社会主義国
だったのに、一時期ソ連と
仲が悪くなって、
アメリカ製の
F-84Fなど
西側の戦闘機
を使ってた。

1952年に初飛行した、
イカルスS-49C戦闘機。
112機が作られて、
1961年まで
使われた。

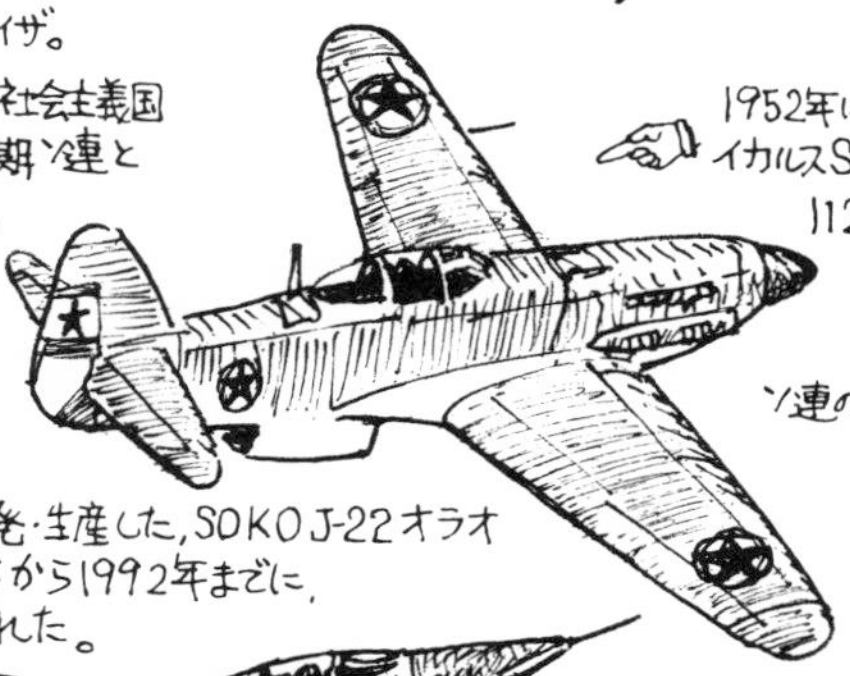

ソ連のヤコヴレフYak-9
に似てるけど、
主翼平面形が
まるで違う

ルーマニアと共同開発・生産した、SOKO J-22オラオ
攻撃機。1974年から1992年までに、
110機ぐらい作られた。

ノースアメリカンF-86Dセイバーも使った。

File No. 14

戦闘機はあてもなく飛ぶ

ウェストランド・ウェストベリー

Westland Westbury

全幅：20.7m
全長：13.2m
全高：4.2m
自重：2,200㎏
総重量：3,573㎏
エンジン：ブリストル・ジュピターⅥ
　　　　　空冷星型9気筒（450hp）×2基
最大速度：200㎞/h
実用上昇限度：6400m
武装：37㎜ COWガン機関砲×2門
　　　7.7㎜ルイス機関銃×1門
乗員：3名

いくら37mmCOWガン機関砲の破壊力を携えてても，速度が遅いもんだから，敵の爆撃機が飛んでくるのを待って，あてどなく飛行していないと，迎撃に間に合わない、という根本的な構想のところですでに間違っていた，イギリスの双発戦闘機ウェストランド・ウェストベリー。飛行機としては操縦性も良くて，ちゃんと出来てたんだけどな。

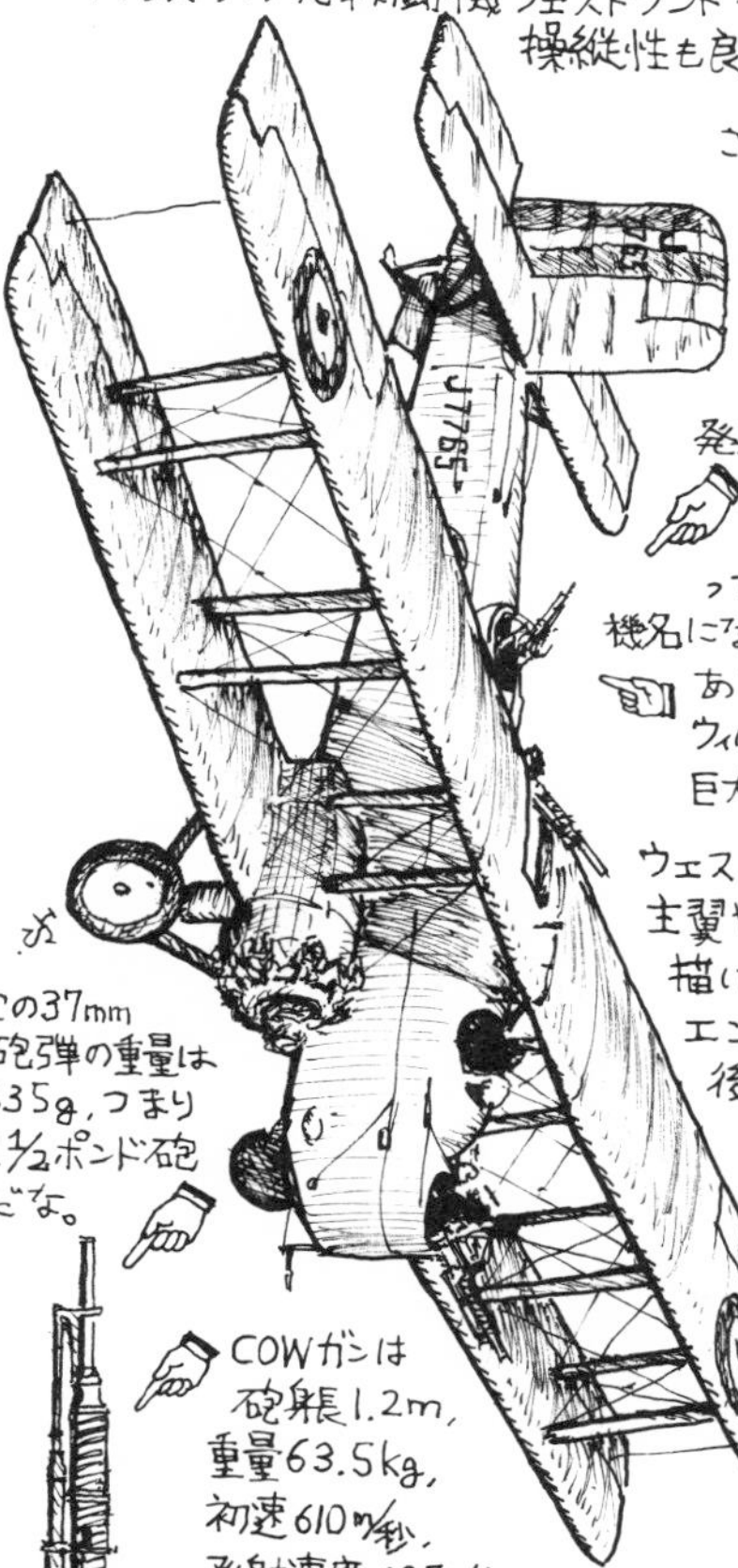

この絵は1号機（シリアルJ7765）。
この機はCOWガンを装備しなかったともいうけど，一応装備してることにして描きました。

こっちの後部COWガンを撃ったら，発射炎で上翼の羽布が焦げたそうだ。

機名のモトになってる、ウェストベリーっていう地名はイギリスに2カ所ある。機名になったのは，おそらくウェストランド社のあるヨーヴィルから北東40kmぐらいのウィルトシャー州の町らしい。その近くには、巨大な白馬の地上絵がある。

ウェストベリーの2号機（J7766）の部分。主翼や胴体後部〜尾翼，脚は省いて描いてます。機首が丸くなって，エンジンナセルの後ろが長くなった。

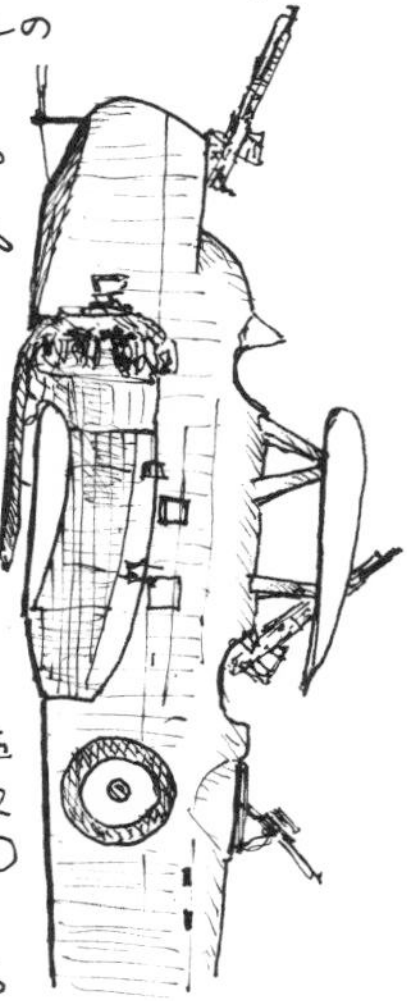

この37mm砲弾の重量は635g，つまり1½ポンド砲だな。

COWガンは砲身長1.2m，重量63.5kg，初速610m/秒，発射速度60発/分。
5〜10発入りのクリップで給弾する。

第2次大戦の初期，残ってたCOWガンを戦闘機に装備して火力を強化しようか、っていう話もあったそうだ。ホーカー・ハリケーンMk.IIDに装備されたヴィッカースS 40mm機関砲は，COWガンを基にして開発された，っていうぞ。

第１次世界大戦から少し経った１９２０年代初め、当時のイギリス空軍は、第１次世界大戦当時からの戦闘機を、ゆっくりとだが新世代の機体へと更新しつつあるところだった。

しかしイギリス空軍の戦闘機は誰の何からイギリスの空を守るのか？　第１次世界大戦中はドイツの飛行船や爆撃機がイギリス本土にまで飛んできて爆撃していったが、そのドイツは大戦に負けて、空軍どころか軍備そのものを持てなくなっていたから、ドイツを心配することはない。イギリスを爆撃できるとしたらフランスの爆撃機ぐらいだが、フランスがイギリスに敵対するようなことはまず考えられなかった。

とはいえフランスは爆撃機の防御火器に20㎜機関砲を搭載するような話も聞こえてくる。そうなるとイギリス戦闘機の７・７㎜機関銃２門の武装じゃ威力は小さいし、射程も短いんでフランス爆撃機の防御火力を破ることなどできなくなる。そんなわけで、フランスとの戦争なぞまずあり得ないとは思うが、イギリス空軍と航空省としてはとりあえず重防御の爆撃機に対抗できる戦闘機を試してみよう、と考えたのだった。

ちょうどその大口径の機関砲としては、ＣＯＷ（コヴェントリー・オードナンス・ワークス）社が第１次世界大戦中からいろいろ研究開発した末に、37㎜の自動／半自動の機関砲、通称「ＣＯＷガン」を作っていた。これを使えば一撃必殺の威力を持つ戦闘機が作れそうだ。

そこでイギリス航空省は１９２４年に４／24っていう要求仕様を提示した。求めるのは対爆撃機の夜間迎撃機で、ＣＯＷガンを２門装備する。ＣＯＷガンは大きくて重いから、これを装備する機体は双発の方がいい。そうなると高速性能は期待できないから、速度の要求は最大２００㎞／ｈだった。

この要求仕様に対して、ブリストル社とウェストランド社が設計案を出して、試作発注をもらった。ブリストル社のバグショットは高翼単葉で金属骨組みという当時としては大胆な設計だったが、飛んでみたらまるでダメな飛行機だったのは以前に書いた。今回はもう一方のウェストランド社のウェストベリーのお話だ。

ウェストランド・ウェストベリーは、ブリストル・バグショットとは対照的に至って堅実な設計で、木製骨組みに羽布張りの大人しい複葉だった。エンジンはブルストル・ジュピターⅥ空冷星型９気筒４５０hpが2基、下翼上面に配置された。ＣＯＷガンは、機首の砲座に旋回式を1門と胴体中部に斜め上向きにもう1門を装備する。こっちの後部ＣＯＷガンは可動範囲が狭い事実上の固定装備で、射撃照準はパイロットがコクピット前の照準器で行ない、砲手は射撃だけ行なう。敵の戦闘機が来たりする場合に備えて、後部ＣＯＷガン砲座の後ろにもうひとつ銃座が設けられて、こちらからは銃手が旋回式のルイス７・７㎜機関銃を撃つ。胴体の尾部下面にもハッチがあって、こちらからもルイス機関銃が撃てるようになっていた。ウェストベリーは大柄な機体で、翼幅は20・7ｍ、全長13・2ｍもあって、寸法では第1次世界大戦末期の双発爆撃機ヴィッカース・ヴィミーとほぼ同じだった。

ウェストベリーの1号機は１９２６年9月に初飛行した。ウェストベリーは2機試作発注されて、2号機はエンジンを４８０hpのジュピターⅦにしたり、機首が丸い形になったり、エンジンナセルの後部が伸びて、主翼後縁よりはみ出るようなったり、いろいろ改良されて、１９２７年の初めに初飛行した。

ウェストベリーはテストでは安定性もよくて、片発での操縦性も良好だった。最大速度も要求どおりの２０

０km／hは出た。ＣＯＷガンは、1号機には装備されなかったんじゃないかともいうが、2号機は１９３１年に射撃テストを行なった。このテストじゃ後部ＣＯＷガンの発射炎で上翼後縁が焦げるという問題が起きたので、発射炎避けの板を主翼に追加したそうだ。ＣＯＷガンは反動が９００kgぐらいあったけど、それでも機首の砲を真横に向けて撃ったりもした。

　しかし１９３１年の4月、ウェストベリー2号機は始動車の助けを借りてエンジンを始動したところ、間違えてスロットルを開き過ぎて、車止めを乗り越えて前進、始動車にぶつかって壊れてしまった。機体の損傷は大きく、修理は引き合わないとして廃棄された。

　しかもその頃イギリス空軍と航空省は大事なことに気づいた。ウェストベリーの速度では、当時の爆撃機を追撃するには遅すぎる。つまり空中で待ち構えていなくてはならないんだが、なにしろレーダーを使った戦闘機の迎撃誘導なんかの無い時代だ、低速鈍重のＣＯＷガン戦闘機は、あてもなく飛びながら敵機が来るのを待つしかない、ということになる。それでは戦闘機としてあまりに実用性がない。双発ＣＯＷガン戦闘機という構想の根本的な弱点に、いまになって気づいたわけだ。

　ちょうどウェストベリーは壊れたし、バグショットはダメ飛行機だしということで、そもそも無理のあったＣＯＷガン双発戦闘機計画は中止となった。その代わりにイギリス空軍と航空省は、もっと速い単発単座のＣＯＷガン戦闘機を作ろうとするんだが、それはまた別のお話だ。

イギリスとフランス

イギリス（とくにイングランド）とフランスは、狭い海峡をはさんだ
隣り同士なんで、大昔からそれはもういろいろあった。

1066年の
ノルマン・コンクェスト
で、イングランドに
フランス系の
王家ができて、
……

14～15世紀にかけては「百年戦争」
っていうくらい、両国は戦争をくりかえして、
結局、イングランドはフランスの領土を失う。

1415年のアジャンクール
（エジンコート）の戦いで
フランスに大勝した、
イングランド王ヘンリーⅤ世。

18～19世紀にもフランス革命戦争～ナポレオン戦争と、
両国は激しく戦った。1805年のトラファルガー海戦で
イギリス海軍はフランス海軍を撃破、1815年のワーテルローの
戦いでイギリスのウェリントン公がフランス皇帝ナポレオン
を打ち破って、ナポレオンは失脚した。

そんな仲の悪いイギリスとフランスだったけど、
なんでか相手がロシアやドイツになると、
手を組んで戦うことになる。
19世紀半ばのクリミア戦争がそうだったし、
20世紀の第1次・第2次大戦でもそうだった。

それでも第2次大戦中には、
ヴィシー政権のフランス軍と
イギリス軍が戦ったりしてる。

第2次大戦後は1956年のスエズ動乱で
一緒に戦ったり、仲の良さそうなイギリスとフランスだが、
やっぱりいろいろと気が合わないようで、軍用機でも軍艦でも
協同開発はうまくいかない。なんとか成功したのはジャガー攻撃機ぐらいか？

File No. 15

温め直しはうまくないぞ

マーチン146

Martin 146

全幅：22.9m
全長：15.8m
全高：15.8m
自重：4,564kg
総重量：7,257kg
エンジン：ライトR-1820-G5サイクロン
空冷星型9気筒（800hp）×2基
最大速度：391km/h
航続距離：1,990km
実用上昇限度：8687m
兵装：爆弾1,025kg
7.62mm機関銃×3門（機首銃座、背部、腹部）
乗員：4名

前作B-10よりちょっと大きくて、ちょっとだけ性能が向上して、でも爆弾搭載量が変わってなくて、つまりB-10を「温めなおした」だけだった、マーチン・モデル146。

1935年の爆撃機選定の一応の勝者、ダグラスDB-1。マーチン146よりは多少優れてたし、ボーイング229よりは安いんで、B-18として採用された。でも第2次大戦じゃ、爆撃機としてすでに使いものにならなくなっていた。

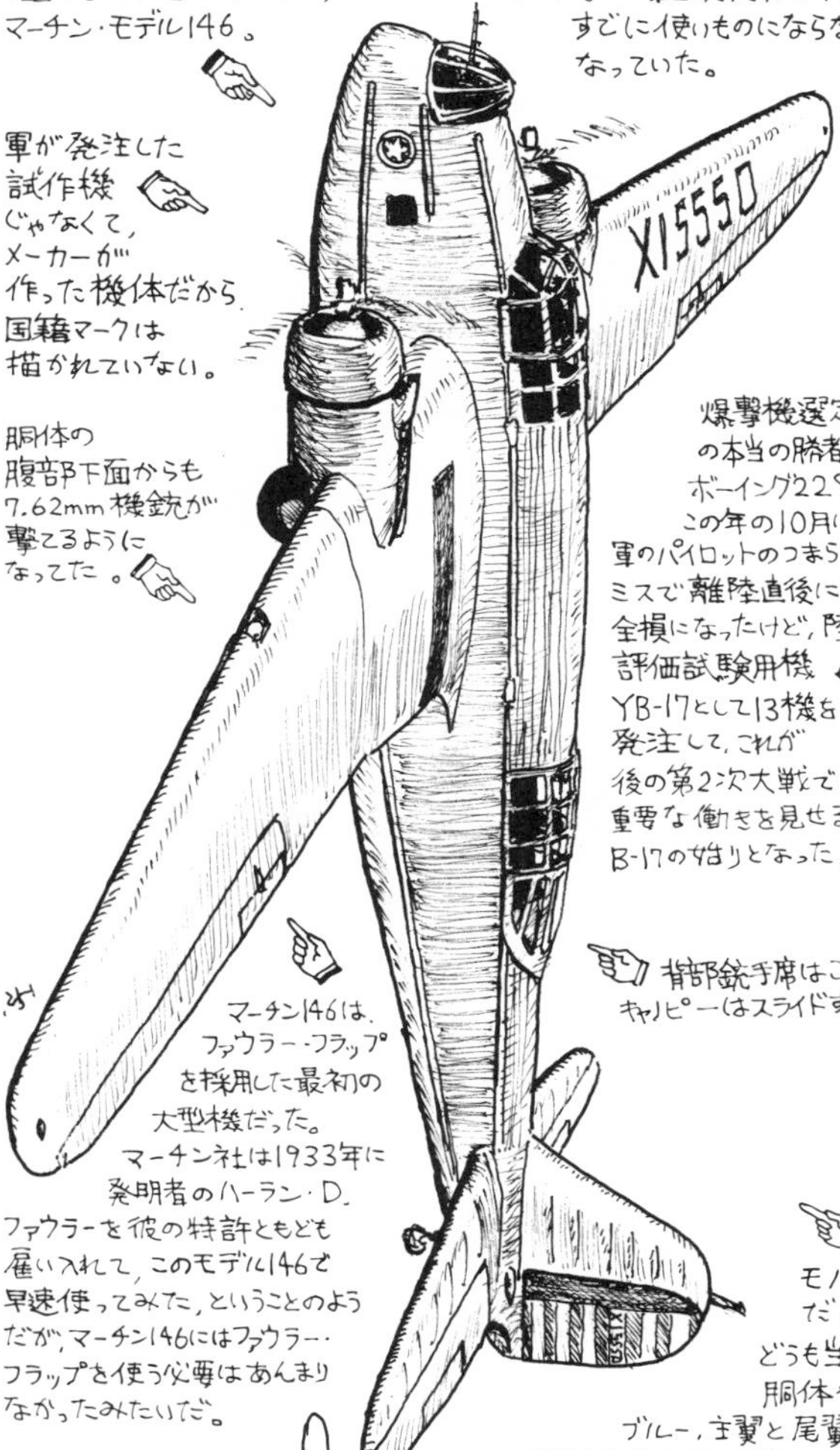

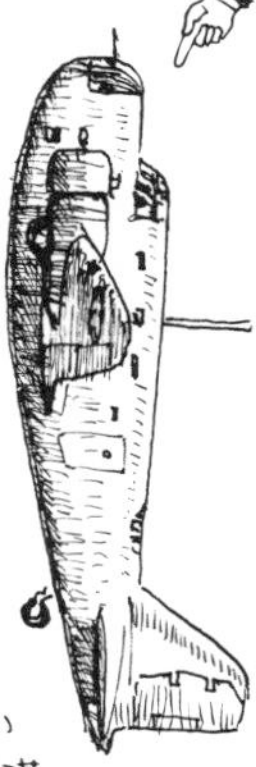

軍が発注した試作機じゃなくて、メーカーが作った機体だから国籍マークは描かれていない。

胴体の腹部下面からも7.62mm機銃が撃てるようになってた。

爆撃機選定の本当の勝者、ボーイング229。この年の10月に、軍のパイロットのつまらないミスで離陸直後に墜落、全損になったけど、陸軍は評価試験用機YB-17として13機を発注して、これが後の第2次大戦で重要な働きを見せるB-17の始りとなった。

背部銃手席はここ。キャノピーはスライドする。

マーチン146は、ファウラー・フラップを採用した最初の大型機だった。マーチン社は1933年に発明者のハーラン・D.ファウラーを彼の特許ともども雇い入れて、このモデル146で早速使ってみた、ということのようだが、マーチン146にはファウラー・フラップを使う必要はあんまりなかったみたいだ。

ファウラー・フラップとはこういうフラップ。

モノクロ写真しかないんだけど、マーチン146はどうも当時のB-10と同じく、胴体やエンジンナセルはブルー、主翼と尾翼はイエロー、っていう塗装だったように見える。

機首側面にはマーチン社のロゴマークを描いてた。

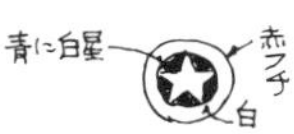

時は１９３４年７月、アメリカ陸軍は当時実戦配備が進みつつあったマーチンB-10の後継となる、新型の爆撃機の要求仕様をメーカーに提示して、１９３５年８月に試作機をライトフィールド基地に集めて、比較試験を行なうと通達した。試作機の開発製造経費はメーカーが負担だったが、メーカーにとっては採用されれば大きな仕事になる。

アメリカ陸軍航空隊の爆撃機は、すでに１９３０年代初めに複葉機から脱却して、単葉引込み脚機へと踏み出してた。その手はじめが１９３１年のボーイングY１B-９だったが、これは少数で、１９３３年のマーチンB-10がアメリカ爆撃機部隊の主力となっていた。

この１９３４年の要求では、多発機で乗員４~６名、最大速度４００km／h、航続時間10時間、実用上昇限度７６００m、爆弾搭載量はB-10の２倍、つまり約２トンという機体が求められた。速度は最低でも３２０km／h、航続距離１６２０kmとされた。

これに応えたのが、ボーイング社とダグラス社、それにマーチン社だった。３社ともにすでに軍民に多くの実績のあるメーカーで、ボーイング社は１９３３年に全金属製で単葉引込み脚のモデル２４７双発旅客機を成功させてたし、ダグラス社も１９３４年にモデル２４７より高性能のDC-２旅客機を初飛行させていた。マーチン社もB-10爆撃機を作ってたし、全金属構造とか引込み脚とかフラップとかの新技術は各メーカーとも充分にこなしていた。

マーチン社が送り出したのはモデル１４６という機体だった。モデル１４６は早い話がマーチンB-10の拡大版で、同じ全金属製の中翼配置の双発だけど、Ｂ－10よりも胴体の幅を広げて、操縦席はＢ－10では単座だったのが並列の複座にした。後部の無線手／銃手席はＢ－10では突出した長いキャノピーで覆ってたのを、胴体内に収めて、銃手席にスライド式のキャノピーを付けた。機首に旋回銃座があるのも同じだ。

　エンジンはＢ－10がライトＲ－１８２０－33空冷星型９気筒７００hpだったのを、モデル１４６はちょっと強化してＲ－１８２０－Ｇ５、８００hpにした。マーチン・モデル１４６は悪く言えば、アメリカの航空史家が書いているように「温め直したＢ－10」だった。

　マーチン１４６で目新しいところといえば、ファウラーフラップを採用している点だった。ファウラーフラップは主翼の下面後部が後にせり出して、主翼のキャンバー（雑に言うなら反り返り具合）を増すとともに、主翼の面積を広げるという種類のフラップで、単なる折り曲げ式のフラップより強力で、揚力も大きく増える。重い大型機や高速機みたいな翼面荷重の高い飛行機を、低速で離着陸させるには便利なフラップだ。ただしファウラーフラップは構造や機構が複雑になるし、広げると揚力の中心が動いて、機体の前後トリムが普通の折り曲げフラップより大きく変化するんで、その調節が大変でもある。でもモデル１４６の翼面荷重は１０７・２kg／㎡でそんなに高くないんで（同じ要求のボーイング社のモデル２２９――後のＢ－17の始祖――なんか１１８kg／㎡だ）、ファウラーフラップを採用しなくちゃならないわけじゃなかった。

　マーチン１４６の初飛行がいつだったかは実は不明だが、１９３５年8月のライトフィールドでの比較テストにはちゃんと間に合った。競争の相手はダグラス社のＤＢ－１、ＤＣ－２双発旅客機の主翼やエンジンまわり、尾翼の設計を利用して胴体を爆撃機にしたものだ。それとボーイング社のモデル２２９。これだけ4発機で、機体の大きさも性能も飛び抜けていた。で、最高の性能はもちろんボーイング２２９。最大速度３８１㎞／h、爆弾搭載量は2トンを超えて、航続距離は５０００㎞近い。ただし25機買うと1機あたり20万ドル弱と値段も最高だった。次はダグラスＤＢ‐1、速度は最大で３４６㎞／h、航続距離１９３１㎞とたいしたことなかったけど、爆弾は２９４８㎏積めた。これで値段は約９万９０００ドル。

そして最下位はマーチン１４６。最大速度３９１㎞／hで航続距離１９９０㎞はＤＢ‐1より優れてたけど、爆弾搭載量はＢ‐10と同じで１０２５㎏しかなかった。陸軍はＢ‐10より多くの爆弾を、Ｂ‐10より遠くまで速く運べる爆撃機を求めてたのに、いくら値段が約８万６０００ドルでいちばん安くても、これじゃ採用する意味がない。

結局、アメリカ陸軍はＤＢ‐1をＢ‐18として採用、１３３機発注する。ボーイング２２９は値段が高いんで、ひとまず13機だけを評価試験機ＹＢ‐17として発注した。それでマーチン１４６は不採用でそれっきり。陸軍が発注した試作機じゃないんで、機種番号ももらえなかった。アメリカ陸軍はできたてが欲しかったんで、温め直しじゃ満足できなかったんだな。

マーチン１４６はオランダが東インド植民地（今のインドネシアだ）用にライセンス生産することが決まったけど、オランダはＢ‐10輸出型に切り替えてしまった。マーチン社は試作費用をかけたのに、と国防省に愚痴の書簡を送ったそうだが、もちろん無駄に終わった。

マーチンB-10

マーチンB-10は
アメリカ陸軍にとって
最初の実用的な
全金属単葉
引込み脚の
爆撃機だった。
量産型B-10Bの要目は、
全幅21.5m、全長13.6m、全高4.7m、自重4391kg、
総重量5993kg、ライトR-1820-23エンジン(700hp)×2基
最大速度346km/h、実用上昇限度7520m、
航続距離1995km、爆弾1025kg、7.62mm機銃3門乗員×4名。

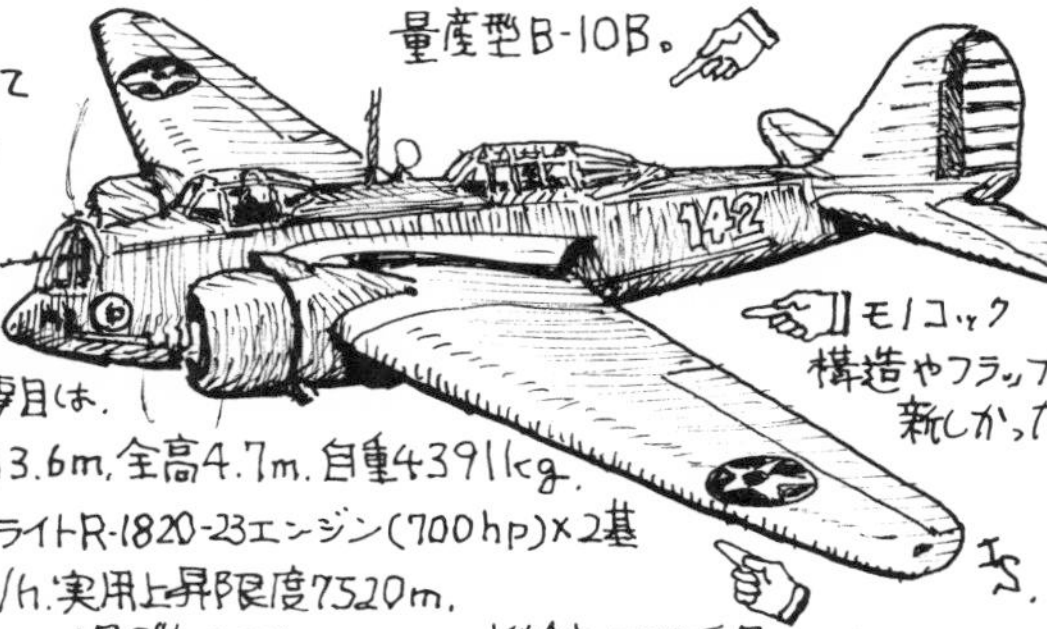

量産型B-10B。

モノコック構造やフラップも新しかった。

原型モデル123こと試作名XB-907はこんな姿だった。
1929年の爆撃機要求で自社試作されて、1932年に初飛行した。
でもいろいろダメで、改良したXB-907Aになったら大成功。

で、前量産型のYB-10、YB-10Aのあと、
量産型B-10Bが105機作られた。
他にエンジン違いのYB-12(32機)と
YB-14(1機)もあった。

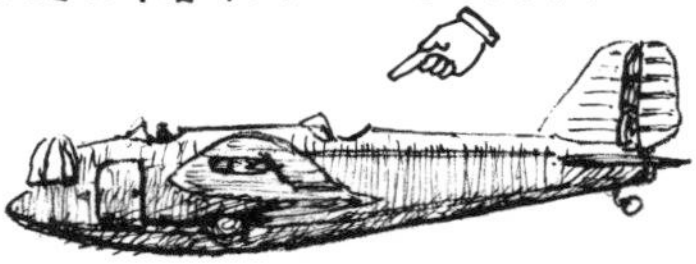

YB-10は14機、
YB-10Aは1機
作られた。

YB-10。

B-10は
地味に
傑作機
だよ。

B-10系列の輸出型モデル139は、
中国(9機)、オランダ(121機)、
トルコ(20機)、アルゼンチン(33機)と
たくさん売れた。中国(中華民国)機は
九州にビラを投下してる。

オランダ東インド軍向けの最終発展型
モデル166。主翼平面形が変ってキャノピー長い。

File No. 16

人の運命はきりもみ状態

ロールバッハRo.Ⅸ
ロフィックス

Rohrbach Ro.IX Rofix

全幅：14.0m
全長：9.5m
全高：3.7m
自重：1,320㎏
総重量：1,850㎏
エンジン：BMW Ⅵ
水冷V型12気筒(450hp)×1基
最大速度：285㎞/h
実用上昇限度：8,000m
航続距離：770㎞
武装：8㎜機関銃×2門(予定)
乗員：1名

Ro.IXロフィックスの2号機は、主翼の上反角がなくなって、
浅い後退角がついた。こういうところが変ると、1号機と
2号機は安定性や操縦性がずいぶん違って
きたんじゃないだろうか。
スピン特性は
良くなったのか？

クルト・タンクが作った
最初の戦闘機、
ロールバッハRo.IX
ロフィックスの1号機。
細く絞った胴体や
ぶっきらぼうに近い尾翼の
明快なカタチが、なんだか
後のフォッケウルフFw190に
通じるものがある
ような感じが
しないか？

トルコ向けに、
ドイツの会社
がデンマーク
で作った。

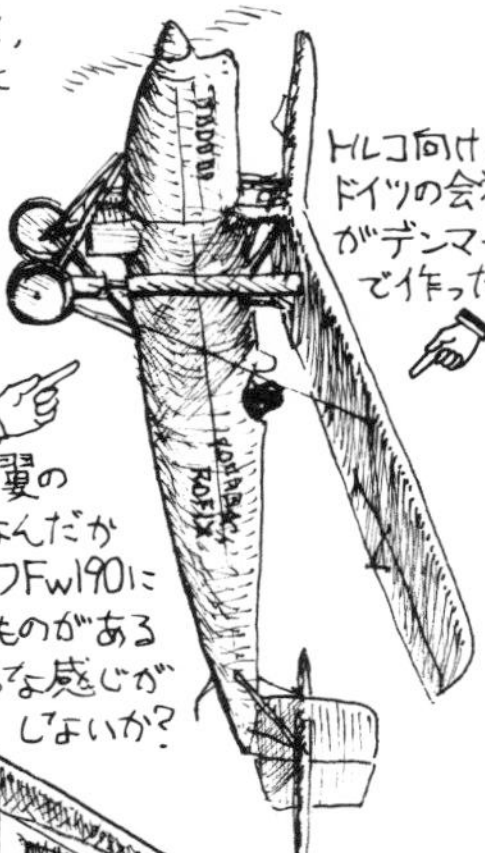

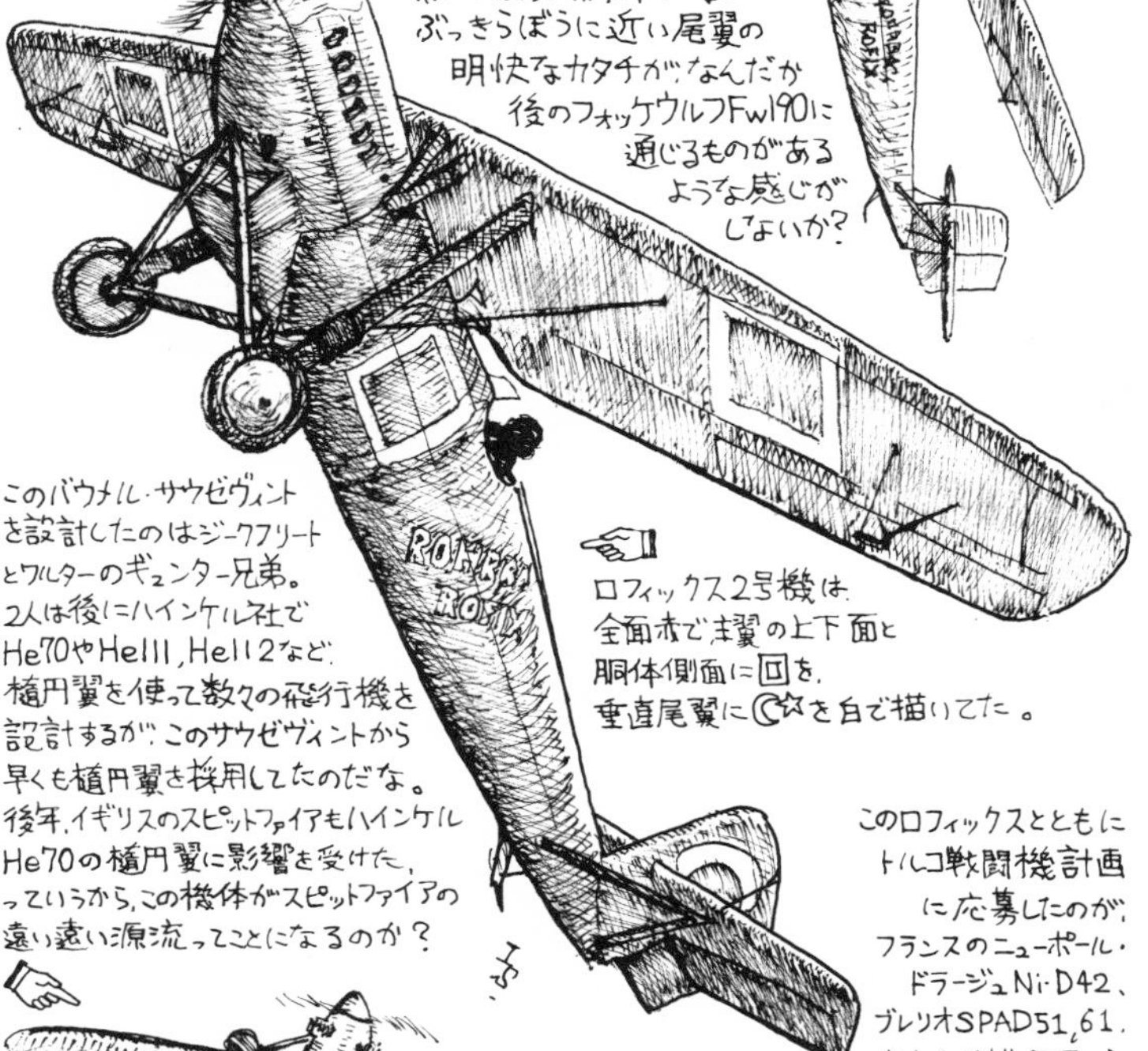

このバウメル・サウゼヴィント
を設計したのはジークフリート
とワルターのギュンター兄弟。
2人は後にハインケル社で
He70やHe111、He112など
楕円翼を使って数々の飛行機を
設計するが、このサウゼヴィントから
早くも楕円翼を採用してたのだな。
後年、イギリスのスピットファイアもハインケル
He70の楕円翼に影響を受けた、
っていうから、この機体がスピットファイアの
遠い遠い源流ってことになるのか？

ロフィックス2号機は
全面赤で主翼の上下面と
胴体側面に回を、
垂直尾翼に☾☆を白で描いてた。

このロフィックスとともに
トルコ戦闘機計画
に応募したのが、
フランスのニューポール・
ドラージュNi-D42、
ブレリオSPAD51、61、
それにドヴォワティン
D21だった。どんな飛行機だったかは、
P.110の絵を見てね。

ロフィックス2号機で墜落する前、
パウル・ボイメルは自分の会社で作ったスポーツ機、
ボイメルB.IVサウゼヴィントのデモンストレーション飛行をしてた。
ボイメルB.IVは、全幅9.2m、全長6.3m、自重300kg、総重量575kg、
ライト・ローレンスL4空冷星型3気筒エンジン（65hp）、最大速度215km/h。
赤い塗装でエンジン周りがナチュラルメタルだったようだ。

飛行機は人間が作って、人間が飛ばすものだから、飛行機を巡っていろんな人間の運命が行き交うこともある。その飛行機がちゃんとしてようがダメだろうが、そういうことがあるのだ。

話は１９２５年の12月に始まる。ドイツのベルリンにあった飛行機メーカーのロールバッハ社は、トルコ政府から新戦闘機計画への応募を求められた。

トルコは第1次世界大戦でドイツやオーストリアと一緒に戦って負けちゃって、オスマントルコ帝国が崩壊、この頃は新しい共和国として近代化を進めてるところだった。第1次世界大戦中はドイツ製の飛行機を使ってたトルコ空軍も、新体制になってフランス製の戦闘機とかを装備したんだが、それも古くなってきたんで、新しい戦闘機を揃えようと考えたのだった。トルコ政府はこの新戦闘機計画にフランスのニューポール社やＳＰＡＤ社、ドヴォワティーヌ社に声をかけて、さらにドイツのロールバッハ社にも参加を促した。試作機２機を作ってテストして、うまく採用となれば28機買う、というのだ。

ロールバッハ社は１９２２年に設立されたばかりの会社で、全金属製の飛行艇を作って、それなりに成功しつつあった。とはいっても実は第1次世界大戦の敗戦国のドイツは、ヴェルサイユ条約で戦勝国から厳しい軍備制限を課せられて、空軍を持ったり軍用機を作ったりしてはいけないことになっていた。ロールバッハ社は抜け穴としてデンマークに子会社を作って、そこで飛行艇を作っていた。まあ、この時代のドイツの飛行機メーカーは同じようにスイスやオランダに子会社を置いてたから、抜け道を使ってたのはロールバッハ社だけじゃなかったのだな。

ロールバッハ社は全金属製の機体構造で評判だったから、トルコ政府もその技術に注目して、戦闘機を作らせてみようと思ったんだろう。しかもロールバッハ社には、新しい主任設計者がいた。当時27歳でベルリン工科大学を出たばかりのクルト・タンクだ。

タンクが設計した戦闘機、Ｒｏ．Ⅸ「ロフィックス」は、パラソル翼の単葉機で、胴体は金属モノコック構造、主翼もニッケルクローム鋼やジュラルミンの骨組みに、アルミニウム外板の金属構造だった。主翼には大きめの上反角がついてた。エンジンはＢＭＷ Ⅵ水冷Ｖ型12気筒４５０hp、武装は胴体に８㎜機関銃２門を装備する予定で、主翼にもさらに2門装備できるようにするつもりだった。

こうしてＲｏ．Ⅸロフィックスの1号機は、デンマークのカストルプ飛行場で１９２７年1月に初飛行した。テストではロフィックスは高速を発揮したし、離着陸性能も良かった。試乗した第１次世界大戦のエース、エルンスト・ウーデットもその性能と振動の少なさを大いに褒めたという。ただしどうもスピンに入ると抜け出すのが難しかったらしい。ロフィックスは主翼にいろいろ細かい手直しを加えて、スピン特性も改善されていった。ロフィックス1号機は１９２７年5月に着陸に失敗して大破してしまうが、この時には2号機も完成して、こちらでテストとデモンストレーションが続けられた。

そして１９２７年の6月、ロフィックス2号機はカストルプ飛行場でトルコ空軍の視察団の前でデモンストレーションを行なうことになっていたが、パイロットが何の都合だか飛べなくなってしまった。

ちょうどこの時同じくカストルプでは、第１次世界大戦でのドイツ空軍9位のエース、パウル・ボイメルが自分の会社で作った複座のスポーツ機、ボイメルB.Ⅳサウゼウィントのデモンストレーションをやっていた。このボイメルB.Ⅳ、楕円翼の単葉機で、設計したのは若い双子のギュンター兄弟、そう、後にハインケル社で数々の飛行機を作るギュンター兄弟だ。

ロールバッハ社はパウル・ボイメルに、ロフィックスの操縦を頼むと、ボイメルは心よく引き受けてくれた。デモンストレーション飛行は順調に進んで、ボイメルは高度５０００ｍで機体をスピンに入れ、３０００ｍできっちり回復し、さらにもう1回スピンのテストを見せようとした。ところが今度はスピンから抜け出せなくなり、ボイメルは脱出しようとしたが間に合わず、ロフィックスはコペンハーゲン近くの海面に墜落、ボイメルも死亡してしまった。スピン特性の悪さが治りきってなかったのか、ロフィックスの操縦に不慣れなボイメルが回復に失敗したのか、それはわからない。

トルコ空軍の視察団もこの墜落を目の当たりにしたことで、ロフィックスを候補から外して、ロフィックスは試作2機だけで終わってしまい、ロールバッハ社はそれ以後戦闘機を作らなかった。クルト・タンクが後にフォッケウルフ社でＦｗ１９０を設計するのはご存知のとおりだ。ちなみにパウル・ボイメルは第1次世界大戦後、一時期歯医者になってて、その時の患者にエーリッヒ・M.レマルク、小説『西部戦線異状なし』を書いた作家がいた。主人公の名前は、この元エースの歯医者から取ったんだそうな。

クルト・タンクとギュンター兄弟、ボイメル、レマルクと、ロフィックスの飛行はいろんな人の運命が交差する点で、そしてロフィックスとボイメルの運命の終わりでもあったのだなあ。

トルコに売ろうとした戦闘機

候補の一つになった、ニューポール・ドラージュNi-D42。後に発展型Ni-D62シリーズが大いに成功するんだが、これはトルコに2機売れただけ。

トルコの新戦闘機計画では、当然当時の航空大国、フランスの戦闘機メーカーにも声をかけた。そもそも新生トルコ共和国の空軍もフランス製のSPAD XIII戦闘機を使ってたし。

この系列の特徴は、下翼が小さい「一葉半(セスキプラン)」形式。これで450hpのイスパノスイザ12haエンジンで最大速度266km/h。

SPAD51と並行して開発されたSPAD61。ロレーヌ・ディートリッヒLO12Ew W型12気筒(450hp)で260km/h。

SPAD51、61ともにポーランドには売れた。SPAD51はトルコに1機だけ売れた。

ブレリオSPAD社のSPAD51。空冷星型9気筒のノームローン9a(420hp)、245km/h。

で、トルコが採用したのは、ドヴォワティンD.21。ロレーヌ・ディートリッヒのエンジンで、270km/h。でも売れたのは10機だけだった。

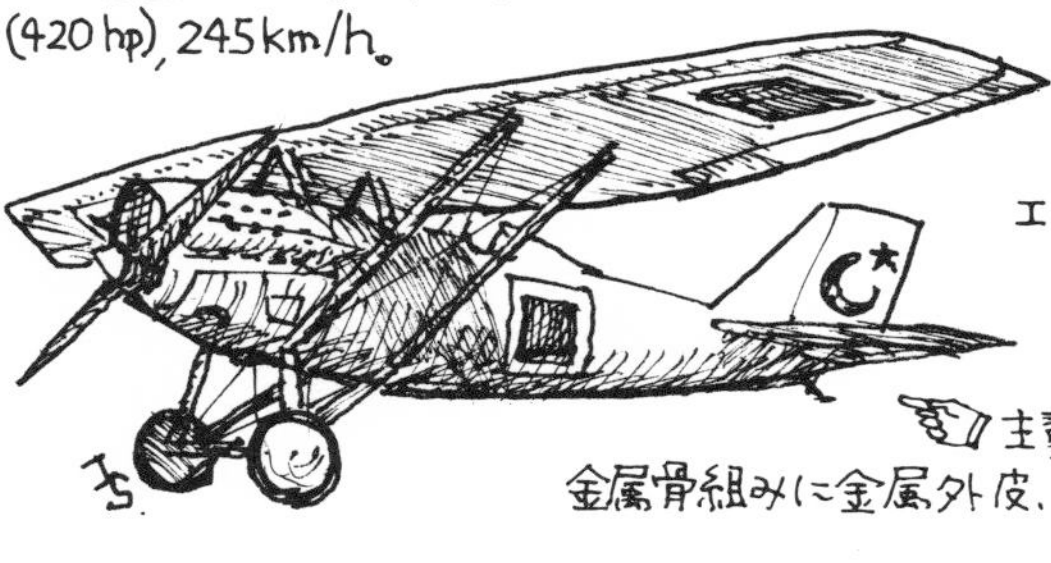

主翼は金属桁、胴体も金属骨組みに金属外皮、っていう構造だった。

File No. 17

買った人だけ損をして

アダムA500

Adam A500

全幅：13.4m
全長：10.0m
全高：2.9m
自重：2,477kg
総重量：3,402kg
エンジン：コンチネンタルTSIO-550-E
空冷水平対向6気筒(350hp)×2基
最大速度：406km/h
実用上昇限度：7,620m
航続距離：2,070km
乗員：1名+乗客：5名

バート・ルータンのモデル309。いわばアダムA500の「原案」。でもまあ、原案や原作が良くても、実際の作品が出来てみるとがっかり…というのは世の中まああることではある。

アダムA500も「原案バート・ルータン」で注目を集めたんじゃないかな。

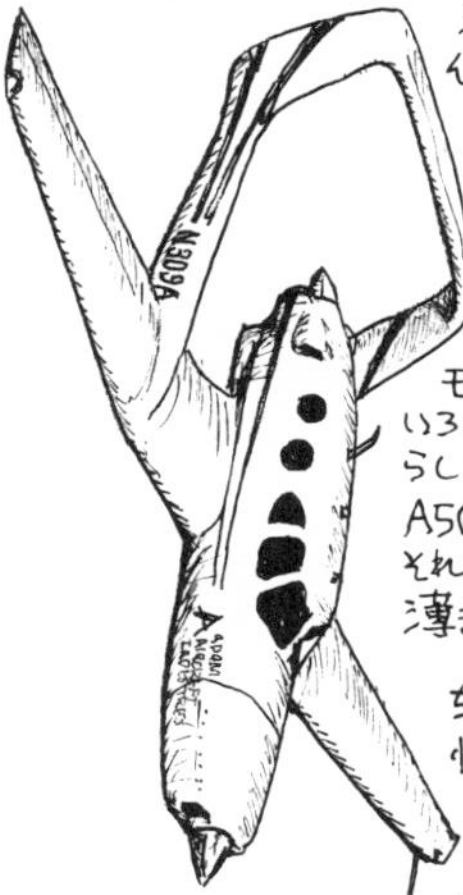

なんかひどい飛行機になって、期待して買った(5人の)人たちがひどい目にあったビジネス機アダムA500。なにしろ自重が当初の見積りから550kg、30%近く重くなって、燃料をフルに積むとパイロットも乗れなくなっちゃう。原設計のバート・ルータンモデル309から、いろいろ装備も増えたせいもあったろうけど、カーボン複合材の作り方がまずかったりもしたんじゃないかな？

モデル309はいろいろルータンらしい姿だけど、A500はそれがだいぶ薄まっちゃってる。

ちょっと怪文書的なアダム社元従業員の内部告発があって、1号機は機体強度が3Gにも耐えられなかったとか、初飛行のときは操縦系統がユルユルで無事に着陸できたのが不思議とか、尾部のバフェッティングがひどいとか、社長が複合材の積層作業をど素人にやらせてたとか、社長と会社と機体の悪口が山盛り。どこまで本当なのやら。

21世紀のダメ飛行機を書くのは今回が初めて。

アダムA500は操縦桿が操縦席の横にある「サイドスティック」になってたんだと。フライ・バイ・ワイヤでもないのになんで？カッコいい感じにしてみただけ？

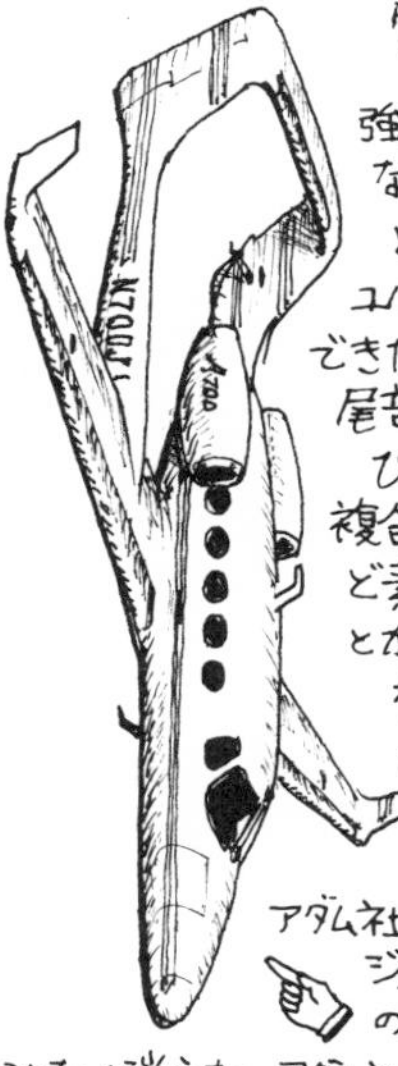

アダム社の野望のその先。ジェット・ビジネス機のA700。試作機1機が飛んだものの、型式証明を取得することなく消えた。アダム社倒産後の2008年にはリーマン・ショックで不景気になっちゃったし。

アメリカの自家用機・ビジネス機市場は長年セスナ社とビーチクラフト社、パイパー社が大手を占めてきてるんだが、ときどき新興会社が大手の隙を突いて市場に進出しようとする。それがその時の世の中の景気の動きと合うと、新興のベンチャー企業が自家用機市場に勇躍おどり出ることになったりする。しかしおどり出たからといって、うまくいくとは限らない。

１９９０年代の末、そんなアメリカの自家用機・ビジネス機の市場に隙間を見つけた企業があった。コロラド州のアダム社だ。設立したのはＩＴ産業への投資ブームで財を成したジョージ・Ｆ．アダムＪｒ．という人だ。アダム社が「隙あり！」と見たのは、６人乗りのレシプロ双発ビジネス機のカテゴリーだった。

この市場ではビーチクラフト社のクイーンエアが１９５０年代末から出回っていたが、なにしろ古い。それに普通の双発機だから両翼にエンジンが付いていて、片方のエンジンが止まった場合の操縦性の変化が大きい。同じ双発機でも１９６０年代に現れたセスナ・スカイマスターは中央胴体の前後にエンジンを置いた「タンデム配置」の双胴機で、これなら片方が止まっても操縦性はあんまり変わらない。スカイマスターは軍民合わせてたくさん作られたけど、６人乗りとはいえ機内が狭いし、やっぱり古い。

アダム社はこの市場の新時代の機体を目指して、基本構想をかのバート・ルータンに依頼した。バート・ルータンは１９７０年代からカーボン・コンポジット（炭素繊維樹脂複合材）を駆使して、それまでにない配置の飛行機をいろいろ作ってきた人だ。小型ホームビルト機のヴェリ・イージーやクイッキーで大きな成功をおさめ、ルータンのスケールド・コンポジット社は、無着陸世界一周を達成したヴォイジャーや、民間宇宙機のスターシップ・ワン、スターシップ・ツーなどを作ってる。

　バート・ルータンはアダム社の依頼に基づいて１９９９年5月から技術実証機というか原型機モデル３０９の概念設計を始めて、翌年の２０００年の3月には初飛行させた。たった10ヵ月で作っちゃったのだ。モデル３０９は低翼の双胴機で、中央胴体にはエンジンをタンデム配置に装備して、客室は与圧式だ。もちろん機体はカーボンコンポジットを多用する。エンジンはコンチネンタルＴＳＩＯ−５５０−Ｇターボチャージャー付き空冷水平対向6気筒、２８０hpだった。エンジンがひとつ止まっても操縦性は良いし、与圧で乗り心地も良い。カーボンコンポジットで軽くて丈夫、しかも表面もなめらかで抵抗が少ない、というのを狙ったのだ。

　このモデル３０９はテストでも良い性能を示して、アダム社に引き渡された。アダム社はモデル３０９を原型にして、自社製品のアダムＡ５００を開発した。アダム５００はモデル３０９に比べて、中央胴体の形や窓の形状が変わって、モデル３０９では軽い逆ガル翼だった主翼がアダム５００では水平になって、小さなウイングレットがついたり、エンジンもＴＳＩＯ−５５０−Ｅ、３５０hpになった。

　アダム５００の1号機は２００２年の7月に初飛行した。しかし5回目の飛行の後で、着陸して滑走中に前脚が引っ込んじゃった。機体の損傷はわずかで、エアショーに出展されたアダム５００はかなりの評判になった。アダム社はさらにジェット化したＡ７００の試作機も２００３年に初飛行させて、アダム社の先行きは明るそうに見えた。しかし実はアダム５００には大問題があった。

　なにしろ機体重量が予定よりも大幅に重くなっていたのだ。当初の予定じゃ自重が１９０５kgだったのが、機体ができてみたら２４７７kgもあった。５５０kg以上重くなってたのだ。総重量も２８５８kgのはずが３１００kgになった。ペイロード、つまり燃料やら乗員乗客やら積める重さも予定の約９００kgから７００kgぐらいに減っちゃった。これじゃ燃料を満載２３０ガロン、重量にして６５０kgぐらい積むと、普通の体格のパイロットが乗れない。

　アダム社は、いや、使用不能燃料の見積もりが多すぎたんで、それを減らせば大丈夫、それにほら、遠くに飛ばなければ乗客も乗せられるし……とか言ったけど、これでアダム５００の評判は墜落してしまった。アダム５００はいちおう２００５年にはアメリカ航空局の耐空証明を取得して、量産機の引き渡しも始められた。しかし２００８年、７機が作られて５機が売れた時点でアダム社は倒産してしまった。

　気の毒なのはアダム５００を買った５人のオーナーだ。アダム社の後をロシア資本のＡＡＩ社が引き継いだんだが、ＡＡＩ社はジェットのアダム７００の開発に集中するんで、アダム５００の部品製造やサポートはしないと宣言した。適正な交換部品が無いと、その部品が交換時間に達したＡ５００は飛べなくなる。オーナーたちはいろいろ働きかけたが、そのうちにＡＡＩ社はＡ７００計画を放り出して、その後をトライトン・エアロスペースという会社に売り払った。そこもＡ５００のサポートはしないまま消滅、Ａ７００も１機が飛んだだけで立ち消えになった。で、アダム氏は倒産前に会社を辞めて、お金持ちのままほかの業種に移っている。

表面なめらか〜

飛行機が飛ぶときの抵抗のうち、摩擦抵抗は大きな割合を占めてて、亜音速機だと、全抵抗の40〜50%ぐらいにもなる。だから機体の表面をなめらかにして、摩擦を少くすれば、抵抗が減って、性能も良くなるし、燃費だって良くすることができる。

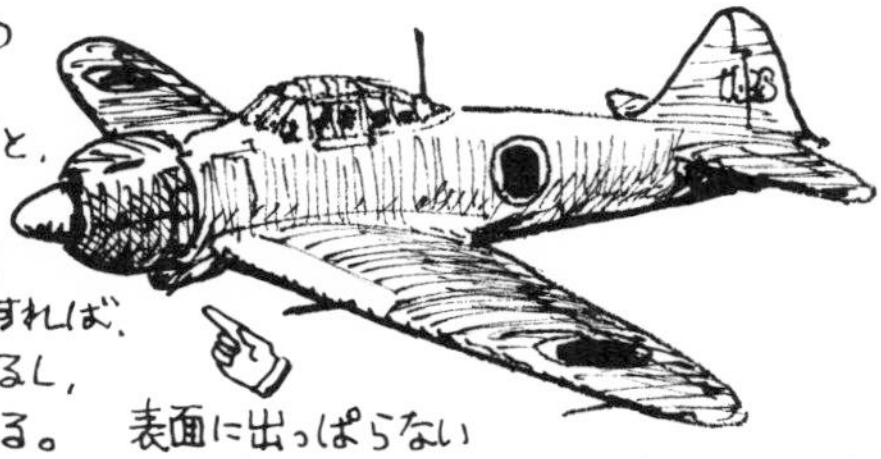

表面に出っぱらない沈頭鋲を使って抵抗を減らした零戦。速度も速くでき、航続距離も長かった。

ホンダジェットは主翼の上下面が金属の一枚板で表面が滑らかで、継ぎ目がない。

胴体は炭素複合材のモノコックでこちらも継ぎ目がなく滑らか。抵抗を少くして速度と燃費を良くしてる。

P-51マスタングの主翼は層流翼で、滑らかさが求められた。そこで継ぎ目や隙き間を埋めて、その上にラッカーを塗った。でも部隊じゃ整備が面倒なんで、やめちゃった。

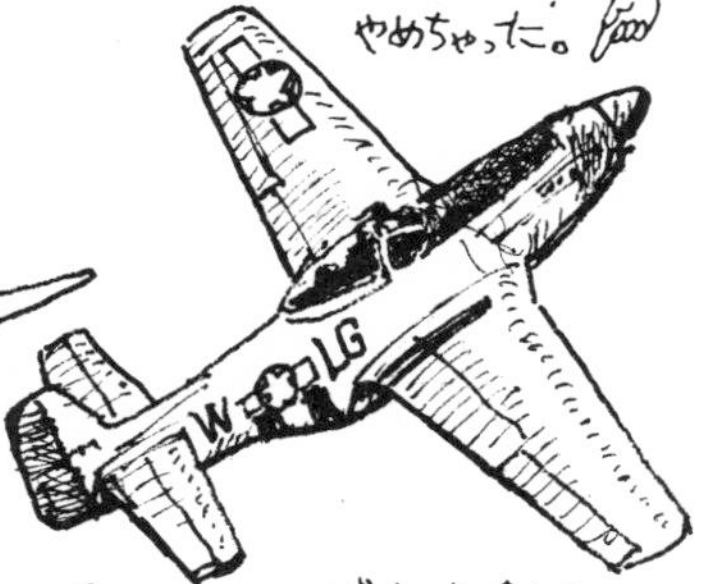

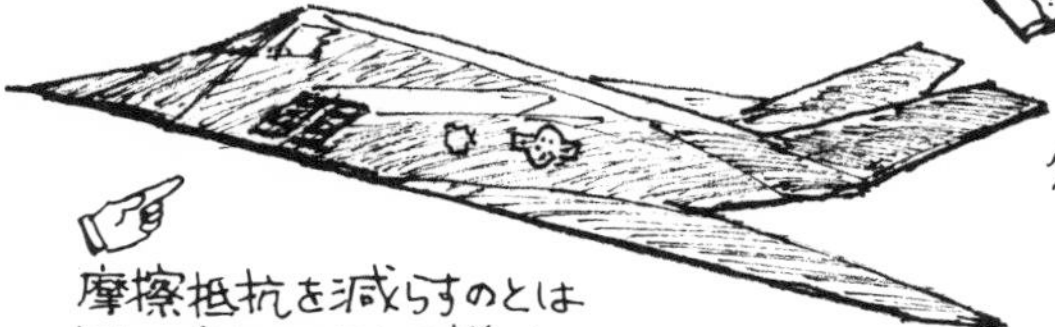

摩擦抵抗を減らすのとは別に、今日のステルス機は、レーダー電波の反射を少くするために、機体表面には出っぱりや段差がなくて平滑になってる。F-117も外形はカクカクしてるけど、機体表面はノッペリしてる。

バート・ルータンの傑作ホームビルト機、クイッキーはグラスファイバーとレジンで出来てて、表面はツルツル。性能が良い。

File No. 18

負け犬ボアハウンド

ブリストル・ボアハウンド

Bristol Boarhound

全幅：13.6m
全長：9.6m
全高：3.6m
自重：1,315kg
総重量：2,023kg
エンジン：ブリストル・ジュピターⅣ
　　　　　空冷星型9気筒（425hp）×1基
最大速度：206㎞/h
実用上昇限度：7,193m
航続時間：3時間
兵装：7.7㎜ヴィッカース機関銃×1門（胴体左側）
　　　7.7㎜ルイス機関銃×1門（後席旋回）
　　　51kg爆弾×2発
乗員：2名

ボアハウンド、っていう犬の
中でも強そうな種類の
名前がついたのに、もっさりした
操縦性が災いして、
不採用に
終った、
ブリストル・
ボアハウンド
直協機。

エンジンの性能設定を
高空向けにしたのが
そもそもの間違いで、
おかげで低空性能が
悪くなっちゃった。考えてみると、
直協機の働き場所は、
高空じゃなくて、むしろ
低空だよなあ。

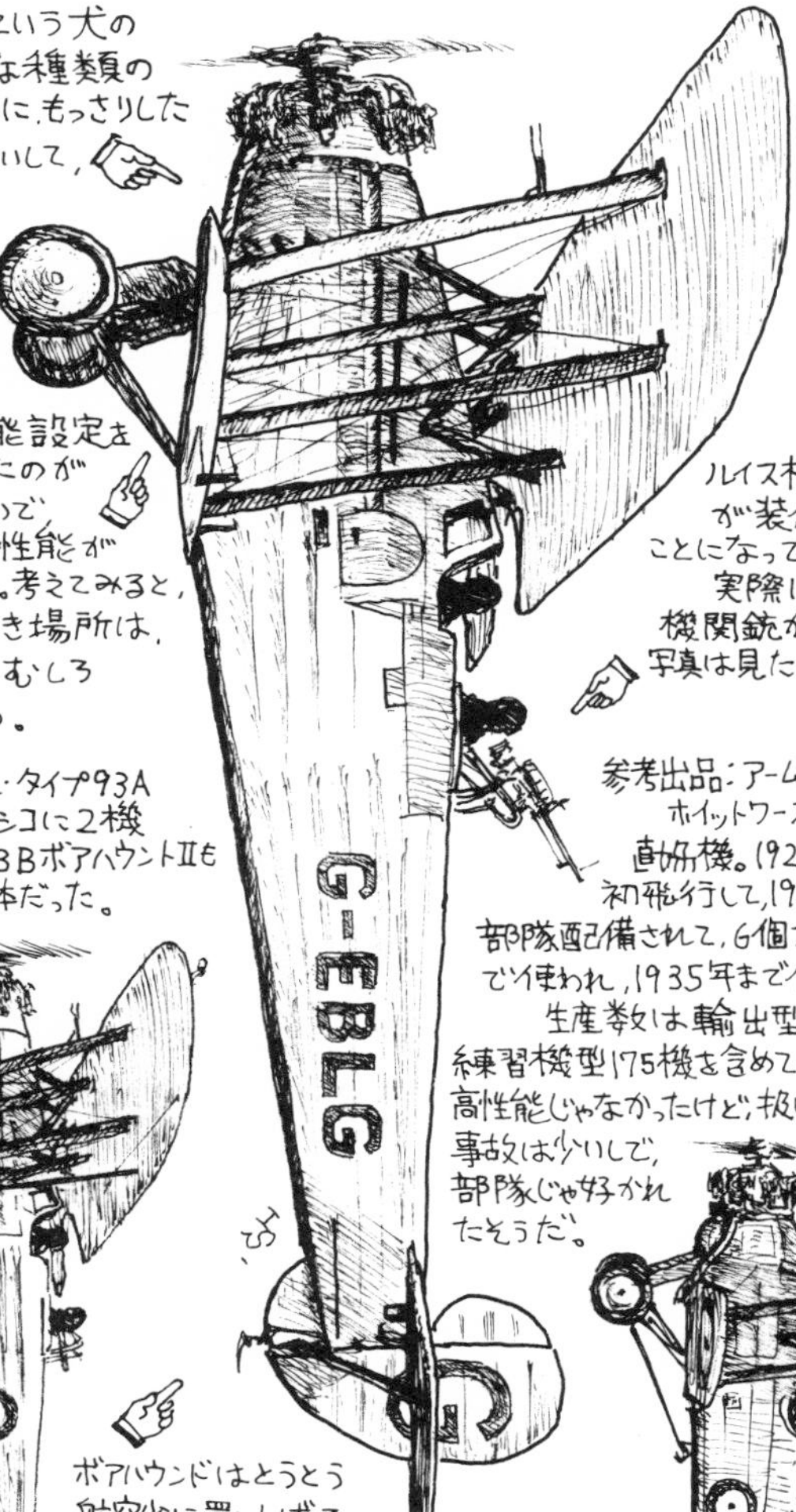

ルイス機関銃
が装備される
ことになってたけど、
実際に後席に
機関銃がついてる
写真は見たことない。

参考出品：アームストロング・
ホイットワース・アトラス
直協機。1925年5月に
初飛行して、1929年から
部隊配備されて、6個スコードロン
で使われ、1935年まで働いた。
生産数は輸出型32機と
練習機型175機を含めて478機。
高性能じゃなかったけど、扱いやすいし、
事故は少いしで、
部隊じゃ好かれ
たそうだ。

改良型ブリストル・タイプ93A
ビーヴァー。メキシコに2機
売れたタイプ93BボアハウントIIも
ほぼ同じ機体だった。

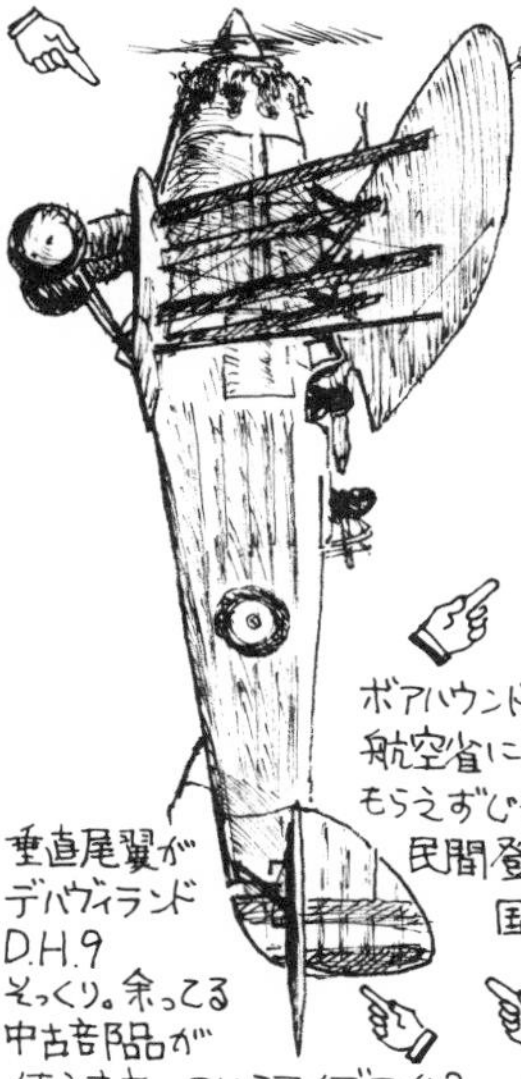

ボアハウンドはとうとう
航空省に買い上げて
もらえずじまいだったから、
民間登録のまま、蛇の目の軍用機の
国籍マークを描かなかった。

垂直尾翼が
デハヴィランド
D.H.9
そっくり。余ってる
中古部品が
使えます、っていうアイデアか？

ビーヴァーの民間登録記号は
G-EBQFだったけど、なぜか
蛇の目のマークを描いた写真がある。

第1次世界大戦が終わってしばらく経った１９２４年のこと。イギリス空軍と航空省は陸軍のために「軍団偵察機」を新しくしようと考えて、要求仕様８／24、続いてその拡大版ともいえる30／24を航空メーカー各社に提示した。

求めるのは陸軍のための「軍団偵察機」というから、日本の陸軍航空隊の「軍偵察機」みたいな機体で、偵察を主な任務とするだけで、他にも通信文の受け渡しとか軽い爆撃とかもできる、つまりはいわゆる「直協機」のようなものだった。当時イギリス空軍は、その種の任務に第1次世界大戦当時の複座戦闘機だったブリストルF．２BやデハヴィランドDH９単発爆撃機を長らく使ってたんだけど、さすがにもうちょっと新しい機体が欲しくなったのだな。

そんな状況を見ていたのがブリストル社だった。ブリストル社では主任設計者のフランク・バーンウェルがかねてより自主的に新しい複座戦闘機の構想を練っていた。バーンウェルは第1次世界大戦時のF．２Bを設計した人で、その後継機をいろいろ模索していたのだ。

そこにこの仕様が出されたのだが、この直協機は４個飛行隊分、つまり90機ぐらいの量産発注が見込めるので、航空メーカーとしては見逃すテはなかった。平和な時期で軍事予算も乏しく、軍用機の大量発注がめったに期待できない状況のなか、90機は大きかった。

そんなわけでバーンウェルが作った試作機はタイプ93、機名はボアハウンドとなった。「イノシシ狩りの猟犬」のことだが、具体的にはグレートデーンという犬種のことでもあるらしい。

ボアハウンドは総じて堅実な設計だった。構造は鋼製骨組みに羽布張りで、第1次世界大戦当時の木製骨組みよりももちろん耐久性が高くなっていた。骨組みはフチつき半円形にプレスした鋼板をフチの部分でリベット止めするもので、この時代のことだから複葉で、上下翼とも同じ翼幅、同じ上反角だが、下翼の平面形は上翼よりも細長くなっていた。胴体は太めで、パイロットと偵察員の複座なんだが、操縦席の位置が高くて、離着陸時の前方視界も良さそうだった。胴体が太いのは、当時の無線機や偵察カメラが大きくてかさばるんで、それを収めるためだった。エンジンはブリストル社製のジュピターⅣ空冷星型９気筒４２５hpで、高空性能を良くするつもりで可変バルブタイミングというギミックが付いていた。

その一方、イギリス空軍と航空省は中東とかインドで使うには、単なるＦ．２ＢやＤＨ９の代替となる「軍団偵察機」の仕様より、もっと実用的な機体が必要と考えて、８／24も30／24仕様も採用機無しにすることにして、新しく20／25仕様を準備していた。

そんな事情も眺めながらボアハウンドの製造は進められて、１９２５年5月に初飛行した。ボアハウンドは自主開発なんで民間機「Ｇ－ＥＢＬＧ」として登録されて、8月にはマートルシャム・ヒース基地で空軍の審査テストに臨んだ。ところがボアハウンドは他のライバル機にかなわなかった。可変バルブタイミングで高空性能は良かったものの、低空性能が悪くなっちゃったし、そもそも直協機は低空が働き場所だった。納得がいかないバーンウェルは自身でマートルシャム・ヒースに行って他社の飛行機に試乗させてもらったが、やっぱりアームストロング・ホイットワース社のアトラスのほうが一歩も二歩も進んでいて、これはバーンウェルも負けを認めるしかなかった。

ブリストル社はボアハウンドを工場に戻して、今度は新しい20／25仕様での採用を目指して、いろいろ改良を加えることにした。高空性能の方を選んで失敗しちゃったエンジンは、４５０hpのジュピターⅥに換装して、１９２６年６月に再度テストを受けた。しかしそれでもやっぱりボアハウンドは負け犬だった。縦安定が良くないし、操縦性がどんよりしててきびきび動かない。どうも操縦系統の反動が大きすぎたらしいが、なんにせよ直協機っていう機種は写真偵察の時は安定してて、対地攻撃や通信文受け渡しの時は機敏に飛ぶ必要があるから、ボアハウンドの欠点は重大だった。もちろん空軍の直協機にはアームストロング・ホイットワース社のアトラスが選ばれて、ボアハウンドは不採用になった。

ブリストル社は補助翼を改修したり、垂直尾翼を大きくした改良型のタイプ93Aを作って、ビーヴァーっていう名前を付けて、ＤＨ９後継の直協機での採用を目指したけど、こちらはそもそもエンジンが水冷W型12気筒のネイピア・ライオンを使うのが前提だったから、空冷星型エンジンのビーヴァーに勝ち目はなかった。

それでも捨てる神あれば何とやらで、ブリストル社はこのボアハウンド／ビーヴァーの派生型の複座戦闘機案「ボルゾイ」をチリ空軍に提案していた。これが政情乱れるメキシコの武器購入使節団の目にとまり、２機を買ってもらえることになった。このメキシコ向け複座偵察／戦闘機はボアハウンドⅡという名前になって、１９２８年１月にメキシコに送られた。鋼製骨組みで耐久性も高くて、メキシコでは評判が良かったらしく、１９２９年の反乱ではそれなりに働いたんだそうだ。

エスコバル将軍の反乱

1821年にスペインから独立して以来、
メキシコは長い間、革命や反乱がくりかえされた。
1929年3月3日、軍の有力者、ホセ・ゴンザレス・
エスコバル将軍が政権奪取を狙って、
北部で反乱を起こし、重要都市
モンテレーを攻め落とした。

エスコバル将軍

この「エスコバルの反乱」では、政府側も反乱軍も飛行機を使った。

政府軍はブリストル・ボアハウンドⅡや

アメリカ製
ヴォートO2Uコルセア
とか。

ステアマンC-3とかを持ってて、
3月16日のトレオン爆撃を皮切りに、
反乱軍を空から攻撃して成果を
挙げた。反乱軍も大急ぎでやさぐれ
パイロットたちをアメリカから雇い入れて、
雑多な民間機や中古を10機かき集めた。

空中戦もあって、3月30日には反乱軍が2機を墜とされ、政府軍のコルセア1機を
撃破、不時着させて捕獲したりもしてる。

反乱軍航空部隊にはろくな武器が
なくて、ピストルやトミーガン、手製の爆弾
で戦った。3月31日、反乱軍のパイロット、
パトリック・マーフィーはノガレス東方のナコの町を
爆撃するはずが、間違って(酔ってて、ともいう)
同名のアメリカのナコを爆撃してしまった。

マーフィーの飛行機は
カーチスJNだったともいう。

でも反乱軍は次第に劣勢になり、4月30日、
政府軍の3機によるノガレス爆撃で士気を失い、
政府軍に降伏、エスコバル将軍はアメリカに亡命
した。この反乱の死者は約3000人にのぼった。

File No. 19

もう金は出さん!

スペンサー・ラーセンSL-12C

Spencer-Larsen SL-12C

全幅：12.2m
全長：8.0m
全高：2.7m
自重：726kg
総重量：1,000kg
エンジン：メナスコC-4
空冷倒立直列4気筒（125hp）×1基
性能：不詳
乗員：2名

いろいろアイデアを盛り込んで作ったのに、出来上がってみたらいろいろダメな飛行機で、とうとう出資者が手を引いちゃって、行き詰ったスペンサー・ラーセンSL-12C。

飛んだ時間は総計で10時間ほどだったとか。

方向舵の下の方にも、登録記号の「NX20621」が書いてあった。

ここの補助フロート兼主脚もSL-12Cの特徴、というかむしろ面白ギミックの一つだけど、欠点の一つでもあったようだ。

SL-12Cよりもっと良いのを作ったるわい！と思ったかどうかは知らないが、パーシヴァル・H.スペンサーが基本を設計した、リパブリックRC-3シービー水陸両用機。全金属製で4人乗り。1946～47年に1060機が作られた。スペンサー自身も1970年にこれのホームビルト版を売り出したけど、図面が少し売れただけだった。

ここが問題の（一つの）エンジン～延長軸～ギア～プロペラの駆動系。素人目でもなんだか振動しそうに見えるな。

このきつめのテーパーがついた主翼平面形も、ひどい翼端失速の原因になったんじゃないか？

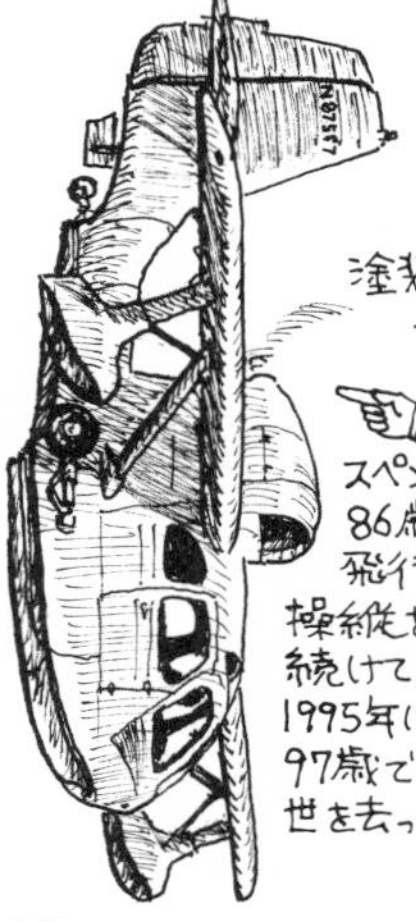

塗装は何色だったんだろう。モノクロ写真ではとにかく明るい色で、白か黄色か、水色か？

スペンサーは86歳まで飛行機の操縦を続けて、1995年に97歳で世を去った。

補助フロートを前から見るとこう。

引き上げメカニズムがどうなってるか気になるけど、今となってはナゾのままだ。

補助フロートを後ろから見るとこうなってた。後ろの支柱で引き上げたのか？胴体との支柱はどう動いたんだろう？

１９３７年のこと、アメリカのニューヨーク州ロングアイランドにスペンサー・ラーセン航空機という会社が設立された。この会社は、水陸両用機ＳＬ－12Ｃを開発・製造することを目的としていた。このＳＬ－12Ｃを作って売り出そうという目論見だったのだな。

設立者はパーシヴァル・Ｈ・スペンサーとヴィクター・ラーセンという人だった。社長のスペンサーは１８９７年生まれで、父親が発明家だっただけに早くから飛行機に興味を持ち、13歳の時に自分でハンググライダーを作り、それにフロートを付けて父親のモーターボートに引っ張ってもらって初飛行していた。17歳の時には、近所の川辺に捨てられていたカーチス水上機を手に入れて、適当なエンジンを見つけて修復、この機で滑走しているうちに調子に乗りすぎて離水してしまった。これで自身の動力初飛行に成功したんだが、実はスペンサーはまだ操縦の仕方を知らなくて旋回できない。そのまま真っ直ぐ８㎞ほど飛んで着水、機体の向きを変えて帰ってきた。成人してからもパイロットとしていろいろ目覚ましい活躍をして、飛行家としてもエンジニアとしてもそれなりに知られた人物だった。

ラーセンの方はアメリカン・フォッカー社やシコルスキー社で働いてきた人で、この会社でも副社長兼チーフエンジニアだった。この２人の他にもいろいろ航空関係者が会社の出資者に名を連ねていた。ＳＬ－12ＣのＳＬはスペンサーとラーセンの頭文字、12というのがよくわからないが、スペンサーが１９２２年に遊びで作ってみた単葉機がＳ－10という機名だったそうだから、その続き番号なのかもしれない。

ＳＬ－12Ｃは１９３８年の５月に完成した。ＳＬ－12Ｃは肩翼単葉の単発機で、胴体は飛行艇風、主翼はちょっとテーパーのきつい平面形だった。これで胴体も主翼も木製骨組みに木製外皮張りで、もちろん耐水コーティングが施されていた。

プロペラは胴体背面の上にあって、こういう配置は単発の飛行艇じゃ珍しくないんだが、ＳＬ－12Ｃはエンジンの装備方法が変わってた。メナスコＣ－４空冷倒立４気筒エンジンは胴体背部の中に置かれてたのだ。そのエンジンがステンレススチールのボックス構造のケースの中に収められてたのは防水の工夫かな。それでプロペラは胴体背面に立ってるマストに後ろ向きに付いてて、つまりは推進式で、これをエンジンからギアと延長軸で回すようになっていた。

胴体は２段のステップが付いていて、コクピットは並列の２人乗り、キャノピーが上方左右に開いて乗り降りする。尾翼も木製構造で普通の形式だった。

水陸両用機だから脚が付いて、当然引き込み式なんだけど、首脚は胴体前部にあって、両開きのドアが付く。主脚はＳＬ－12Ｃのもうひとつおもしろいところで、翼下の補助フロートの後端に車輪が付いてる。この補助フロートは、実はフロート前端の支柱との取り付け部分がヒンジになっていて、後側の支柱を伸ばすとヒンジを軸にフロートの後が下がって主脚になる、という仕掛けだ。前脚とフロートの上げ下げは油圧でやるようになってた。このＳＬ－12Ｃはラーセンが主に設計して、スペンサーのアイデアはこの補助フロートを主脚にするところぐらいだったそうだ。

完成したスペンサー・ラーセンＳＬ－12Ｃは６月から飛行テストを開始した。初飛行のパイロットはもちろんパーシヴァル・スペンサーだったんだが、その時に彼がこの飛行機に関わったことを後悔したかどうかはわからない。でもテスト飛行のうちにはっきりしたのはＳＬ－12Ｃがいろいろダメだということだった。

まずＳＬ－12Ｃは翼端失速が早く激しく起きる癖があった。胴体のステップの位置と形状のせいで滑水特性が悪かった。翼の補助フロートの浮力が足りなくて翼端が水面に着きそうになるし、主脚の間隔が広すぎるんで地上でも横風での滑走が大変だった。それになにより胴体内のエンジンからプロペラを回す延長軸の振動がひどかったし、そのエンジンも冷却が足りなかった。

こういう欠点のなかには改修すればなんとか良くなりそうなものもあったが、延長軸の振動なんかは機体の基本的な構想そのものに問題があったから、これを直すとなると大変だった。ＳＬ－12Ｃの悩み多きテスト飛行が10時間ぐらいに達したところで、大口の出資者のなかからもうこれ以上ＳＬ－12Ｃの開発に金は出さないと言い出す人が現れた。社長のスペンサーもそれには同意するしかなくて、ここでＳＬ－12Ｃも会社も行き詰まってしまった。ＳＬ－12Ｃは解体されて、スペンサーは会社を去り、代わって出資者のひとり、ギル・コルゲートが会社を引き継いで、コルゲート・ラーセン社となって、ＳＬ－12Ｃの発展案を計画したが、これもとうとう未完成で終わった。

パーシヴァル・スペンサーはその後、１９４１年に自分自身のアイデアで単発の水陸両用機Ｓ－12エアカーというのを作る。この設計がリパブリック社に売れるんだけど、第２次世界大戦ですぐには生産されず、戦後にリパブリックＲＣ－３シービーとして１０００機ぐらい作られてる。

メナスコ社のエンジン

こんなロゴだった。

メナスコMenasco社は、1926年にアルバート・S.メナスコがカリフォルニアで作った、飛行機用のエンジンの製造会社。メナスコはハイスクールの落ちこぼれで、「ウィング・ウォーク」をしたりして、その後、自作の小型車でレースに出たりしてた。

知人から中古の航空エンジンをもらったのがきっかけで、メナスコは自分で空冷倒立型エンジンを作るようになる。「パイレート」4気筒シリーズと「バッカニア」の6気筒シリーズがあったけど、儲けは少かった。

メナスコC-4パイレート。

アルバート・メナスコは大正時代に飛行家として日本に来たらしい。

赤い。

1934年のトンプソン・トロフィーで2位になった、ブラウンB-2。260hpの6気筒C6Sを装備してた。

引込み脚。

1938年のトンプソン・トロフィー優勝、キース・ライダーR-4。260hpのB6Sを装備。黄色い。

でもメナスコのエンジンは倒立直列で空気抵抗が少くできるし、軽量高出力なんで、1930年代のアメリカの飛行機レース界で好まれて、数々の優秀な成績を収めたのだった。

1939年のグリーヴ・レース2位、チェスター・グーン。290hpのC6Sを装備。引込み脚。白い。

メナスコ本人は1938年に会社を去って、クルマのディーラーを経て、ブドウ農家とワイン作りになって、1988年に亡くなった。メナスコ社の方は、飛行機の脚メーカーに転進して成功、1977年にコルト社の傘下に入り、スペースシャトルの脚も作ったが、その後コルテックと社名が変り、メナスコじゃなくなった。

1937年のトンプソン・トロフィーとグリーヴ・エアレースで優勝した、ルディ・キングのフォルカーツSK-3“ジュピター”。C6S装備。

白い。

File No. 20

トゥエルヴ・オ・クロック・ハイ!

ボーイング／ヴェガYB-40

Boeing/Vega YB-40

全幅：31.6m
全長：22.8m
全高：5.8m
自重：17,343kg
総重量：26,308kg
エンジン：ライトR-1820-97
　　　　　空冷星型9気筒（1,200hp）×4基
最大速度：470km/h
巡航速度：309km/h
実用上昇限度：7,650m
航続距離：3,635km
武装：12.7mm連装機関銃×14門
　　　12.7mm単装機関銃×2門
乗員：10名

B-17は正面の防御火力が弱かったんで、ドイツ戦闘機は正面上方、つまり「トゥェルヴ・オクロック・ハイ」から攻撃してきた。

B-17爆撃隊を描いた有名な映画「頭上の敵機」の原題も「Twelve o'clock high」だな。

そこでYB-40じゃ前方の防御火力を増強するために、このベンディックス社製の銃座を機首下面に装備して、これは効果があった。

さらに機首両側の側面にも12.7mm機銃を追加して、これらはB-17G型から標準装備になった。


B-17Fの編隊について行って、12.7mm機銃16門の火力でB-17を守るはずだったボーイング/ヴェガYB-40編隊援護機。でも増えた武装と装甲で重くなって、性能も操縦性も悪くなって、爆弾投下後のB-17Fについていけなくて、使いにくいうえに、編隊の防御にも役に立たなかった。

それもそのはず、B-17Fの自重が15422kgなのにYB-40は17343kgもあって、総重量は18342kgに対して26308kgもあった。最大速度はB-17Fが481km/hでYB-40は470km/h、巡航速度は322km/hに対して309km/h、実用上昇限度はB-17Fが11430mなのにYB-40は7650m、高度6096mまでの上昇時間はB-17Fが25分42秒なのにYB-40は48分6秒もかかった。

これは、駄目だろう。

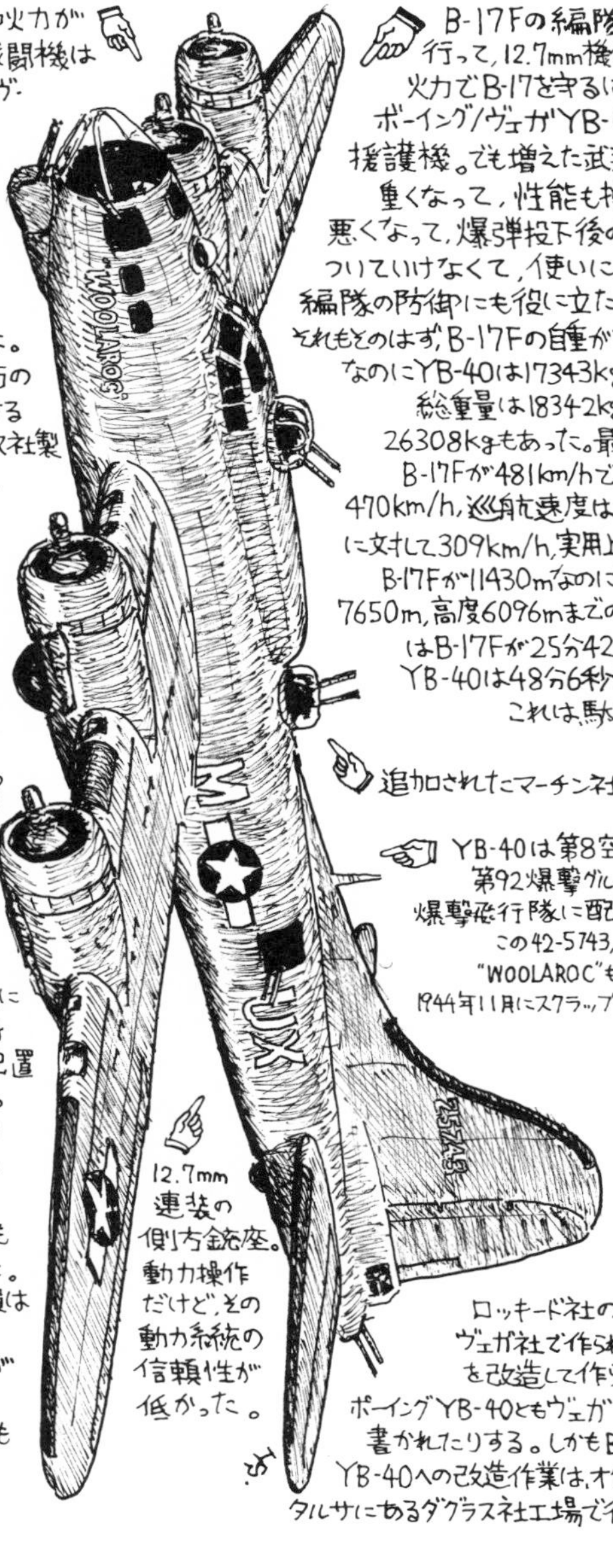

追加されたマーチン社製銃座。

YB-40は第8空軍じゃ主に第92爆撃グループ第327爆撃飛行隊に配備された。

この42-5743, UX★M, "WOOLAROC"もその1機。

1944年11月にスクラップとして売却。


YB-40を編隊のどこに置くかは、爆撃機部隊の作戦士官が決めるんだけど、だいたい下層の編隊の外縁部、敵戦闘機に襲われやすい「棺おけ(コフィン)コーナー」に配置されることが多かった。

まあ、それがYB-40の役目だからな。それと落後機が出たら、つきそって守ってやるのもYB-40の仕事だった。

おかげでYB-40の乗員はいつも危いことばかりやらされるんで、士気が低かったんだそうだ。

YB-40は乗員にとっても有難くない飛行機だったみたいだ。

12.7mm連装の側方銃座。動力操作だけど、その動力系統の信頼性が低かった。

YB-40は、ロッキード社の子会社のヴェガ社で作られたB-17Fを改造して作られたんで、ボーイングYB-40ともヴェガYB-40とも書かれたりする。しかもB-17FからYB-40への改造作業は、オクラホマ州タルサにあるダグラス社工場で行われた。

アメリカが第2次世界大戦に参戦して間もない頃、アメリカ陸軍航空隊はボーイングB―17やコンソリデーテッドB―24の4発重爆撃機が実は思ってたほど無敵じゃないことに気付かされた。

B―17やB―24は防御火力が強いから、護衛の戦闘機無しでも敵戦闘機を寄せつけずに爆撃任務を行なえると思ってたのだが、フィリピンや太平洋で戦ってみると意外に撃たれ弱くて損害が大きかった。特にB―17は前方から攻撃されると弱かった。B―17のE型は尾部や背部、腹部には動力銃座が付いていたが、機首には手持ちで使う7・7㎜機銃しかなくて防御火力が足りなかったのだ。

そこでアメリカ陸軍航空隊は、爆撃機と一緒に編隊を組んで、僚機を守る編隊援護機が必要と考えた。単座戦闘機は航続力が足りなくて爆撃機に付いて行けないし、敵戦闘機と交戦しようと爆撃機編隊から離れると、防御ががら空きになる、というわけで単座戦闘機じゃ充分な護衛にはならないと思われたのだ。

実はそれ以前の１９４１年6月頃から編隊援護機はいろいろ検討されていて、既存のB―17やB―24の改造機だと性能が足りないだろうから、専用の機体を開発しようかとも考えられてた。ところがアメリカも戦争に突入して、とにかく爆撃機の編隊援護機が早く必要だから、まずはB―17とB―24を改造して編隊援護機を作ってみようということになった。こうして１９４２年4月に、B―17改造機をXB―40、B―24改造機をXB―41として試作することが決まったのだった。

XB―40はB―17の最新型、B―17Fを改造することになって、急いで改造要領がまとめられ、試作機の完成前の１９４２年10月には運用評価用YB―40の改造発注も出された。その2ヵ月ほど前の１９４２年8月には、アメリカ陸軍のＢ―17Ｅがイギリスの基地からドイツとの戦いに出撃を始めていた。いよいよ編隊援護機が必要になってきていたのだ。

ＸＢ―40は前方防御火力を強化するために機首の下にベンディックス社製のリモートコントロール12・７㎜機関銃連装銃座を装備した。これは機首の爆撃手席から操作する。さらに胴体中央背部、普通のＢ―17Ｆだと無線手席の上方窓のある場所に、マーチン社製12・７㎜連装銃座を追加、胴体後部の側面銃座も12・７㎜の連装に強化、動力操作にした。尾部の連装機銃と背部の連装銃座、腹部のボール型連装銃座はＢ―17Ｆと同じだ。これでＸＢ―40は12・７㎜機関銃が合計で14門装備になった。機銃弾の搭載総数は１万３９００発になった。もちろん操縦席や各銃手席、エンジンまわりに装甲も取り付けて防御も改善、装甲の重量は９７７㎏にも及んだ。

ＸＢ―40は１９４２年11月には初飛行した。ＹＢ―40の製造は諸々の遅れがあったんだけど、ＹＢ―40の１号機は予定より１週間遅れの１９４３年２月に陸軍に引き渡されて、それから半月後の３月には最初の13機の改造が完了した。

ＹＢ―40は評価テストと乗員の養成訓練の後、５月には13機が実戦評価のためにイギリスに展開する第８空軍に派遣された。この途中で１機が燃料切れでスコットランド北方の島に不時着した以外の12機がイギリスに到着した。

ＹＢ―40は１９４３年５月末にフランスのＵボート基地爆撃の護衛に７機が参加、初出撃した。この時はドイツ戦闘機の迎撃は激しくなかったが、ＹＢ―40は初っぱなから欠点を暴露してしまった。Ｂ―17は爆弾を投下すると身軽になるんだが、ＹＢ–40は機銃や弾薬、装甲のせいで機体が重いままで、Ｂ–17より遅いのだ。これじゃ編隊を守るどころか足手まといで、むしろＹＢ–40が落後しないようにＢ–17が守ってやらなくちゃならない。

これはなんとかしなくちゃならないんで、現地改修で重量軽減が図られて、機首側面に手動操作の12・7㎜機銃2門が追加されたりした。でも背部中央銃座の空気抵抗が大きいし、機銃や装甲、弾薬のせいで重心位置が後退して、ＹＢ–40は飛行性能も操縦性もＢ–17Ｆとはだいぶ違ってしまって、Ｂ–17と一緒に編隊を組むのに苦労するくらいだった。使えないなあ。

ＹＢ–40は6月22日の化学工場爆撃に11機が参加、1機が高射砲で損傷したところをＦｗ190に襲われて撃墜されてしまう。25日にはＵボート工場爆撃に5機が同行、この時は敵戦闘機2機撃墜を報告してる。しかしアメリカ陸軍はＹＢ–40の成績に満足できなくて、7月初めにはＹＢ–40への改造を打ち切ってしまった。この時までに改造されたのは22機、うち4機は乗員訓練用のＴＢ–40だった。

第8空軍のＹＢ–40は7月29日で作戦運用を停止して、アメリカに帰還して訓練に使われた。ＹＢ–40の延べ出撃数48、報告された戦果は撃墜5機、不確実2機でしかなかった。

でもＹＢ–40の機首下面銃座と機首武装は、次のＢ–17Ｇ型に採用された。それに爆撃機編隊の護衛には、航続距離の長いＰ–51マスタングが現れたおかげで、単座戦闘機が爆撃機にずっと付き添ってくれるようになった。

実戦じゃまるで駄目だったＹＢ–40だけど、実は妙な伝説がふたつほどあってね……。

イラストで見る
航空用語の基礎知識
basic knowledge

YB-40の妙な伝説ふたつ

ドイツ空軍は不時着したB-17を修理して、戦闘機の訓練や特殊作戦に使い、さらに囮としても使った、という話がある。アメリカ軍B-17のコース近くを飛んで、落後機のフリをしてると、アメリカ軍のB-17が援護してやろうと近づいてきて、それをドイツB-17が撃っちゃうのだ。

YB-40の伝説、その一つは……

この囮B-17に気づいたアメリカ軍は、YB-40を飛ばして、ドイツの囮B-17をおびき寄せて撃墜した、という。でもそんな事実はなかったみたいだ。

もう一つの伝説は、1943年6月、地中海でのことだという……

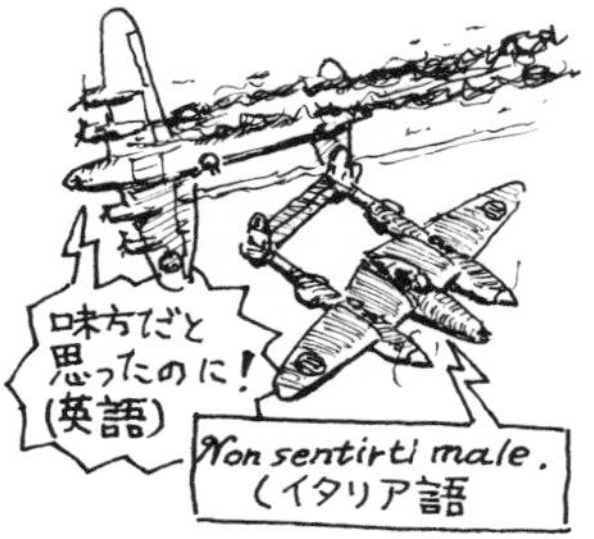

イタリア空軍のグイド・ロッシ大尉は、分捕ったP-38で、アメリカ軍機のフリをしてB-17に接近、撃墜してた。ハロルド・フィッシャー中尉の機も、このロッシ大尉の獲物になった。

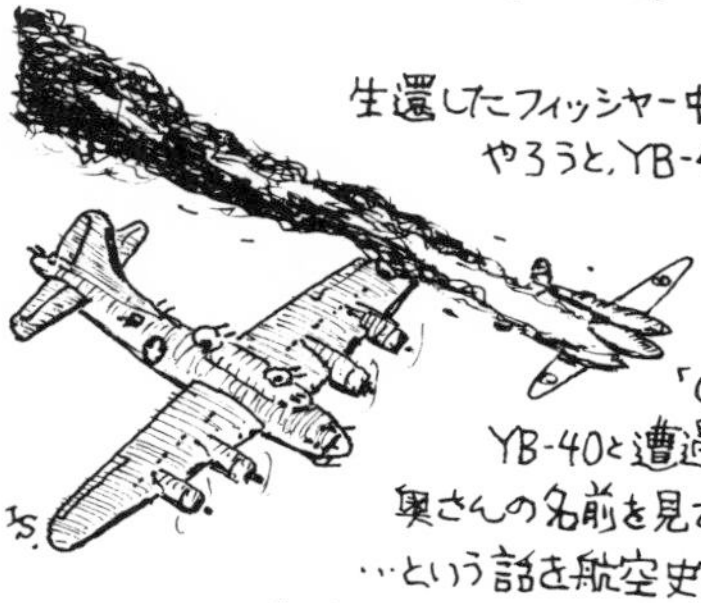

生還したフィッシャー中尉は、このイタリアのニセP-38に仕返ししてやろうと、YB-40を1機まわしてもらう。情報部からP-38のパイロットの名前やその奥さんの名前を聞いて、ロッシ大尉を挑発するためにYB-40の機首にロッシ大尉の奥さんの名前「Gina」を書き入れる。そしてフィッシャー中尉のYB-40と遭遇したロッシ大尉は、普通のB-17と思って油断、奥さんの名前を見て近づき、撃墜されて捕虜となってしまう……
……という話を航空史家で作家のマーティン・ケイディンが書いてる。
実際、イタリア空軍が鹵獲P-38でアメリカ軍のB-24を撃墜した例はあるようだけど、YB-40は地中海に行ってないし、この話はケイディンの創作らしいぞ。

File No. 21

関係者全員、ダメだと思ってます

コンソリデーテッドXB-41

Consolidated XB-41

全幅：33.5m
全長：20.2m
全高：5.5m
総重量：28,577kg
エンジン：プラット&ホイットニー R-1830ツインワスプ
空冷星型14気筒（1,200hp）×4基
最大速度：464km/h
実用上昇限度：6,700m
武装：12.7mm機関銃×14門（連装銃座7カ所）
乗員：11名

B-24Dリベレーター爆撃機に機銃をたくさんつけて，編隊を護衛する編隊援護機にしようとしたコンソリデーテッドXB-41。B-17Fから作られたXYB-40と同様に，XB-41も増やした機銃やその弾薬，追加した装甲のせいで重くなったし，重心位置が後ろに行きすぎるしで，B-24Dより性能も操縦性も悪くなって，使いものにならないんで，試作しただけで終った。XB41のシリアルナンバーは，41-11822。

機首下面，“あご”の位置にベンディックス社製銃座を装備した。B-24DもB-17と同じく，前方の防御火力が弱かったんで，強化しようとしたのだ。

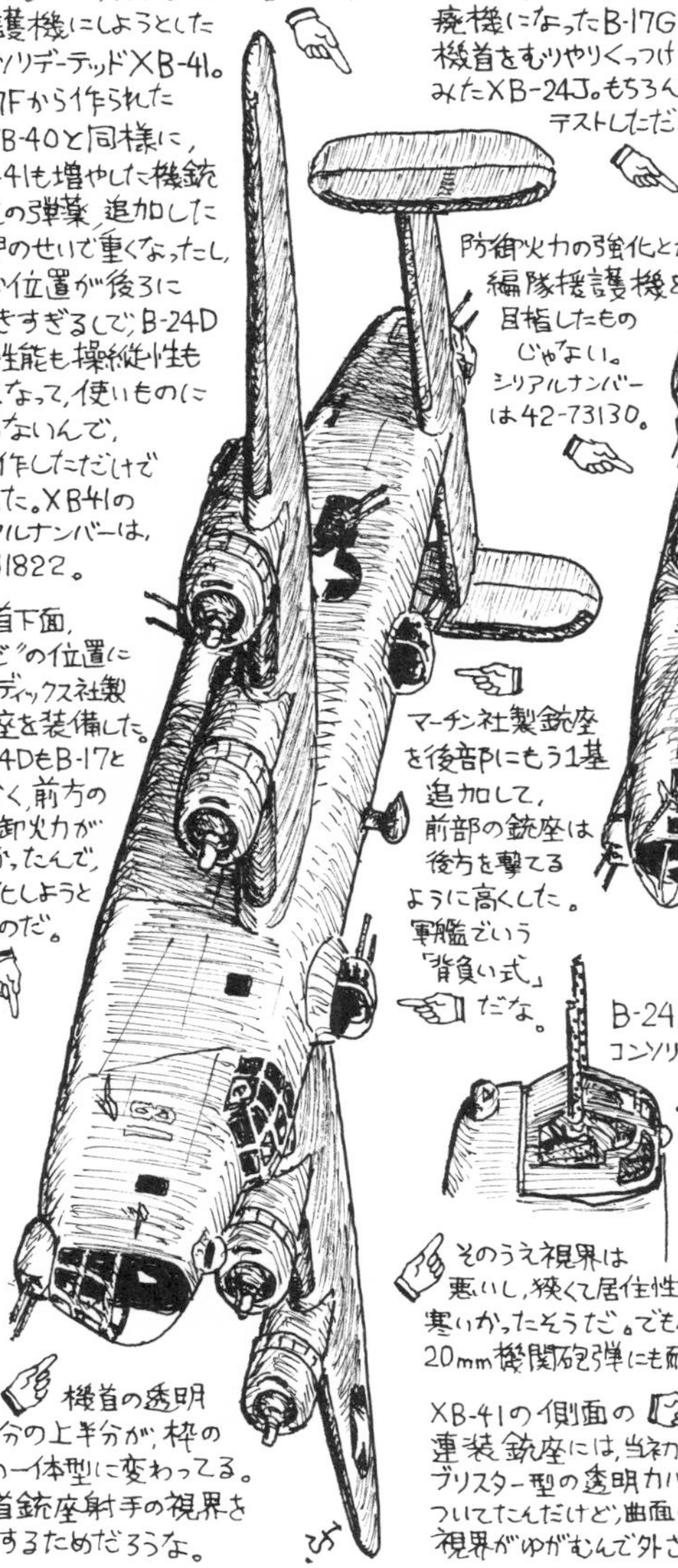

機首の透明部分の上半分が，枠のない一体型に変わってる。機首銃座射手の視界を良くするためだろうな。

参考出品：こちらはB-24の機首をもっと空気抵抗の少い形にして，なんとか性能を向上させようと，廃機になったB-17Gの機首をむりやりくっつけてみたXB-24J。もちろんテストしただけ。

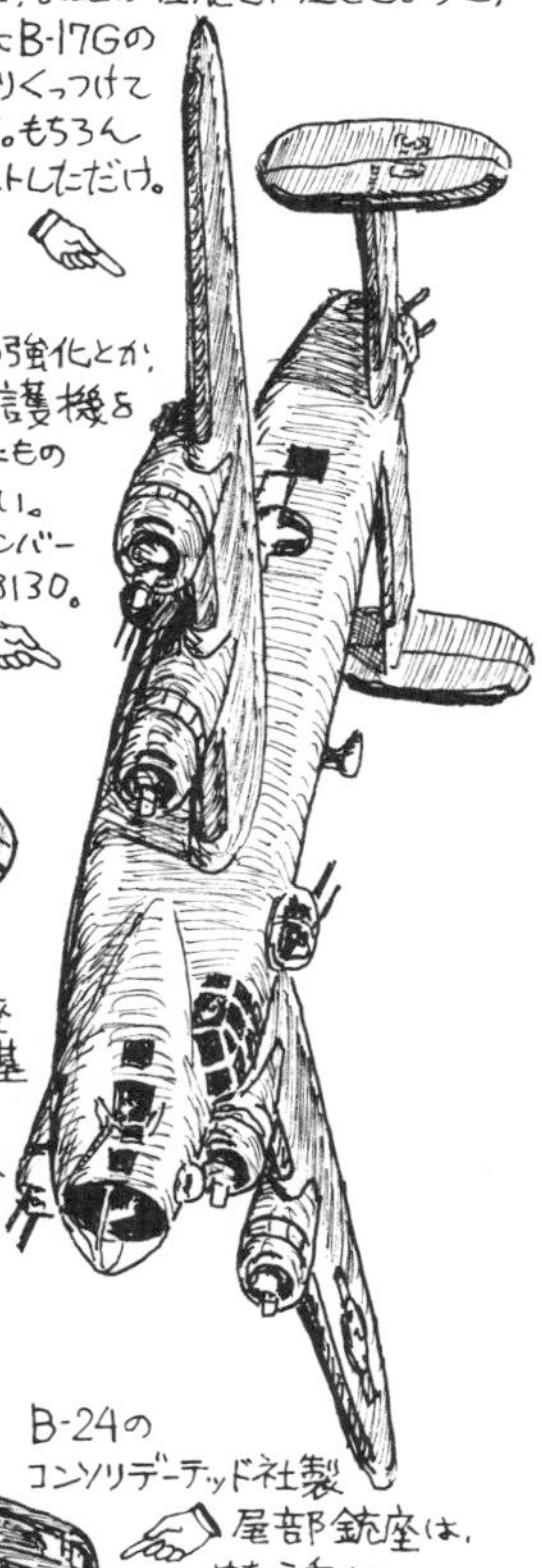

防御火力の強化とか，編隊援護機を目指したものじゃない。シリアルナンバーは42-73130。

マーチン社製銃座を後部にもう1基追加して，前部の銃座は後方を撃てるように高くした。軍艦でいう「背負い式」だな。

B-24のコンソリデーテッド社製尾部銃座は，やたら重くて，そのせいでB-24はそもそも重心位置が後ろ気味（テールヘビー）だった。

そのうえ視界は悪いし，狭くて居住性も悪いし，すきま風が入って寒かったそうだ。でも厚さ52mmの防弾ガラスは20mm機関砲弾にも耐えた。

XB-41の側面の連装銃座には，当初ブリスター型の透明カバーがついてたんだけど，曲面のせいで視界がゆがむんで外された。

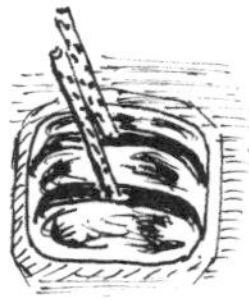

第２次世界大戦が始まった頃のこと。アメリカ陸軍航空隊は、４発重爆撃機ボーイングB-17とコンソリデーテッドB-24はそれまで思ってたほど無敵じゃなさそうだということに気がついてきた。戦闘機とその武装の進歩で、４発重爆の防御火力でも充分じゃないようなのだ。

とはいっても重爆の編隊に付き添っていけるような航続距離の長い護衛戦闘機は無い。じゃあ爆撃機の編隊に加わって護衛する編隊援護機ならどうだ、と１９４１年６月頃から研究を始めて、９月には爆撃機と同等の航続距離で、ちょっと速くて、しかもたくさん機銃を装備した機体がいいだろうと構想がまとまってきた。

しかし１９４２年４月には当時配備中だったB-17E型でもB-24D型でも、まだ防御火力が弱い、特に前方正面からの攻撃に脆弱そうだと考えられるようになってきた。この頃にはB-17やB-24をイギリスに展開して、ドイツを爆撃することは決まっていて、その任務を担当する第８空軍の最初の部隊もイギリスへと出発しようとしてた。そんな状況なんで、爆撃機を援護する飛行機を新しく作るには時間がかかるから、B-17とB-24を改造して、機銃を増やし、装甲を取り付けて、とにかく編隊援護機を作ろうということになったのだった。

このうちB-17の編隊援護型がB-40で、評価試験用機YB-40が第８空軍で実戦に使われてどうなったかというのが前回のお話で、今回はB-24の編隊援護型、XB-41の方だ。

XB-41の開発はB-17Fの編隊援護型XB-40よりも少し遅れて進められた。B-24Dの１機を改造するよう正式な指示が出されたのは１９４２年９月で、８月には第８空軍は実戦活動を始めていて、XB-40もこの９月にはフロリダ州エグリン基地の陸軍航空隊実験場に到着、テストに入っていた頃だ。

Ｂ－24Ｄの編隊援護型試作機にＸＢ－41という機種番号が与えられたのは１９４２年10月で、エグリン基地でテスト用機として使われていたＢ－24Ｄの１機、シリアル41－１１８２２が、コンソリデーテッド社工場に差し戻されてＸＢ－41に改造されることとなった。

ＸＢ－41は機首下面にリモートコントロール式12・７㎜連装銃座を装備して、胴体中央部よりちょっと後の背面に12・７㎜連装銃座を増設、操縦席後方の背面銃座は、後部背面銃座越しに後ろに撃てるように位置が高くされた。軍艦でいうなら「背負い式」配置ってやつだな。胴体後部側面の銃座も、12・７㎜機銃の単装から動力式の連装に強化する。

胴体下のボール型連装銃座や尾部の連装銃座はＢ－24Ｄと同じだから、ＸＢ－41は12・７㎜の連装機銃が全部で７ヵ所、合計14門を装備することになる。この機銃のための弾薬は合計で１万２４００発搭載されて、それに加えて予備弾薬４０００発を前部爆弾倉に積み込む。さらにＸＢ－41は乗員や銃座、それに燃料系統とか大事な部分を守るためにいろんなところに装甲板を付けたんで、ＸＢ－41の総重量はＢ－24Ｄより２７００㎏ぐらい重い２万８５７７㎏になった。

ＸＢ－41の初飛行ははっきりしないんだが、１９４３年の１月にはエグリン基地でのテストに入っていた。この頃には乗員も当初の10人から専任の弾薬係を加えて11名にすることになった。しかしテストしてみると、ＸＢ－41は重いんで、Ｂ－24Ｄより25㎞／ｈぐらい遅いし、上昇性能が悪くてＢ－24Ｄと一緒に上昇できないし、上昇限度も６７００ｍと低いことがわかった。しかも胴体の後ろの方に機銃やら装甲やらが増えたんで、重心位置が後に下がりすぎて安定も操縦性も悪くなっていた。しかしこの重心位置が後過ぎる原因は、装備の増加だけじゃなくて、重心の計算を間違えていたせいもあることが3月になってわかった。

ＸＢ-41は重心位置の計算をやり直して、機体後部を軽くすればなんとかなるかもと、一部装甲を撤去したり、装備品の位置を前に移したり、水平尾翼を強化したりと手直しが加えられた。この改修で高速飛行だと一応安定するようになったけど、低速巡航や着陸進入じゃ不安定だったし、地上でも尻もちをつきそうだった。

8月のエグリン基地でのＢ-17Ｆとの編隊能力テストでも、ＸＢ-41は上昇が遅くて、加速では置いてかれるし、減速する時は逆に先に出ちゃうんで一緒に飛べない。しかも高高度では不安定で、操縦がとても難しいと判定された。

この頃にはヨーロッパでのＹＢ-40の実戦テストで、編隊援護機が使えないし役に立たないことがすでに明らかになっていた。ＸＢ-41の評価も「テストに関与した全員が、この機体が満足できるものにならないと考えている」とか、11月の最終報告でも「爆撃機援護機としての運用には不適である」とか言われて、開発は終わってしまった。運用評価用機ＹＢ-41を13機作る案も、とっくに中止されていた。

結局、爆撃機の護衛は単座戦闘機でやることになったし、Ｂ-17ＧやＢ-24ＨではＹＢ-40やＸＢ-41のように機首の武装が強化された。編隊援護機は回り道だったけど、ほんの少しは意味があったのかもしれない。で、ＸＢ-41は武装を撤去してＴＢ-24Ｄ練習機となって、整備用地上教材に使われたそうだ。

イラストで見る
航空用語の基礎知識
basic knowledge

リード少佐のドリームボート

YB-40やXB-41とは別に、アメリカ第8空軍も独自にB-17の前方防御火力の強化を考えた。技術士官のロバート・J・リード少佐がB-17改良の案を作成、第8空軍はそれを採用した。しかしこの「リード計画」試作機の改造は現地イギリスにある第8空軍のデポじゃ手に余るものだった。

そのため、リード少佐とB-17E１機がアメリカ本国に送られて、オハイオ州デイトンのライトフィールド基地で改造した。


それがB-17E改造機、シリアル41-9112、"ドリームボート"だ。

武装が強化されただけじゃなくて、無線士席と無線機が前部に移り、重心位置も前進、理想に近い位置になった。

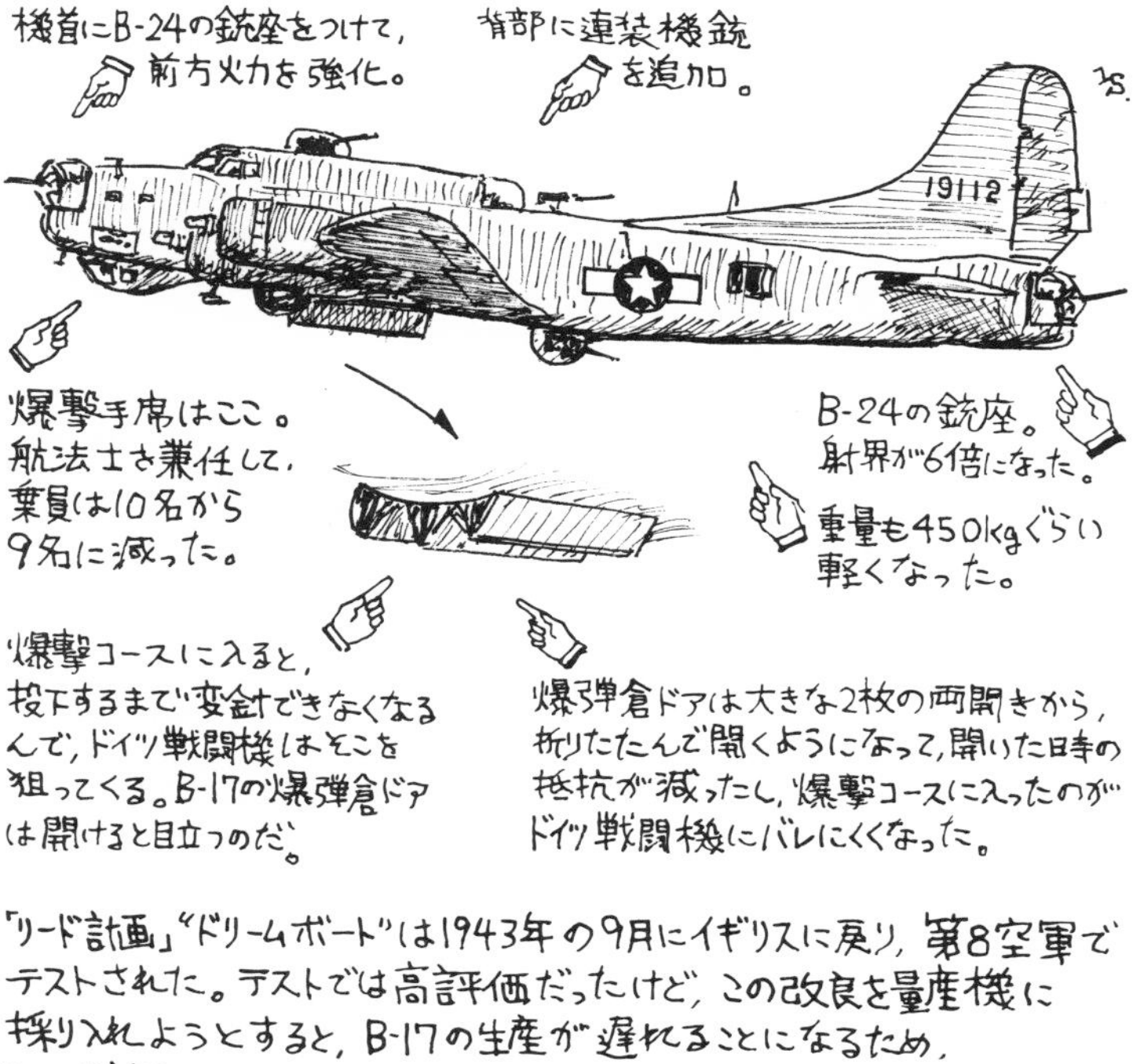

「リード計画」"ドリームボート"は1943年の9月にイギリスに戻り、第8空軍でテストされた。テストでは高評価だったけど、この改良を量産機に採り入れようとすると、B-17の生産が遅れることになるため、「リード計画」はテストのみで終った。

File No. 22

人の忠告は聞くものだ

テイラー・エクスペリメンタル

Taylor Experimental

機体寸法：不詳
重量：不詳
エンジン：ブラックバーン・シーラスマイナー
空冷倒立4気筒(90hp)×1基
(ウェア・ピクシー50hpとも)
性能：不詳
乗員：2名

幸うすい，そして主翼の構造が弱い，テイラー・エクスペリメンタル。いろいろ探したけど，この機の写真は、1937年1月7日の初飛行のときのものとされる1点しか見つからなくて，この絵もそれを基にして描きました。主翼と胴体をつなぐ斜め支柱がなくて，
絵に描くのは楽だけど，やっぱり素人が見ても強度が心配になるなあ。

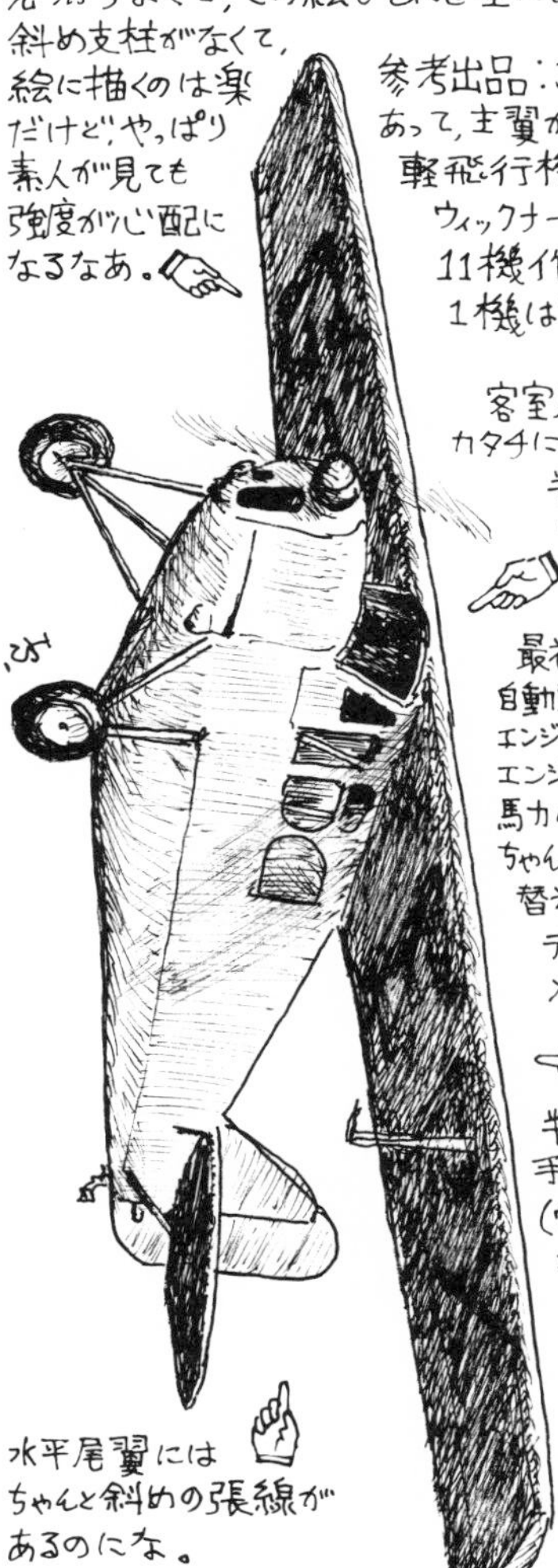

参考出品：こちらは斜めの支柱があって，主翼が折れたりしなかった軽飛行機，フォスター・ウィックナー・ウィッコ。11機作られて，そのうち1機は現存してる。

客室窓が妙なカタチになってるのは，半大圏構造の骨組みのせいなのかな。

最初のウィッコは，自動車用のフォードV8エンジンを基にした85hpのエンジンをつけてたけど，馬力の割に重いんで，ちゃんとした航空エンジンに替えてる。この機体は，デハヴィランド・ジプシー・メジャー（130hp）つき。

胴体の外側は見ても，半大圏式構造とはどういうものなか，手がかりがつかめない。普通の木製骨組み（ウィッコもそうだ）や鋼管骨組みの胴体とはなんか感じが違うのはわかるが。

ものの本によると，テイラー・エクスペリメンタルが墜落したのは1937月1月7日の初飛行のときだったというけど，どうやらそうじゃなくて，11月17日の3回目の飛行で墜ちた，というのが本当らしい。初飛行から墜落までの3回の飛行の合計飛行時間は15〜20分くらいだった。

水平尾翼にはちゃんと斜めの張線があるのにな。

飛行機の歴史を動かしてきたのは、結局のところ個人の力だったんじゃないかな、とか思う。

ライト兄弟だって個人として飛行機を作ったんだし、ロッキードにせよボーイングにせよ、ノースロップもグラマンも、今日の名だたる航空機メーカーの巨大企業も、その社名のとおり、ことの起こりはロッキードさんやグラマンさんという個人が作った会社だった。

イギリスのメーカーもＢＡＥシステムズに統合されちゃう前には、アヴロ（Ａ・Ｖ・ロウさんが作った会社だ）もデハヴィランドも個人が飛行機を作ったのが始まりだった。

今じゃ戦闘機でも旅客機でも、大きな企業の技術チームが能力を結集して作ってるから、個人のアイデアや力で作られる飛行機っていうと、ホームビルト機や軽飛行機ぐらいしかないけど、いろんな人がそれぞれのアイデアや技術で飛行機を作ってきて、その歴史の上に今日の世界の航空産業もあるわけだ。

そしてそんな個人の飛行機への挑戦がいつも成功するわけじゃなくて、時には無残な失敗に終わることは、『世界の駄っ作機』の読者の皆さんならすでによくおわかりだろう。

お話は１９３６年のイギリス。ロンドン近郊のサンベリー・オン・テームズという町に、リチャード・テイラーというエンジニアが住んでいた。このテイラーという人、１８９６年に炭鉱夫の家に生まれ、選炭工として働いていたこともあるという。伝記的なことはわからないが、きっといろいろ苦労してエンジニアとなったんだろう。

テイラーがいつから飛行機を作ろうと思い立ったのかは不明だが、この頃には自分の飛行機のアイデアを固めていたようだ。同じ頃にイギリスにはジョフリー・N.ウィックナーとジャック・フォスターという航空技術者がいて、彼らは高翼単発でスマート、しかも簡便で安価な軽飛行機「ウィッコ」を作ったばかりだった。テイラーはウィックナーとフォスターのところに自分の飛行機計画について相談に行った。

テイラーは２人に自分の飛行機の資料を見せて意見を聞いた。その時にウィックナーが語ったのが、「テイラーが主翼構造の写真を見せてくれたのだが、主翼の桁につながる斜めの支柱が１本も無いので、これでは荷重がかかったら主翼が折れてしまうのは明らかだった」という感想だった。

しかしテイラーはウィックナーの忠告を無視してしまった。

そのテイラーの飛行機「テイラー・エクスペリメンタル」、つまりテイラー実験機というか試作機は、単発で高翼、前後２人乗りの軽飛行機だった。基本的には金属骨組みの羽布張り構造なのだが、胴体は半大圏構造だったという。大圏構造というのは、ざっくり言うと骨組みを斜めに交差させて籠のように編んで作る構造で、それなりに軽くて頑丈なのが取り柄だった。テイラーの半大圏構造っていうのはよくわからないが、骨組みの籠の目が粗い、みたいなものだったのだろうか。

問題の主翼は２本の鋼管を桁としていたが、片持ち式で、つまり斜めの支柱が無い。高翼の軽飛行機はたいてい胴体の下のほうと主翼の桁を結ぶ支柱が付いてる。そうじゃないと揚力で持ち上がろうとする主翼を付け根だけで支えなくちゃならなくて、その力に耐えられるように付け根を丈夫に作ると重くなってたいへんだ。テイラーは支柱の重量や抵抗を嫌ったのか、それとも客室の眺めが悪くなるのがいやだったのか、その支柱をなくしちゃったのだ。ウィックナーはそこが心配だったわけだ。

　エンジンは空冷倒立４気筒のウェア・ピクシー50hpだとする資料もあるが、どうやら同じく空冷倒立４気筒のブラックバーン・シーラスマイナー90hpだったようだ。

　テイラー・エクスペリメンタルはロンドン南方のウォーリンガムの私有飛行場ハムジー・グリーンで製造されて、民間登録記号Ｇ－ＡＥＰＸをもらった。テイラーはさらに３機の製造を目論んでて、同型のＧ－ＡＥＰＹ、１人乗りのＧ－ＡＥＰＺ、また２人乗りのＧ－ＡＥＲＡと早手回しに登録記号も確保していた。

　テイラー・エクスペリメンタル初号機、Ｇ－ＡＥＰＸは１９３７年の１月７日に初飛行した。この初飛行も２回目の飛行もごく短いものだったようだ。10日後の１月17日、テイラーは３回目の飛行のためハムジー・グリーン飛行場を飛び立った。離陸はうまく行き、テイラー・エクスペリメンタルは飛行場の上空を旋回して、着陸進入のため風の方向に機首を向けた。その時左翼が上に折れて機体は墜落、地面に突っ込み、テイラーは死亡した。やっぱりウィックナーが指摘したとおり、主翼の構造が弱すぎたのだ。

　事故調査でも主翼構造の強度不足は明らかだったが、それに加えてテイラー自身は必要な操縦免許を持っていないとか、飛行許可を得ていないとか、いくつも違反が見つかった。

　こうしてリチャード・テイラーの飛行機への野心は、自らの設計に裏切られて、自らの命とともに終わった。もちろん登録記号をもらった他の３機も作られることはなかった。飛行機の歴史は個人の失敗の累積でもあるんだろう。

☞ ブラックバーン・シーラスマイナー

排気量7Lで135hpのシーラス・メジャーもいろんな飛行機に使われた。デハヴィランド社のジプシー系列には及ばなかったけど、シーラスもこの時代のイギリス軽飛行機用エンジンの代表。

シーラス・マイナーを使った飛行機の一つ。

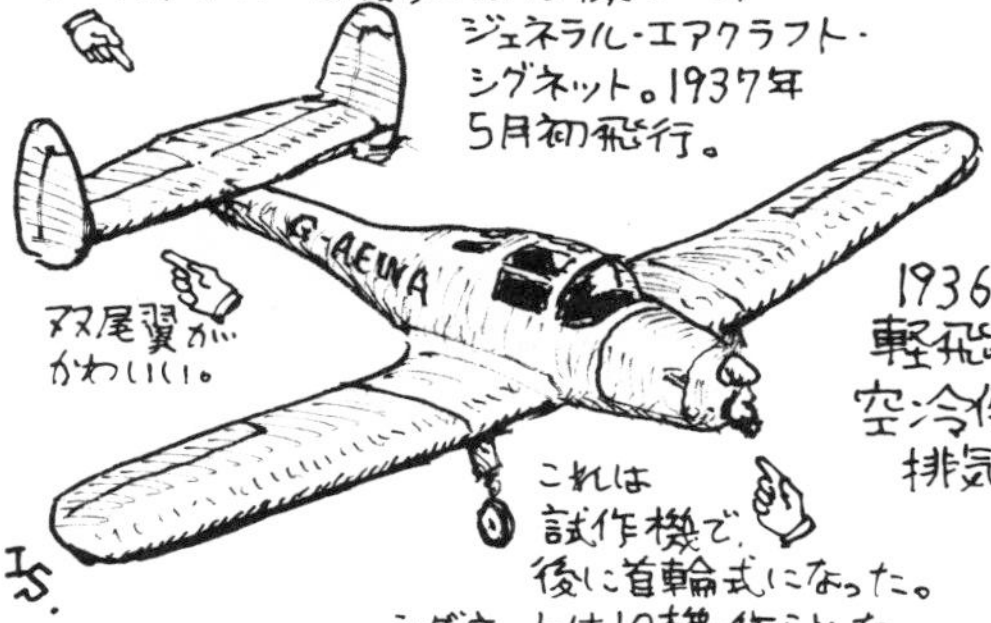

ジェネラル・エアクラフト・シグネット。1937年5月初飛行。

双尾翼がかわいい。

これは試作機で、後に首輪式になった。
シグネットは10機作られた。

ブラックバーン・シーラス・マイナーは1936年に作られて、イギリスの軽飛行機に広く使われた、空冷倒立4気筒のエンジン。排気量4L、重量91kg、90hp。信頼性が高くて評判が良かった。

シーラス系列のエンジンは、元々はシーラス・ハーミズ社という会社でC.S.ネイピア（セイバー・エンジンとかを作った例のネイピア社の社長、モンタギュー・ネイピアの息子）が設計した。この会社をブラックバーン社が買収したんで、ブラックバーンのオリジナルではないのね。

1937年に1機だけ作られた、ディーケイ・ナイトもエンジンはシーラス・マイナー。

シーラス・ハーミス社の前身、シーラス・エアロエンジンズ社が、65~85hpの空冷直列4気筒のシーラスMk.I~IIIを作ってた。それを設計したのは、デハヴィランド社でジプシー・エンジンを作ったフランク・ハルフォードで、後にジェット・エンジンの開発に携わる。シーラス・マイナー/メジャーはMk.I~IIIのリニューアル。

シーラス・マイナーを使ったテイラークラフト・プラスD。9機製造。軍用観測機オースターの基になった。

File No. 23

飛行甲板は遠かった

ノール2200

Nord 2200

全幅：12.0m
全長：13.5m
全高：4.6m
自重：4,160㎏
総重量：6,430㎏
エンジン：ロールスロイス・ニーン
　　　　　ターボジェット（推力2,270㎏）×1基
最大速度：815㎞/h
実用上昇限度：15,000m
兵装：30㎜機関砲×3門（予定）
乗員：1名

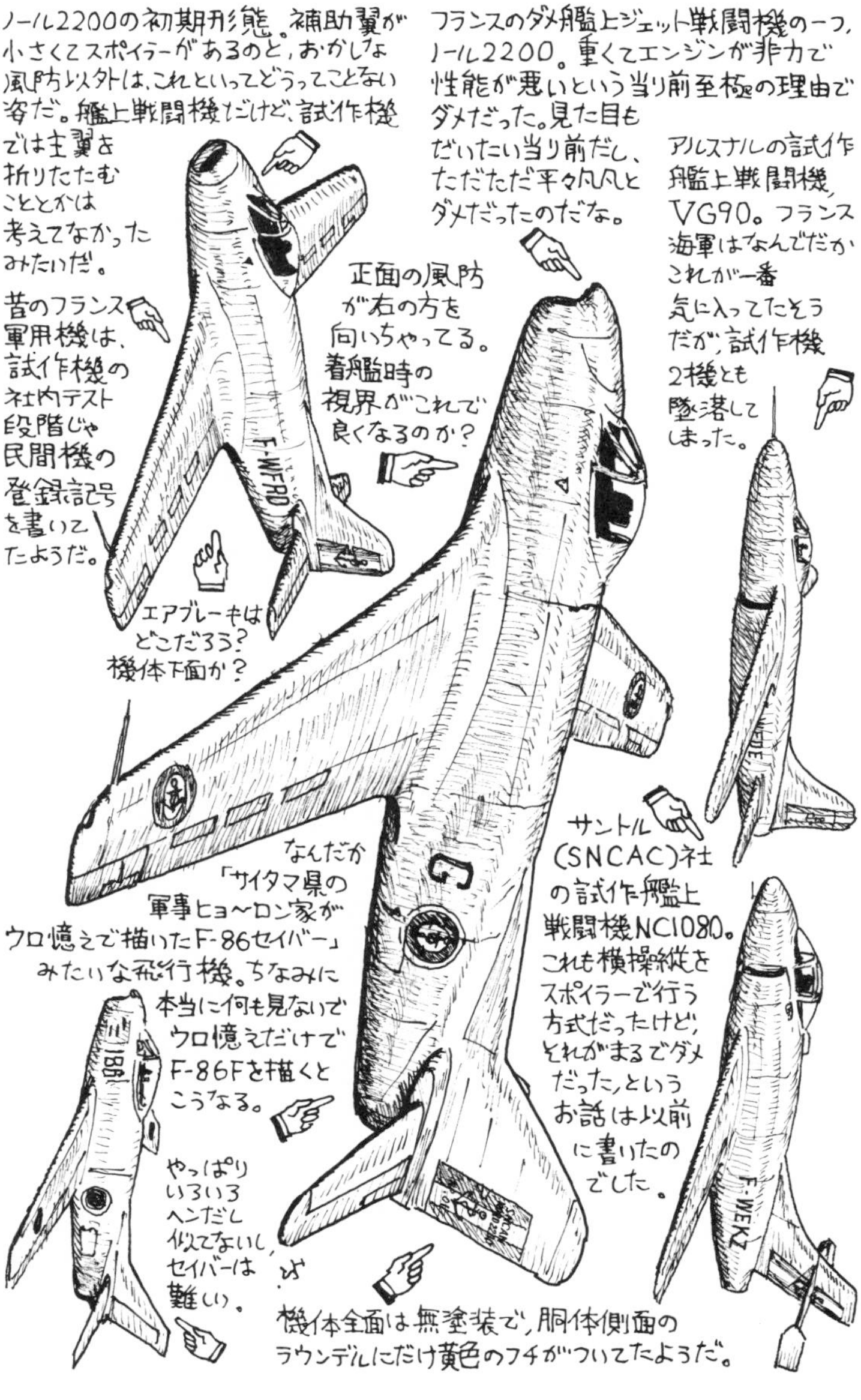
ノール2200の初期形態。補助翼が小さくてスポイラーがあるのと、おかしな風防以外は、これといってどうってことない姿だ。艦上戦闘機だけど、試作機では主翼を折りたたむこととかは考えてなかったみたいだ。

昔のフランス軍用機は、試作機の社内テスト段階じゃ民間機の登録記号を書いてたようだ。

F-WFRD
エアブレーキはどこだろう？機体下面か？

正面の風防が右の方を向いちゃってる。着艦時の視界がこれで良くなるのか？

フランスのダメ艦上ジェット戦闘機の一つ、ノール2200。重くてエンジンが非力で性能が悪いという当り前至極の理由でダメだった。見た目もだいたい当り前だし、ただただ平々凡凡とダメだったのだな。

アルスナルの試作艦上戦闘機、VG90。フランス海軍はなんでだかこれが一番気に入ってたそうだが、試作機2機とも墜落してしまった。

なんだか「サイタマ県の軍事ヒョ～ロン家がウロ憶えで描いたF-86セイバー」みたいな飛行機。ちなみに本当に何も見ないでウロ憶えだけでF-86Fを描くとこうなる。

やっぱりいろいろヘンだし似てないし、セイバーは難しい。

サントル(SNCAC)社の試作艦上戦闘機NC1080。これも横操縦をスポイラーで行う方式だったけど、それがまるでダメだった、というお話は以前に書いたのででした。

F-WEKZ
機体全面は無塗装で、胴体側面のラウンデルにだけ黄色のフチがついてたようだ。

第2次世界大戦が終わってからまだ1年も経っていない１９４６年3月、フランス海軍はジェット艦上戦闘機を開発しようと考えて、飛行機メーカーに要求を出した。

すでにイギリスじゃ１９４５年9月にデハヴィランド・ヴァンパイアが空母オーシャンでの発着テストに成功してたし、アメリカ海軍でも最初のジェット艦上戦闘機マクダネルＸＦＤ－１試作機が１９４５年1月に飛んでた。それを見ていてフランス海軍もこれからはジェット戦闘機でなくちゃと思ったのだな。

しかしこの時にはフランス海軍はまだ空母を持っていなかった。イギリスから軽空母コロッサスを貸してもらうのがこの年の12月。おそらくイギリスから空母を借りる算段はついてたんだろうけど、つまりそれを見越してのジェット戦闘機開発だったようだ。

フランス海軍が求めたのは最大速度９００km／h以上、それも海面上から高度９０００mの全域でこの速度が出せること、海面高度での上昇率は毎秒25m以上、武装は30mm機関砲×3門というものだった。

この要求に応えたのは、ＳＮＣＡＣ（中部国営航空機工場）ことサントル社と、国営のアルスナル社、つまり「航空機工廠」だな、それとＳＮＣＡＮ（北部国営航空機工場）ことノール社だった。フランスは第2次世界大戦の前に航空産業を政府が再編成して、それまでの民間メーカーを地域ごとに合併させていて、その態勢がまだ残ってたのだ。

ノール社では要求が出る前の１９４６年1月からジェット戦闘機の研究を進めていて、１９４６年10月に設計案を提示、12月には他の2社案と同じく、試作機１機の発注をもらった。

そのノール社の艦上戦闘機ノール２２００は、一見すると何のヘンテツもない機体だった。胴体は機首に空気取り入れ口があって、胴体中央部にロールスロイス・ニーン・エンジンを置いて、排気口は胴体尾部にある。尾翼も普通だ。ちょっと変なのは、操縦席前の風防の正面ガラスが右向きに斜めになってるところで、どうやら着艦時の視界を良くするためだったようだが、どんな効果があるのかよくわからない。操縦席は射出座席になっていた。

主翼には翼弦25％で24度という軽い後退角がついていた。操縦方式はちょっと目新しくて、翼端に小さな補助翼がある。それと主翼上面には３枚のスポイラーもあって、これと補助翼で横操縦を行なうようになってた。スポイラーを片側だけ立てれば横操縦、左右いっしょに立てれば揚力を大きく減らして、降下率を高くすることができる。主翼後縁には左右３枚ずつのファウラーフラップが付いてて、離着艦の時に大きな揚力が得られるようになってた。

試作機なんで武装は施されなかったが、20㎜機関砲４門にする案もあったようだ。それと爆弾５００㎏かロケット弾を搭載することも考えられた。

ノール２２００の製造は、脚を途中で改めたりしたせいで作業は遅れて、初飛行したのは、１９４９年12月のことだった。テストでは操縦性は良好と評価されて、ただ高速時に昇降舵がとても重くなるのと、胴体後部のエアブレーキが全然効かないのが難点とされた。しかし性能のほうはニーン・エンジンの推力が２２７０㎏と非力なんで期待していた速度が出なくて、急降下してやっと９３０㎞／ｈだった。この時から先行きが怪しくなってきてたな。

ノール２２００は１９５０年６月のパリ航空祭に出展されたけど、その直後、工場に戻された時に火事が起きて、機体が損傷してしまった。ノール社は少なくとも評価試験用機５機の発注はもらえるかと期待していたのだが、このつまづきでだいぶ危なくなってきた。それでも海軍はノール２２００のテスト続行を望んで、１年近くを費やして修理と改良が施された。

ノール２２００は垂直尾翼が高くなって、空気取り入れ口上方にレドームが設けられ、エアブレーキも改良され、１９５１年４月にテスト飛行を再開した。しかしノール２２００は重量過大になってしまって、性能は予想を大きく下回った。最大速度は８１５㎞／ｈどまり、上昇率も15ｍ／秒にしかならなかった。それでいて着陸速度は見積もりの１５５㎞／ｈより高く、１７０㎞／ｈになったし、所定の離陸速度だと方向安定も横安定も悪くて機体がふらふらするんで、離陸速度も高めなくてはならなかった。

これで海軍もノール２２００を諦めて、量産はもちろん評価試験用機も発注されずに終わった。ノール社はエンジンの強化も提案してみたが採り上げられず、ノール２２００はＪＡＴＯを使った離陸とか、動力操縦システムなどのテストに使われて、１９５４年５月までは飛んでいたが、その後どうなったかは誰も知らない。

この１９４６年のジェット艦上戦闘機計画は、結局どの社の案も試作で中止となって、どれも空母の飛行甲板に載ることはなかった。フランス海軍はイギリス製のデハヴィランド・ヴェノムを採用、シュド・エスト社で「アキロン」の名前で96機をライセンス生産して、１９５４年から配備、なんとかしたのだった。

イラストで見る航空用語の基礎知識 basic knowledge

デハヴィランド・ヴァンパイア

デハヴィランド・ヴァンパイア戦闘機は1943年9月に初飛行したけど、第2次大戦には間に合わなくて、1946年3月からイギリス空軍に部隊配備になった。ヴァンパイアはいろんな外国でもたくさん使われた。

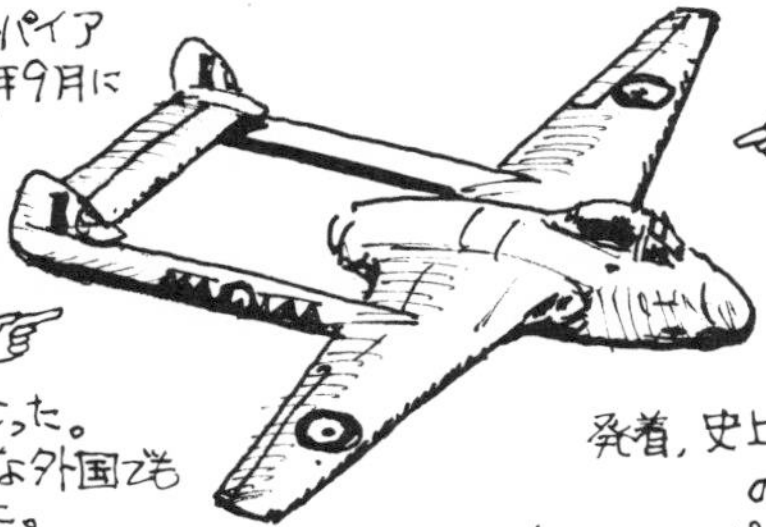

イギリス空軍No.73スコードロンのヴァンパイアF.5。

1945年12月、ヴァンパイア改造機がイギリス海軍の軽空母オーシャンで発着、史上初めてのジェット機の空母発着となった。パイロットはかの有名なエリック・ブラウンだった。

イギリス海軍のシーヴァンパイアF.20はもっぱら訓練用に使われた。

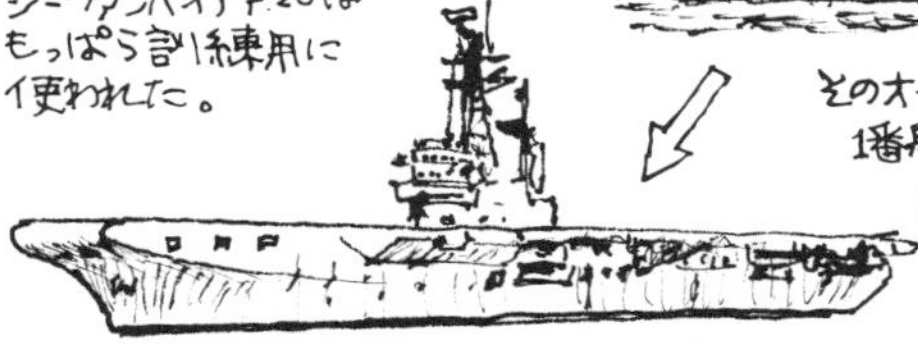

そのオーシャンはコロッサス級の1隻で、1番艦コロッサスは1944年に就役、1946年にフランスに貸与されて、アロマンシュと改名、1951年にフランスに買い取られた。

ちなみにアメリカ海軍初のジェット艦上戦闘機マクダネルXFD-1ファントム(量産機はFH-1)は1945年1月に初飛行、1946年7月に空母フランクリン・D・ルーズベルトでアメリカ初のジェット機の空母発着を行った。後のF-4ファントムの遠い御先祖だな。

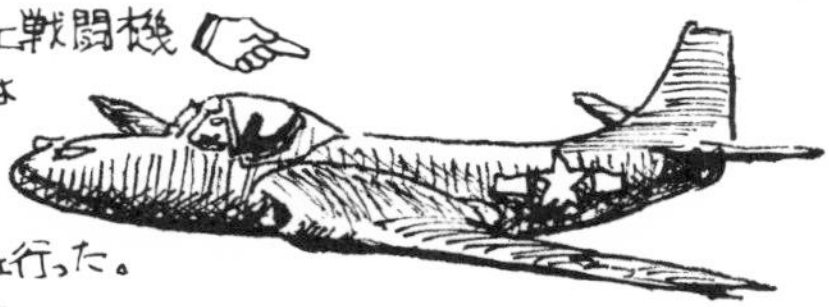

ヴァンパイアはフランス空軍でも、シュド・エスト社で約250機がライセンス生産されて、「ミストラル」の名で1952年から1961年まで使われた。

ヴァンパイアの発展型がヴェノムで、その複座全天候戦闘機型の艦上型がシーヴェノムで、それをフランスでライセンス生産したのがフランス海軍のアキロンだ。

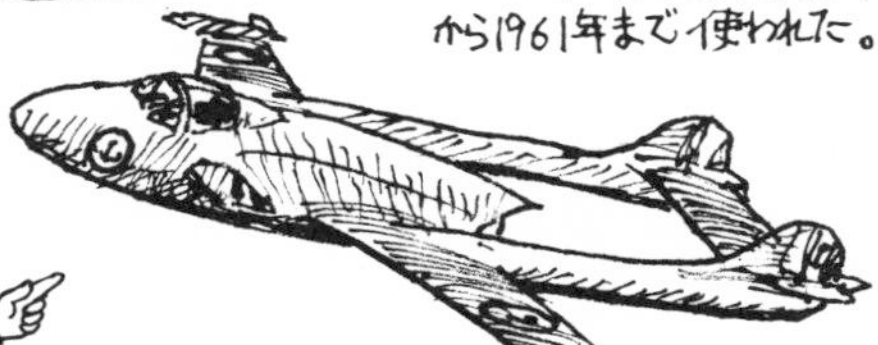

File No. 24

お前の飛行機、飛ばしてやらない

スホーイSu-17

Sukhoi Su-17

全幅：9.6m
全長：15.3m
全高：4.5m
自重：6,240kg
総重量：7,390kg
エンジン：リュールカTR-3
ターボジェット(アフターバーナ使用時推力4,600kg)×1基
最大速度：マッハ1.1(高度10,000m)
実用上昇限度：15,000m
航続距離：855km
武装：37mm N-37機関砲×2門
乗員：1名

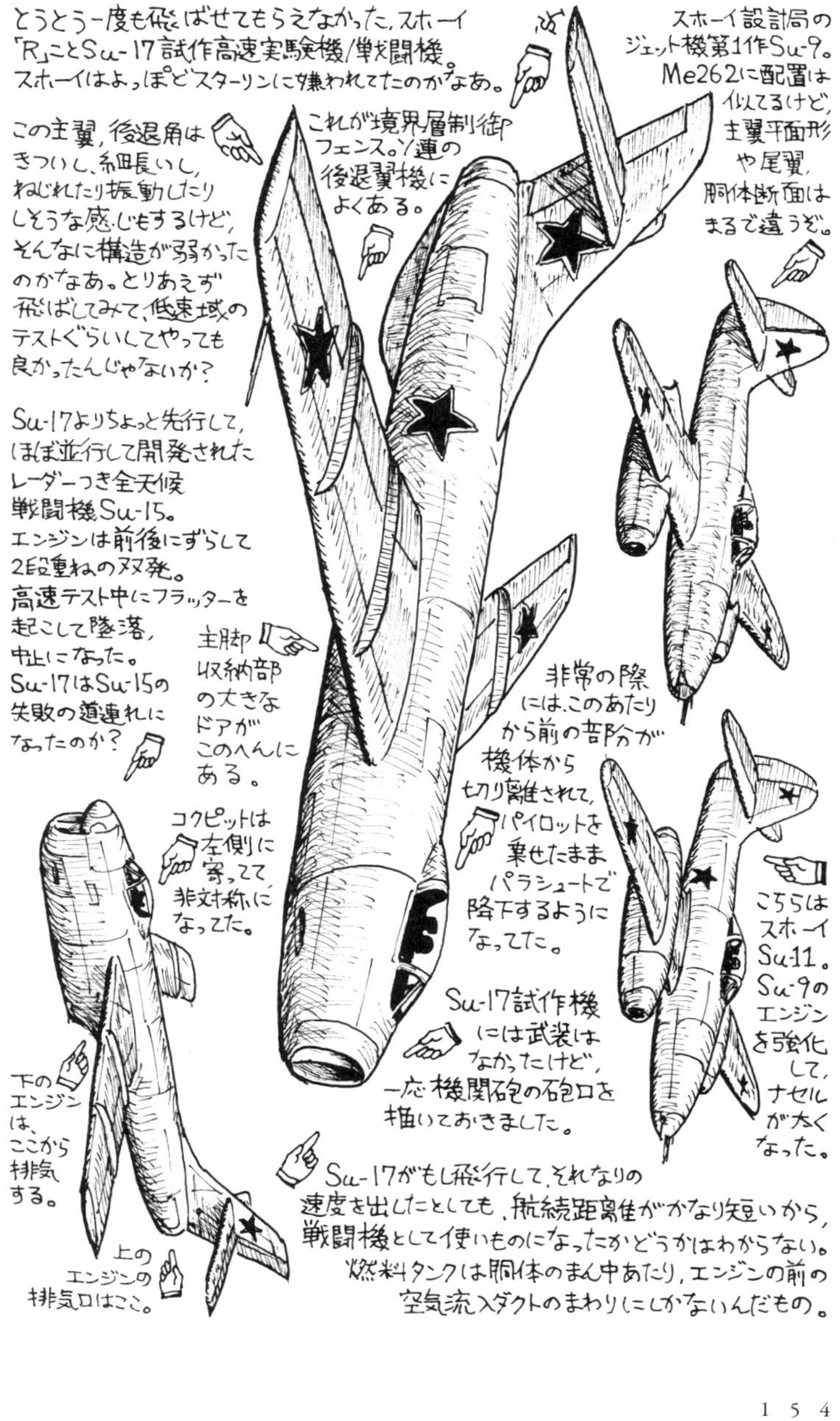

とうとう一度も飛ばせてもらえなかった、スホーイ
「R」ことSu-17試作高速実験機/戦闘機。

スホーイはよっぽどスターリンに嫌われてたのかなあ。

スホーイ設計局のジェット機第1作Su-9。

Me262に配置は似てるけど、主翼平面形や尾翼、胴体断面はまるで違うぞ。

この主翼、後退角はきついし、細長いし、ねじれたり振動したりしそうな感じもするけど、そんなに構造が弱かったのかなあ。とりあえず飛ばしてみて、低速域のテストぐらいしてやっても良かったんじゃないか？

これが境界層制御フェンス。ソ連の後退翼機によくある。

Su-17よりちょっと先行して、ほぼ並行して開発されたレーダーつき全天候戦闘機Su-15。

エンジンは前後にずらして2段重ねの双発。

高速テスト中にフラッターを起こして墜落、中止になった。

Su-17はSu-15の失敗の道連れになったのか？

主脚収納部の大きなドアがこのへんにある。

非常の際には、このあたりから前の部分が機体から切り離されて、パイロットを乗せたままパラシュートで降下するようになってた。

コクピットは左側に寄ってて、非対称になってた。

こちらはスホーイSu-11。Su-9のエンジンを強化して、ナセルが太くなった。

Su-17試作機には武装はなかったけど、一応機関砲の砲口を描いておきました。

下のエンジンは、ここから排気する。

上のエンジンの排気口はここ。

Su-17がもし飛行して、それなりの速度を出したとしても、航続距離がかなり短いから、戦闘機として使いものになったかどうかはわからない。

燃料タンクは胴体のまん中あたり、エンジンの前の空気流入ダクトのまわりにしかないんだもの。

今のロシアが共産主義のソビエト連邦、略して「ソ連」だった頃の１９４７年も末、ソ連政府の中枢である閣僚会議は、１９４８～１９４９年計画として高速実験機を作ることを決めた。

その高速実験機計画に向けて、パヴェル・スホーイ率いるスホーイ設計局は「Ｒ」という局内名称で設計を進めた。パヴェル・スホーイは大型機で名高いツポレフ設計局で数々の機体の設計を手がけて、１９３８年に自分の設計局を開かせてもらった。

スホーイ設計局はいろいろな機体を作ってはきたものの、量産機として成功した機体はほとんどなかった。１９４５年に第２次世界大戦が終わると、ソ連でもジェット戦闘機の開発が始まり、スホーイ設計局も１９４６年に双発単座のＳｕ－９、続いて翌１９４７年に発展型のＳｕ－11を試作する。しかし当時のソ連は恐ろしいスターリンの独裁体制で、Ｓｕ－９は機体の基本配置がナチス・ドイツのメッサーシュミットＭｅ２６２に似ているのがスターリンに嫌われて量産されなかったという。Ｓｕ－11も、戦闘機で成功していたヤコヴレフ設計局のアレクサンドル・ヤコヴレフがスターリンに「あれはＭｅ２６２の焼き直しですぜ」と耳打ちしたのが中止の原因だった、という話をイギリス人が本に書いてる。

そんなわけでスホーイは独裁者スターリンの不興を買っていたようだが、それでもめげずに高速実験機「Ｒ」の設計を進め、試作機1機と地上試験用機材1機の製造予算を付けてもらえた。この「Ｒ」よりちょっと先に、スホーイ設計局は後退翼で双発のレーダー装備全天候戦闘機「Ｐ」、後のＳｕ－15の開発と試作にとりかかっていたこともあって、スホーイ設計局としては他の小さな設計局がいくつもお取り潰しというか閉鎖の憂き目に遭っているなか、ありがたくも仕事が続けられたのだった。

スホーイの「Ｒ」はリュールカＴＲ－３ターボジェット（推力４６００kg）の単発で、空気取り入れ口は機首先端に開いていた。主翼は中翼配置で、後退角は翼弦25％で50度と、１９４７年頃としてはかなり過激な角度だった。同じ頃にアメリカで作られていたノースアメリカンＦ－86が後退角35度だ。それだけスホーイ「Ｒ」は高い速度を狙っていたのだな。計算ではマッハ１を越えると考えられたんだそうだ。

この主翼は桁が1本で、翼上面には左右２ヵ所ずつに大きな境界層制御フェンスが付いていた。背の高い垂直尾翼の途中に水平尾翼があって、尾部下側にベントラルフィンが付く。

おもしろいのは、非常時の脱出にコクピットを含む機首部分が切り離されて、パラシュートで降下するようになってたところ。機首のかなり前のほうにコクピットがあって、パイロットの射出座席のすぐ後ろで分離される。射出座席でパイロットだけが脱出することもできた。

スホーイ「Ｒ」はとりあえず高速実験機が目的だったけど、実は戦闘機にすることも考えられていて、胴体下面に37㎜Ｎ－37機関砲2門を装備するスペースが用意されていた。そのおかげでスホーイ「Ｒ」は１９４９年にソ連空軍からＳｕ－17という戦闘機の機種名をもらった。

スホーイ「Ｒ」は１９４８年12月にモックアップ審査に合格、試作機の製作へと進み、１９４９年初夏にはＳｕ－17として機体が完成した。7月にはジューコフスキー飛行試験場で高速滑走テストを開始、いよいよ初飛行に臨もうとした。実はスホーイ設計局の前作、試作全天候戦闘機のＳｕ－15の1号機がこの6月にテスト飛行中に主翼が激しいフラッターを起こして操縦不能となって墜落、2号機の製造も開発も中止になっていた。設計局としてはこのＳｕ-17が成功してくれないとどうも先行きが危ない状況になっていたのだった。

　ところがソ連では航空技術開発の元締めであるＴｓＡＧＩ（ツアギ）、「中央流体力学研究所」からの許可がなければ、新型機の初飛行はできないことになっていた。Ｓｕ-17には初飛行の許可が下りてこなかった。ＴｓＡＧＩによると、研究所の計算ではＳｕ-17の1本桁の主翼構造は強度が不足で、このままでは高速時にフラッターを起こす可能性がある、というのだ。

　Ｓｕ-17の主翼構造の詳しいことはわからないが、アメリカのＦ-86の主翼構造が、前後の２本桁を多くのリブと縦通材でつないでかなり頑丈そうなのに比べると、Ｓｕ-17はＦ-86より後退角が強くて細長いし、それに桁が1本だとしたら、ねじれや振動が起きやすいのかもしれない。Ｓｕ-15がフラッターで墜落した直後だし。そうだとしても、主翼の強度に不安があるなら設計やモックアップの審査の段階で言ってくれよ、とスホーイ設計局は思ったんじゃないかな。

　なんにせよＴｓＡＧＩが許可しなければ飛ぶことはできない。Ｓｕ-17はとうとう一度も飛行しないまま、開発は中止になった。それだけじゃなくて、スホーイ設計局も閉鎖されてしまった。パヴェル・スホーイはツポレフ設計局に戻され、Ｓｕ-17の機体は脱出システムの地上テストに使われたあと、射撃標的にされて終わった。

　スホーイ設計局はスターリン死後の１９５３年に復活、それからは数々の戦闘機や攻撃機を成功させて、今じゃロシア最大の戦闘機メーカーになっている。

☞ ノースアメリカンF-86

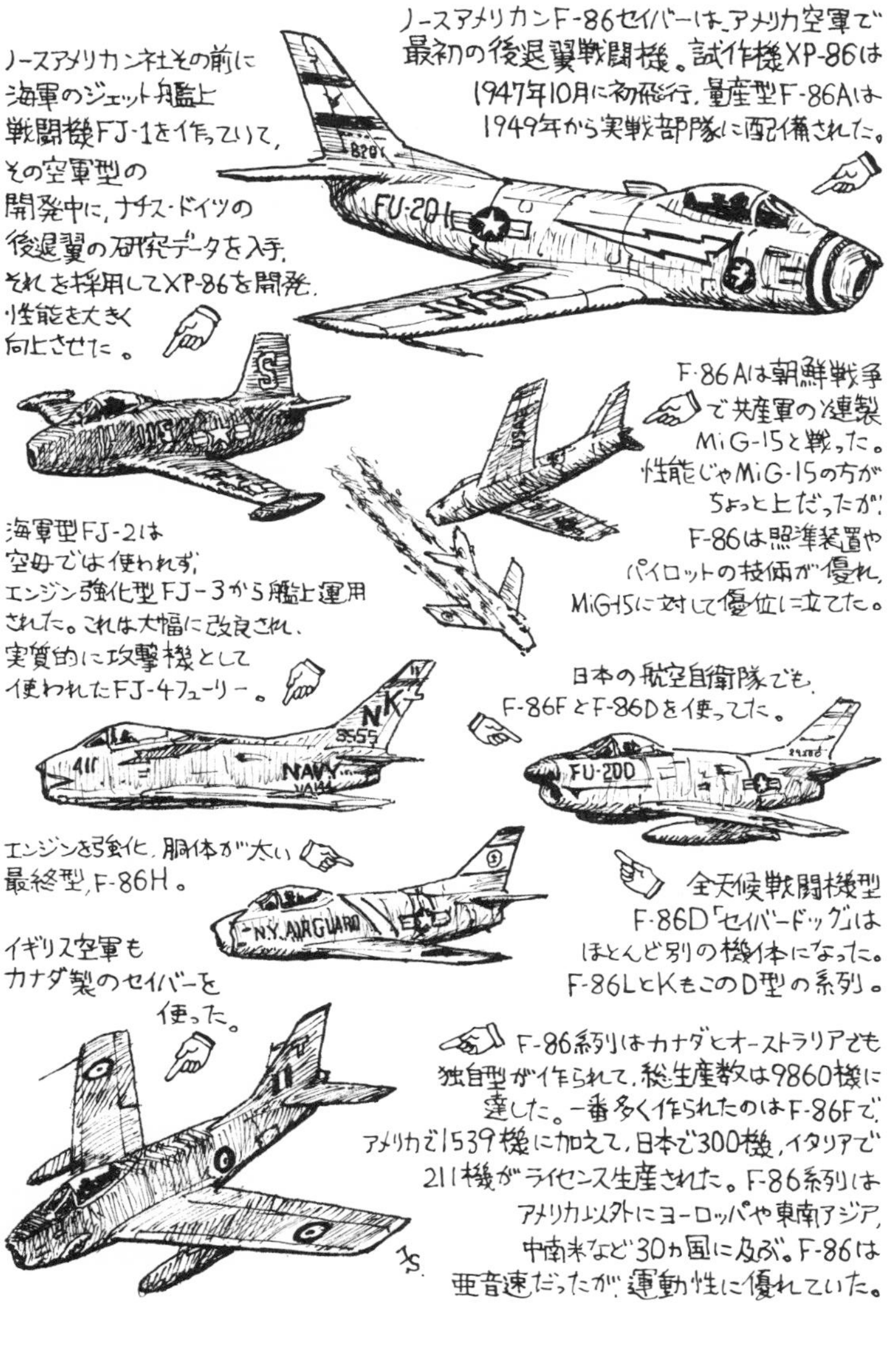

File No. 25

焦って作ると
ろくなことがない

アエロA42

Aero A42

全幅：20.8m
全長：13.8m
全高：4.4m
自重：2,940kg
総重量：4,740kg
エンジン：イソッタ・フラスキーニ・アッソ1000RV
　　水冷W型18気筒(800hp)×1基
最大速度：270km/h
航続距離：1,200km
実用上昇限度：7,000m
兵装：爆弾最大960kg
　　7.92mm連装機銃×1基(背部旋回)
　　7.92mm機関銃×2門(腹部旋回と機首固定)
乗員：3名

A42の2号機の、いろいろ改修後の姿。でも細々した改良でどうにかなるもんではなかったのだ。

アエロA42の1号機。目指したところは高かったんだけど、結果はダメ飛行機になってしまった。レースに出そうと焦ったりしないで、もっと落ち着いて作ってたら、ちゃんとした飛行機になることができた……のか？

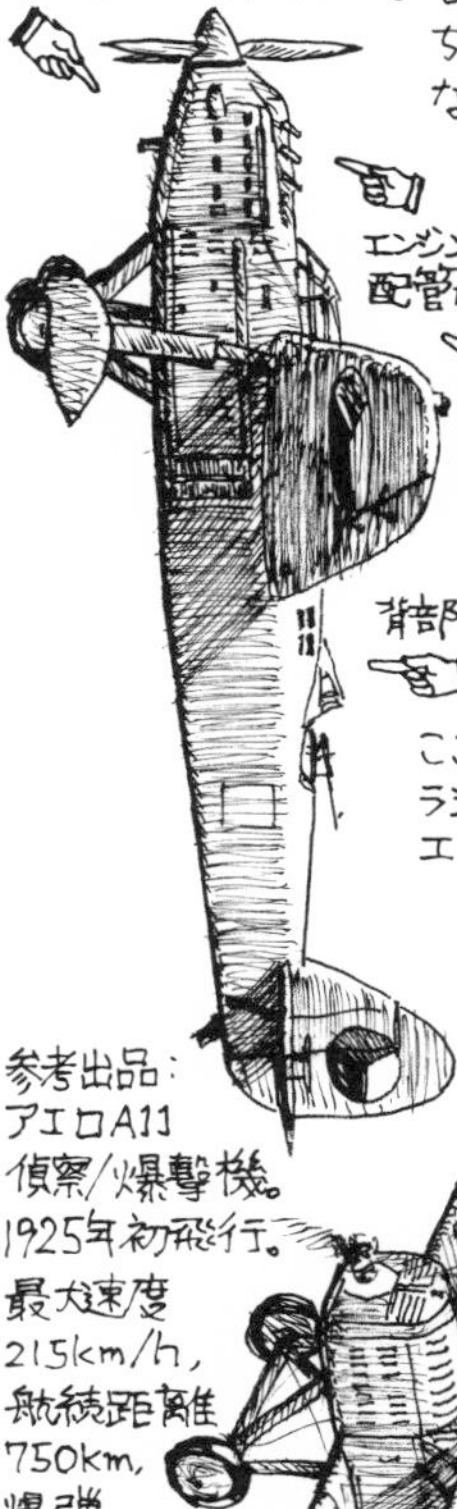

エンジン〜ラジエーターの配管が外づけ。

キャノピーが高くなった。

背部銃座にはさすがに風防がついた。

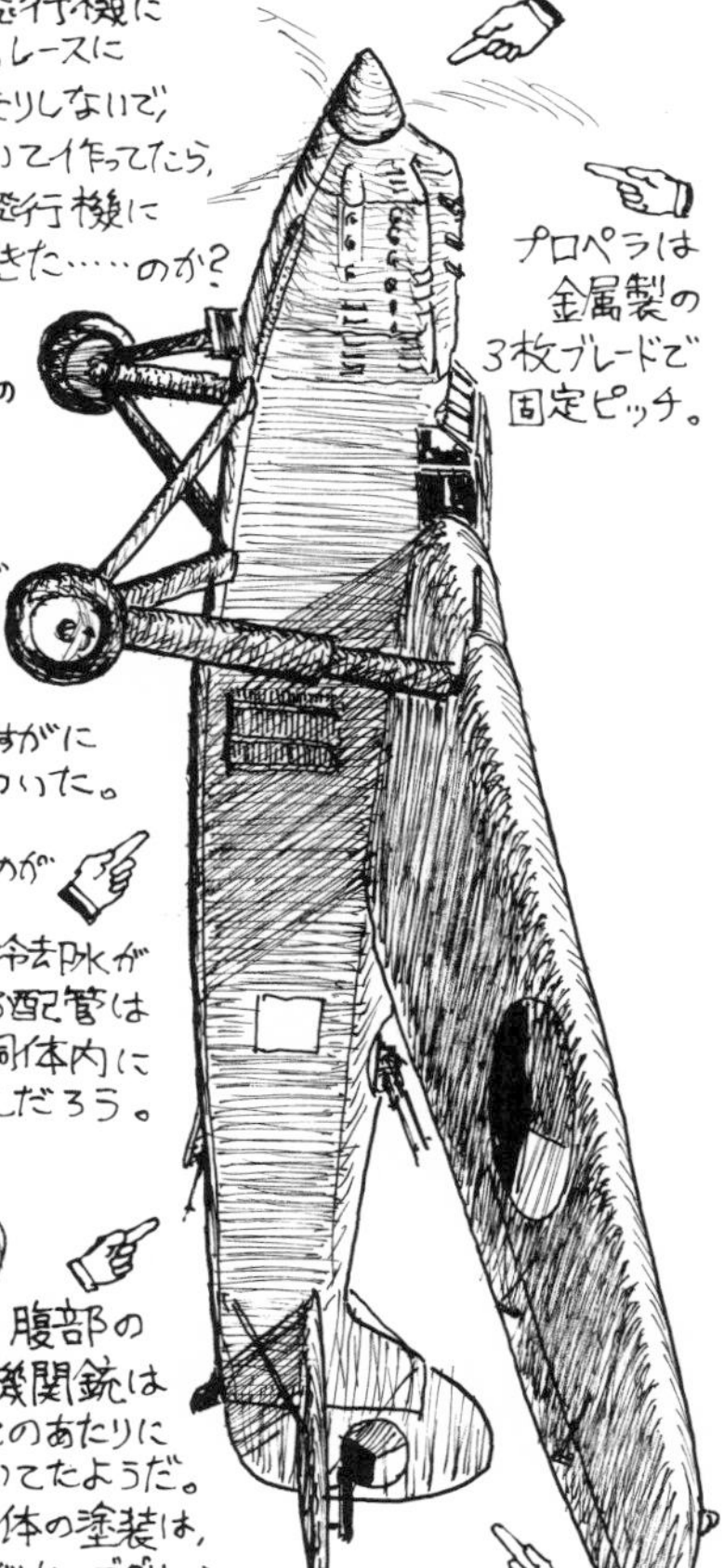

プロペラは金属製の3枚ブレードで固定ピッチ。

ここについてるのがラジエーター。エンジンからの冷却水が往復する配管は胴体内にあるんだろう。

参考出品：アエロA11偵察/爆撃機。1925年初飛行。最大速度215km/h、航続距離750km、爆弾200kg搭載。250機ぐらい作られて、チェコスロヴァキア空軍で長く使われた。

腹部の機関銃はこのあたりについてたようだ。

機体の塗装は、上面がオリーブグリーン、下面がライトブルーなのかライトグレーなのか、そんな感じ。胴体後部側面に白い四角を描いてるが、1930年のレースのときは白で1号機は「12」、2号機は「11」のナンバーを書いてたようだ。

日本軍でいえば九〇式〜九三式あたりの時代だから、A42はかなり先進的な機体だった。A42が成功してたら、ヨーロッパの他の国々でも単葉の爆撃機の開発が加速してたかもしれない。

１９２８年、チェコスロヴァキアの飛行機メーカー、アエロ社は自主計画で新型爆撃機を開発しようとした。

そもそもチェコスロヴァキアは第1次世界大戦が終わった１９１８年にオーストリア‐ハンガリー帝国から独立して出来た国で、海に面していなかったけど、「空は我が国の海洋」というモットーの下、国防のためには航空戦力が重要と考えていた。それに独立以前から機械工業が盛んで、小さい国ながらアエロ社やアヴィア社、レトフ社と有力な飛行機メーカーもいくつかあって、独力で戦闘機や爆撃機を開発、生産してた。

そんなわけで１９２０年代のチェコスロヴァキア空軍は小国ながら一応充実した航空戦力を持っていた。まあ、空軍といっても陸軍の航空部門だったから「陸軍航空隊」なんだろうけど、話が早いからここでは「空軍」としておこうか。

そのチェコスロヴァキア空軍の爆撃機は、いずれも複葉単発の偵察機兼用の複座機ばかりだったが、当時のヨーロッパにあってそれほど時代遅れとか見劣りするような機体じゃなくて、レトフＳ‐16は１１５機生産されて、ラトヴィアやトルコにも輸出されたし、アエロＡ11は２５０機も作られて、それなりに成功していた。

とはいってもそろそろもっと新しい高性能の爆撃機が必要になるはず、と考えたアエロ社が開発したのはかなり野心的な機体だった。そのアエロＡ42は高翼の単葉、単発で3座、エンジンにはチェコスロヴァキアのプラガ社でライセンス生産した、イタリアのイソッタ・フラスキーニ・アッソ１０００ＲＶ水冷Ｗ型18気筒８００hpを装備する。さすがに固定脚だが、主翼は斜め支柱とかのない片持ち式で、つまりは余計な空気抵抗の少ない、この頃としてはえらく洗練された外形だった。

主翼の構造は木製骨組みに合板張り、その上にさらに羽布を貼って強度を高めてた。胴体と尾翼は鋼管骨組みに羽布張りという構造だった。

その胴体の側面、主翼の下の両側にラジエーターが装備された。乗員３名は、操縦士と爆撃／航法手がコクピットに並んで座って、胴体後部に銃手／無線手が乗る。目標に近付いたら爆撃手はコクピットから下の爆撃照準席に降りていって、腹ばいになって爆弾を投下する。

爆弾倉は胴体中央部の中にあって、50㎏爆弾を８発と20㎏爆弾を８発搭載できて、さらに胴体腹部の両外側に２００㎏までの爆弾を取り付けられた。つまり爆弾搭載量は最大で９６０㎏になって、これは当時の爆撃機としてはかなりのものだった。防御武装は胴体背部の銃座に旋回式７・92㎜連装機関銃と、胴体腹部にもう１門旋回式が装備されてて、機首左側上部に前方固定の７・92㎜機関銃１門が付く。

アエロ社ではこのＡ42の製造が急速に進められて、１９２９年には初飛行したという。実は１９３０年に、チェコスロヴァキアとルーマニア、ポーランド、それにユーゴスラヴィアの４ヵ国の飛行レースが開催されるので、Ａ42はそれに出場するために開発と製造を急いだのだった。Ａ42はこの１９３０年８月のレースに２機が出場、他の国々の参加機が複葉機ばかりのなかで、その斬新さと性能も当然際立ってたはずだった。ところがＡ42は８位と12位で終わっちゃった。チェコスロヴァキアとしてはこの成績は大いにがっかりだった。

それでもレースの後でＡ42は搭載量１０００㎏で距離１０００㎞を平均２５３㎞／ｈで飛ぶとか、いくつか世界速度記録を樹立して、やっぱりちゃんと性能が良いことを示した。この性能に対して、周辺国に脅威を与えるものだとドイツが抗議するということもあった。

で、Ａ42は１９３１年からいよいよ爆撃機として軍のテストを受けることになった。しかし性能は良いはずだったんだけど、爆撃機としてはおよそ使い物にならなかった。

まず離着陸距離が長すぎた。方向舵の効きが悪くて横滑りができないんで、爆撃進入の針路を調整できない。高速で飛ぶと尾翼が振動する。コクピットの視界が悪いうえに、狭すぎて非常時に脱出するのが難しいし、爆撃手はパラシュートを外さないと爆撃照準席に下りていけない。しかもパイロットとの通信手段が無いんで、爆撃手はパイロットの足をつついて合図するしかない。後部の連装機銃は抵抗が大きくて高速時には動かせないし、低速時でも下を向けられなかった。腹部の機関銃は射界が狭すぎて役に立たない。どうも１９３０年のレースに間に合うように開発を急いだのが悪かったようだ。アエロ社は2号機のコクピットを開放式にして視界を改善しようとしてみたが、かえって飛行特性が悪くなったりした。

チェコスロヴァキア空軍は、機体を抜本的に改良して主翼を全金属製にするＡ42ｂを27機発注してくれた。アエロ社は金属製の主翼を作るのにドイツのロールバッハ社の協力を仰いだが、なにしろ改良すべき問題点がたくさんありすぎたし、しかもロールバッハ社が倒産して金属製主翼を作る目途が立たなくなった。

これでＡ42の命運は尽きて、Ａ42ｂの発注は取り消しになった。試作機2機のうち、１機はしばらくテストとかに使われたらしいが、１９４０年にはスクラップになって消えたようだ。

イラストで見る 航空用語の基礎知識 basic knowledge ☞ 小協商

「小協商」というのは、1921年にチェコスロヴァキアとユーゴスラヴィアルーマニアの3国の間にできた同盟関係の、いわば「あだ名」。第1次大戦前の英仏露の「3国協商」の小国版だから、「小協商」というわけだ。

1930年のチェコスロヴァキアとユーゴスラヴィア、ルーマニア、それにポーランドの4カ国飛行レースは「小協商エアレース」と呼ばれてた。

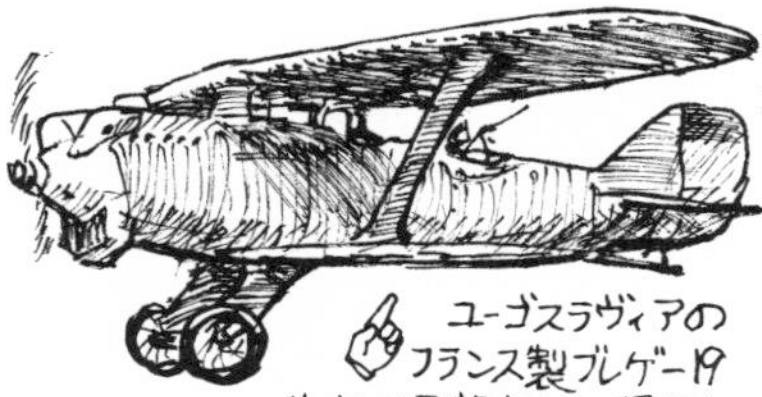

ユーゴスラヴィアのフランス製ブレゲー19偵察/爆撃機が優勝。

この3国はオーストリア-ハンガリー帝国から独立してできた国で、ハンガリーが領土を取り戻そうとするのを防ぐため、「小協商」の同盟関係になった。ポーランドも第1次大戦後に、ドイツやロシアから独立を回復してる。

チェコスロヴァキアのレトフS616。S16の改良型で、アエロA42とともに「小協商レース」に出場、こっちは2位に食い込んだ。

「小協商レース」は速度だけじゃなくて、高度や航法、離距離も競う複雑なルールだった。

だから複座機が参加してた。

これら4カ国の航空技術や空軍のデモンストレーションの場でもあったのだな。

ポーランドのルブリンR.XIII偵察/爆撃機。レースじゃ最下位だった。

レースに関係ないけど、1930年初飛行の、ルーマニアのIAR CV11試作戦闘機。

……しかしこれら4国はその後、苦難の歴史をたどることになるのだった。

File No. 26

試験と実験とテストの末に

サロー A.33

Saro A.33

全幅：29.0m
全長：22.9m
全高：6.9m
初飛行重量：14,288kg
設計最大重量：18,824kg
エンジン：ブリストル・パーシュースXII
　空冷星型9気筒(830hp)×4基
最大速度：322km/h
巡航速度：250km/h
実用上昇限度：4,352m
航続時間：12時間
兵装：爆弾907kg(翼下吊り下げ)
　ブローニング7.7mm機関銃(単装あるいは連装)を
　機首と尾部の動力銃座に
　ヴィッカース7.7mm機関銃×2挺(胴体背部)
乗員：7名

ショート・サンダーランド。サロ－A33と同じR.2/33要求仕様で作られて、1938年6月から部隊配備を始めて、船団護衛や対潜哨戒に立派に働いた。撃沈したUボートは26隻にのぼる。生産機数は約750機。

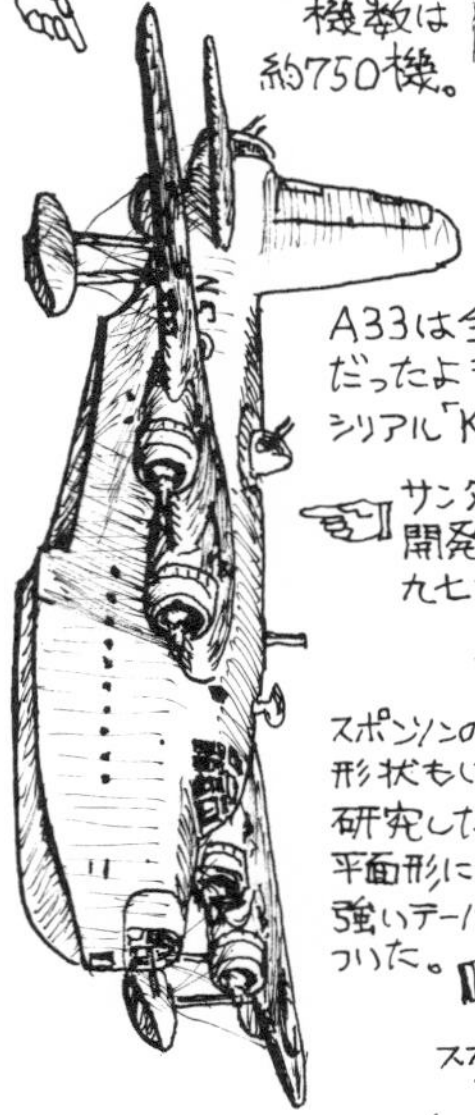

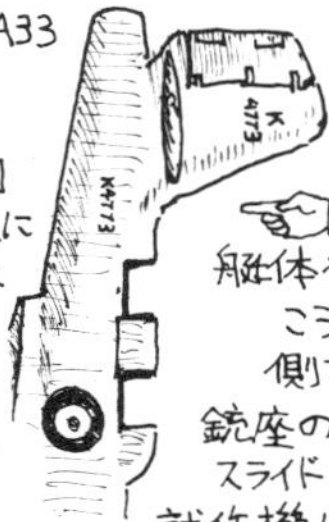

A33の艇体後部はこうなってて、側方射撃用銃座のカバーがスライドして開く。試作機には尾部銃座は装備されなかった。

サロ－A33試作飛行艇。主翼も艇体もスポンソンもサロー社はずいぶん手間ヒマかけて開発したのに、結局甲斐なく終わってしまった。

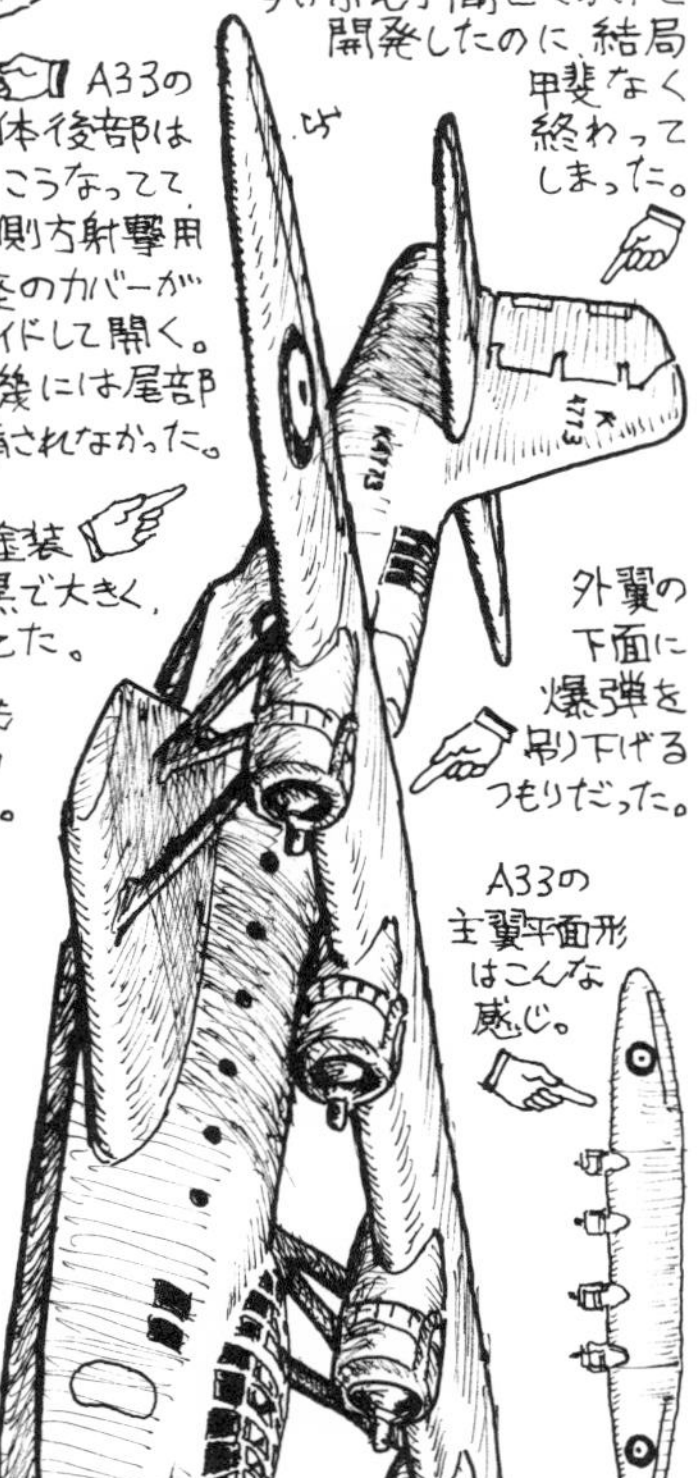

A33は全面シルバーの塗装だったようで、主翼下面に黒で大きく、シリアル「K4773」を書いてた。

外翼の下面に爆弾を吊り下げるつもりだった。

サンダーランドもA33も開発時期は日本の九七式大艇に近い。

スポンソン正面

スポンソンの形状もいろいろ研究した。平面形には強いテーパーがついた。

スポンソン平面形

A33の主翼平面形はこんな感じ。

サロー社の次回作、ラーウィック。1938年初飛行して、1939年12月から部隊配備されてたけど、安定性も失速特性も悪くて。事故が多くて、つまり全然ダメだった。作られたのは21機だけで、1942年に退役した。

A33は日本の九七式大艇と同じくパラソル翼だけど、九七式大艇は艇体と主翼を2組のΛ形支柱でつないでたのに対し、A33はその支柱がなくて、スポンソンからのN形支柱だけ。抵抗を減らしたかったんだろうな。

A33は初飛行から11日後の5回目の飛行に離水するときに壊れちゃったから、性能や飛行特性のテストも途中で終わっちゃった。

１９３３年のこと、イギリス空軍は新型の大型４発飛行艇を求めることにした。イギリスじゃ飛行艇も海軍じゃなくて、空軍の管轄だったのだな。

当時のイギリス空軍の大型飛行艇は、双発のスーパーマリン・サザンプトン／スカパとか、３発のブラックバーン・アイリスやショート・ラングーン、４発機のショート・シンガポールで、どれも第１次世界大戦の頃の飛行艇の正常進化型の複葉機で、巡航速度は１６０km／h前後、航続時間は最大で７時間程度、航続距離も１０００kmとか１７００kmとかそのぐらいの性能水準だった。単葉の飛行艇としてサロー・クラウドっていうのがあったけど、これは小型で機数も少なくて、主力機じゃなかった。

そんな状況に、イギリス空軍としてはこの先のことを思うと、もっと新しくて高性能の飛行艇を作っておきたくなったのだった。そこで航空省は飛行艇メーカー２社、ショート社とサロー社に対してR.２／33要求仕様を提示した。

これに応えて、ショート社はすでに開発中だった旅客飛行艇エンパイアを基に４発飛行艇S.25案を出し、サロー社もA.33案を提出、１９３４年にどちらも試作発注をもらった。ショートS.25は背の高い艇体に高翼配置、翼端フロートを装備する堅実な設計だったが、サロー社のA.33はいろいろ特徴の多い機体だった。

まず主翼は艇体から離れて高い位置にあるパラソル翼だった。こうすれば艇体の背を低くして抵抗も重量も減らせる。主翼には空冷星型９気筒のブリストル・パーシュース・エンジン４基を装備する。

その主翼の構造がまたA.33の特徴のひとつで、桁が１本だった。ショートS.25は普通の２本桁で、桁の間をたくさんのリブでつないで頑丈にしてるんだが、A.33はその桁が１本、桁とリブはワイヤーで締めて強度を持たせて、外皮は羽布張りだった。こうすれば主翼の構造重量も軽くできる。

この単桁構造は、スイス人の航空技術者ヘルムート・J.スティーガーが考えたもので、ジェネラル・エアクラフト社がこれを採用した双発小型旅客機「モノスパー」をそれなりに成功させていた。サロー社は１９３１年からこの単桁構造を大型飛行艇に使おうと、クラウド双発飛行艇に単桁構造の主翼を取り付けてテストしていた。

胴体は金属モノコック構造で、機首と尾部に動力銃座が付いて、後部上面はちょっと盛り上がって、そこに側方を撃つための旋回式の機関銃２挺が付いた。乗員は正副操縦士に機関士、無線士、それに３名の銃手で合計７名だった。

その艇体の左右に張り出したスポンソンで水上の横安定を得る、というのもA.33の特徴だった。この方が翼端フロートより空気抵抗も少なく、横安定も確実だと考えたようだ。そしてこのスポンソンから斜めに立ち上がるN字型の支柱で主翼を支える。艇体と主翼は直接結合していないのだ。そうまでして抵抗を減らしたかったんだろうけど、素人目には果たして強度が足りるのか、ちょっと気がかりではある。

試作発注をもらったサローA.33は、艇体の水上での特性を調べるのに水槽試験をしたり、主翼の実大試験体を作って強度を確認したり、開発に時間を食って、試作機（シリアルK４７７３）の製造が始まったのは１９３６年10月のことだった。さらにスポンソンの形状を決めるのにサロー・クラウドを改造してテストをして、A.33試作機は１９３８年９月にやっと完成した。ショートS.25は１９３７年10月に初飛行、この頃にはすでにサンダーランドの名で量産発注も得ていた。旅客飛行艇っていう基があったから、開発も早く進んだのだ。

サローA.33は早くテストを進めようと焦りながら、10月には水上滑走試験を開始した。そこでは高速滑水中に機首が上下する「ポーパシング」の癖が現れた。模型での水槽試験で解決できたはずだったので、技術陣もこれには困ったようだが、とにかくテストしながら改善していこうということになった。サンダーランドに先を越されてるんで、模型実験に戻ってる時間がないのだ。

サローA.33は１９３８年10月14日に初飛行に成功した。飛んでる時は尾翼が多少振動するぐらいでたいした問題はなかったそうだ。しかし25日、第５回目の飛行への滑水中、A.33は船の航跡の波にぶつかって激しいポーパシングを起こし、跳ね上げられ、そのまま失速状態になって操縦不能のまま海面にぶつかった。

その衝撃で主翼が折れた。右翼が内側エンジンのところからねじれて前に倒れ、内側エンジンのプロペラが艇体とスポンソンを切り裂いた。A.33の主翼構造と、艇体との結合は海面に墜ちた衝撃に耐えられなかったのだ。

幸い乗員に怪我はなく、浸水もしなかったが、これだけ損傷しては修理しても引き合わない。A.33は廃機となって、もちろん空軍に採用されることもなかった。

サロー社はA.33の失敗にがっかりしたが、すでに新型双発飛行艇の開発に取りかかっていて、そちらは採用の見込みが大きかったので、なんとか気を取り直すことができた。その双発飛行艇ラーウィックがどうにもこうにもダメな飛行艇になったのは、また別の話だ。A.33と同じ要求仕様のサンダーランドは第２次世界大戦で目覚ましい働きをするのも、やはり別の話だな。

イギリス空軍の大型飛行艇

1930年代前半のイギリス空軍飛行艇というと、たとえばこの双発のスーパーマリン・サザンプトン。1925～33年にMk.IとII合わせて66機が作られて、1936年まで使われた。

その発展型がサザンプトンIV、改名してスカパ。1932年に初飛行して、14機が作られた。

3発のブラックバーン・アイリス。実用型アイリスIIIは1929年初飛行、4機が作られた。これの近代化発展型がブラックバーン・パース。

民間旅客飛行艇のショート・カルカッタの軍用型、ラングーン。1930年初飛行、6機作られて、地中海～中東で使われた。これも3発。

4発飛行艇ショート・シンガポールIII。原型シンガポールIは1926年初飛行、R.3/33仕様の実用型シンガポールIIIは1934年に初飛行して、37機が作られた。

エンジンは前後2基×2という配置。

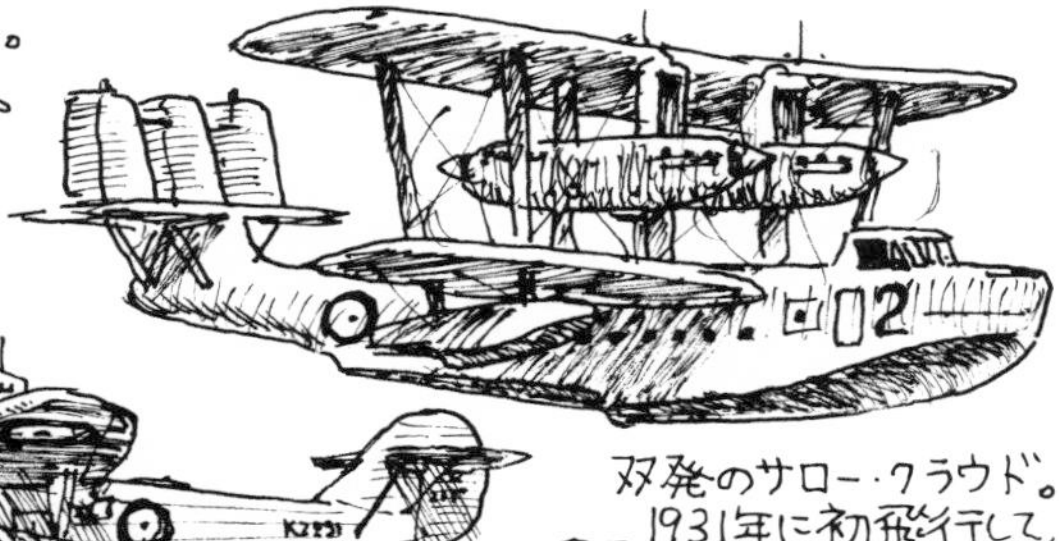

双発のサロー・クラウド。1931年に初飛行して、空軍は16機を採用、練習機として使った。単葉だ。

File No. 27

固定脚から引込み脚、フロートへ

IMAM Ro51

IMAM Ro51

全幅：9.8m
全長：7.5m
全高：2.7m
自重：1,663kg
総重量：2,092kg
エンジン：フィアットA74R38
　　　　空冷星型14気筒（828hp）×1基
最大速度：489km/h
実用上昇限度：9,000m
航続距離：1,200km
武装：12.7mm機関銃×2挺
乗員：1名
（データは1号機改修後）

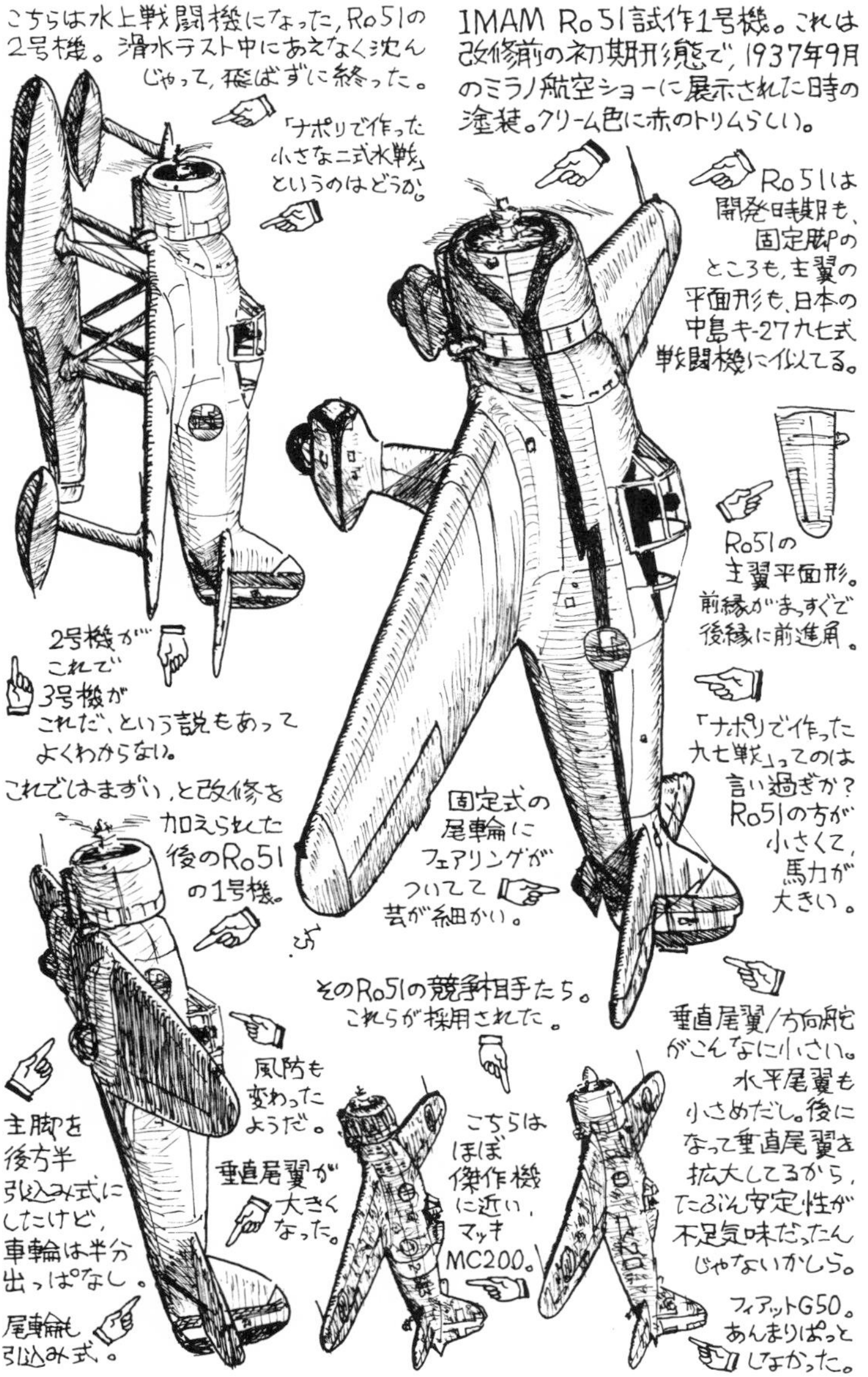

こちらは水上戦闘機になった、Ro51の2号機。滑水テスト中にあえなく沈んじゃって、飛ばずに終った。

IMAM Ro51試作1号機。これは改修前の初期形態で、1937年9月のミラノ航空ショーに展示された時の塗装。クリーム色に赤のトリムらしい。

「ナポリで作った小さな二式水戦」というのはどうか。

Ro51は開発時期も、固定脚のところも、主翼の平面形も、日本の中島キ-27九七式戦闘機に似てる。

Ro51の主翼平面形。前縁がまっすぐで後縁に前進角。

2号機がこれで3号機がこれだ、という説もあってよくわからない。

「ナポリで作った九七戦」ってのは言い過ぎか？Ro51の方が小さくて、馬力が大きい。

これではまずい、と改修を加えられた後のRo51の1号機。

固定式の尾車輪にフェアリングがついてて芸が細かい。

そのRo51の競争相手たち。これらが採用された。

垂直尾翼/方向舵がこんなに小さい。水平尾翼も小さめだし。後になって垂直尾翼を拡大してるから、たぶん安定性が不足気味だったんじゃないかしら。

風防も変わったようだ。

主脚を後方半引込み式にしたけど、車輪は半分出っぱなし。

垂直尾翼が大きくなった。

こちらはほぼ傑作機に近い、マッキMC200。

尾車輪も引込み式。

フィアットG50。あんまりぱっとしなかった。

時は１９３６年、ヨーロッパじゃ全体主義で独裁国のナチス政権のドイツやファシスト政権のイタリアと、フランスやイギリスなど民主主義の国々の間の緊張が高まって、次第に新たな戦争の気配が強まりつつあった。イタリアはこの年に大々的な空軍増強計画、「Ｒ計画」というのを開始した。この計画では空軍の飛行機を３０００機に増やそうというもので、まあ当時のイタリアのことだから爆撃機の増強が中心なんだが、それとともに新型戦闘機の開発と配備も目指された。この頃のイタリア空軍の戦闘機は、複葉のフィアットＣＲ30〜32が主力で、次の世代の戦闘機の試作機として１９３５年に初飛行したＣＲ41も、また複葉だった。

しかしドイツやフランス、それにイギリスじゃすでに単葉引込み脚の戦闘機が実戦配備され始めていて、ヨーロッパの戦闘機は新しい性能水準へと跳躍しようとしていた。

戦闘機といえば格闘性能、運動性の良い複葉機で視界の良いオープンコクピットの戦闘機が大好きなイタリア空軍も、さすがにこれからは単葉引込み脚の戦闘機が必要だと考えたのだな。

このＲ計画に沿っていろんなメーカーが試作機を作ることになった。大手のフィアット、マッキをはじめ、レッジアーネにＡＵＴ、カプロニ・ヴィゾラ、それにＩＭＡＭ社だ。

このＩＭＡＭ社は「メリディオナリ機械／航空機工業」の略で、イタリア南部のナポリに工場があった。元は鉄道車両の会社で、１９２３年に航空機部門を作ってオランダのフォッカー社の飛行機をライセンス生産を始めた。それがロメオ社という会社に買収されて、１９３６年にＩＭＡＭ社という名前になったのだった。ＩＭＡＭ社は１９３２年の３座偵察機Ｒｏ30以来、Ｒｏ37複座偵察機、単座の練習戦闘機Ｒｏ41、水上偵察機Ｒ ｏ43と、いずれも複葉で実用的で地味な機種の飛行機を作って、空軍と海軍に採用されてきた。そのＩＭＡＭ社が１９３６年のＲ計画で試作したのがＲｏ51だ。ＩＭＡＭ社にとっては初めて作る戦闘機であり、初めて作る単葉機でもあった。ちなみにＲｏは親会社のロメオ社の頭文字だな。

　Ｒｏ51は低翼単葉、エンジンは空冷星型14気筒のフィアットＡ74Ｒ38、８４０hpで、脚は固定脚、スパッツが付く。構造は胴体が鋼管骨組みにジュラルミン外板張り、主翼は木製の桁とリブで、外板は樹脂処理した合板だった。尾翼は鋼管骨組みに羽布張り、水平尾翼には下面に支柱、上面には張線があった。コクピットは密閉式で、武装は12・7㎜機関銃が2門、銃口はカウリングの前面の中心線よりちょっと下のあたりにあった。

　Ｒｏ51の見た目は、水平尾翼が小さめで垂直尾翼がかなり小さい以外はまともな低翼単葉固定脚戦闘機だった。しかし同じＲ計画の戦闘機でも、フィアット社のＧ50もマッキ社のＭＣ２００も全金属製、ＭＣ２００は胴体がモノコック構造だった。しかもどちらも引込み脚で、それに比べるとＲｏ51はいろいろ保守的だった。

　そのかわりＲｏ51はフィアットＧ50やマッキＭＣ２００よりも機体がちょっと小柄で、機体重量も軽かった。Ｇ50もＭＣ２００もエンジンはＲｏ51と同じフィアットＡ74Ｒ38だから、Ｒｏ51は固定脚で抵抗が増えた分を小ささと軽さで補うつもりだったのかもしれないな。

　Ｒｏ51の1号機は１９３７年の前半に初飛行した。フィアットＧ50はこの年の2月に飛んで、マッキＭＣ２００も12月に初飛行した。Ｒｏ51の初飛行は遅くはなかったが、Ｒｏ51は最大速度が遅かった。４６６㎞／ｈしか出ないのだ。同じエンジンでＧ50は４７３㎞／ｈ、ＭＣ２００は５０３㎞／ｈも出たからだ。

それにＲｏ51は安定性（たぶん方向安定）が悪くて、失速しそうになると片翼が急に落ちる「オートローテーション」の癖があった。オートローテーションはスピンの前駆症状で、スピンに入っちゃうと垂直尾翼の小さいＲｏ51だと回復が厳しかったんじゃないだろうか。

そこでＩＭＡＭ社はグイドニアの空軍飛行試験センターでの予備テストの後、Ｒｏ51を改修して、脚は後方引き上げの半引込み脚にした。つまり引込み時でもタイヤが半分出てるのだな。ついでに尾脚も引込み式にして、もちろん垂直尾翼も大きくした。これで最大速度は４８９km／ｈに向上して、フィアットＧ50にちょっと勝るくらいになった。安定性も少しはよくなってたかもしれない。

でもＭＣ２００はもっと速かったし、それにＲｏ51の木製の主翼だと、暑熱や湿気に弱いという心配もあったんだろう、Ｒｏ51は空軍の戦闘機としては不採用になってしまった。

そこにＲｏ51を海軍の艦載戦闘機、つまり戦艦や巡洋艦のカタパルトから発進する戦闘機にしてみようという話が来た。ＩＭＡＭ社はＲｏ51の試作2号機を単フロート付きの水上戦闘機として完成させた。垂直尾翼は改修1号機と同じく大型で、離着水時には両方の補助翼が下がって、フラップとして働くようになった。しかし試作2号機はブラッチアーノ湖での滑水テスト中に翼端フロートが水没、それに引きずられて機体も水面に突入して沈没してしまった。これで水上戦闘機計画も中止になって、Ｒｏ51は固定脚から引込み脚、フロート付き、どれも成功できずじまいだった。

イラストで見る
航空用語の基礎知識
basic knowledge

ＩＭＡＭ社

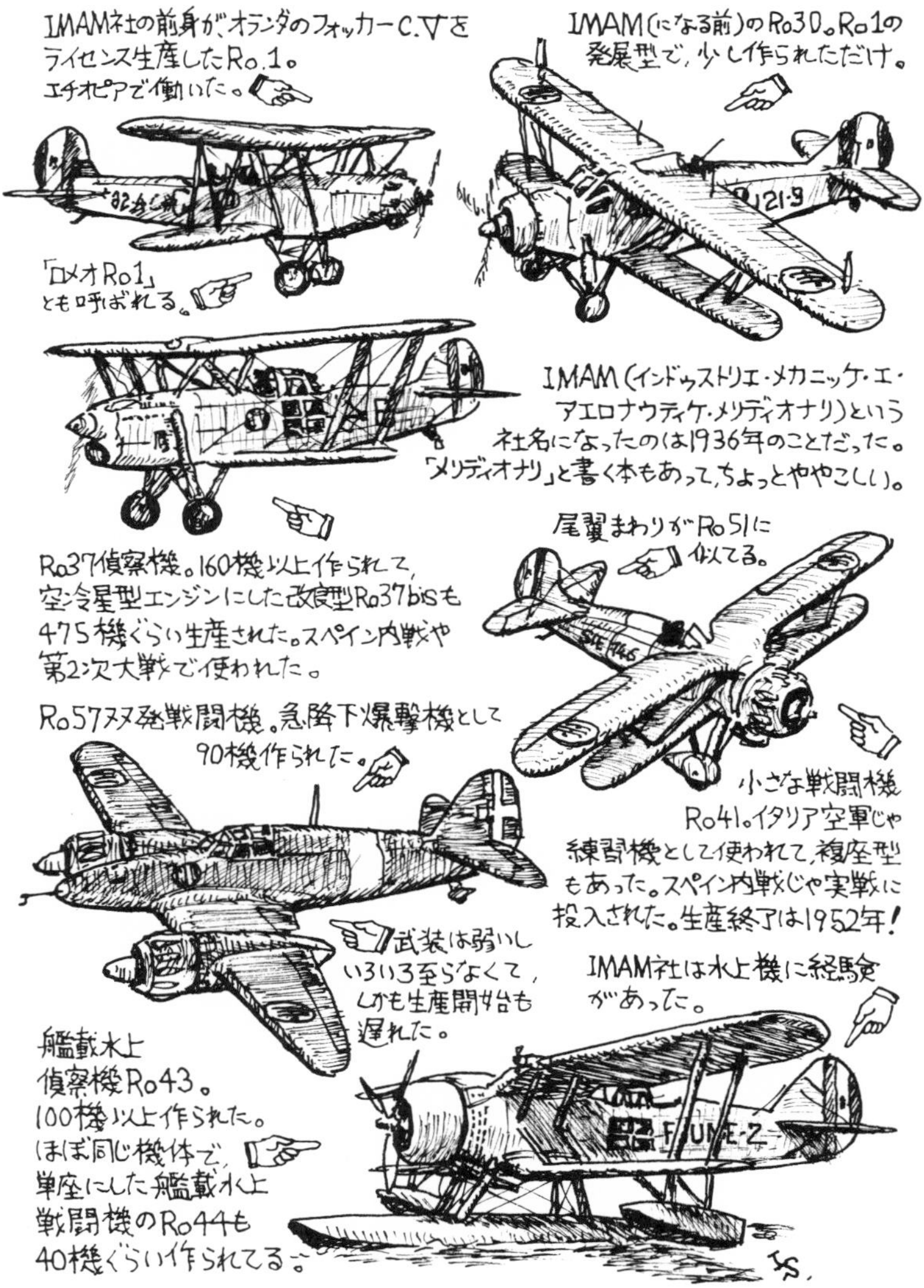

File No. 28

郵便屋さん、ちょっとこれは……

トーマス・モースMB-4

Thomas-Morse MB-4

全幅：13.9m
全長：7.7m
全高：3.4m
自重：1,612kg
総重量：2,524kg
エンジン：イスパノスイザ
水冷V型8気筒(300hp)×2基
最大速度：196.3km/h
航続距離：966km
乗員：2名

制式採用された最初のアメリカ国産戦闘機、トーマス・モースMB-3。

1920年代の映画「つばさ」で飛び回ってる。

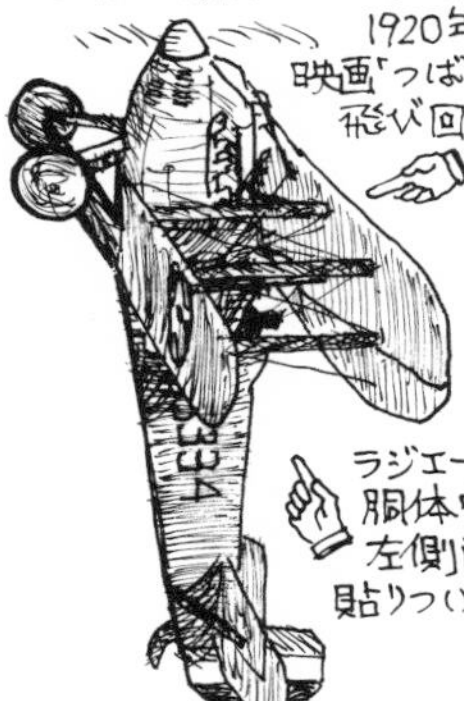

ラジエーターは胴体中央、左側面に貼りついてる。

MB-4の配置を、上翼を取っ払って上から描くとこうなってる。

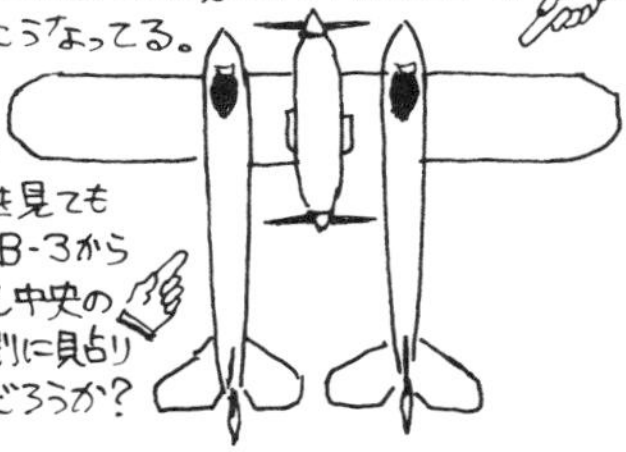

ラジエーターの位置が写真を見てもわからないけど、MB-3から類推すると、たぶん中央のエンジンナセルの両側に貼りついてたんじゃないだろうか？

前後のエンジンの振動が組み合わさって、ナセル全体を揺するような動きになって、機体に余計な荷重がかかったそうだ。

作った会社の工場のえらい人まで、「翼のあるものとして最悪」って言っちゃうくらいのトーマス・モースMB-4。1920年代初め、第1次大戦を経て、飛行機ってもののカタチや性能の定石みたいなもんが固ってきてはいたんだけど、やっぱりまだ飛行機も幼かった、っていうことなのかなあ。それにしてもなんでこうなったんだろうな？

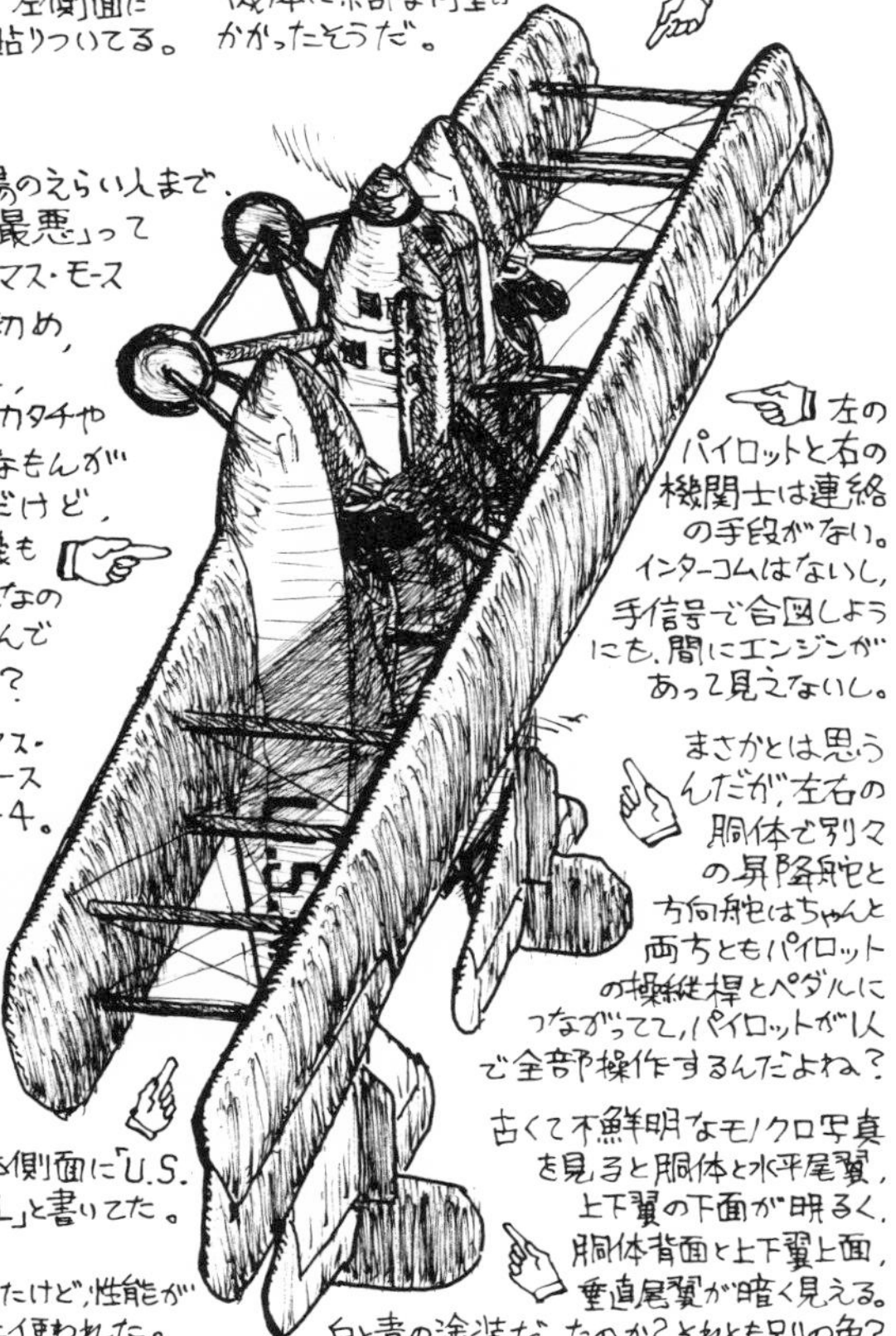

左のパイロットと右の機関士は連絡の手段がない。インターコムはないし、手信号で合図しようにも、間にエンジンがあって見えないし。

まさかとは思うんだが、左右の胴体で別々の昇降舵と方向舵はちゃんと両方ともパイロットの操縦桿とペダルにつながってて、パイロットが1人で全部操作するんだよね？

胴体側面に「U.S. MAIL」と書いてた。

古くて不鮮明なモノクロ写真を見ると胴体と水平尾翼、上下翼の下面が明るく、胴体背面と上下翼上面、垂直尾翼が暗く見える。白と青の塗装だったのか？それとも別の色？

トーマス・モースS-4。

戦闘機のつもりで作ったけど、性能が物足りなくて、練習用に使われた。

第１次世界大戦が終わった翌年の１９１９年、アメリカ郵政省は郵便物を運ぶ飛行機、つまり郵便機を作らせようと入札を呼びかけた。アメリカでは１９１１年に初めて郵便を飛行機で運んで、１９１８年には単発で単座のスタンダードＪＲ−１Ｂという郵便輸送専用の機体を使って定期便も始まってたけど、まだ運べる量も小さかったし、何度も着陸しなくちゃならないし、飛行速度もたいしたことないんで、配達速度も遅かった。そこでもっとたくさんの郵便物を速く遠くに運べる飛行機が必要だと考えたのだった。

郵政省の要求だと、エンジンは４００hpのリバティ・エンジンか３００hpのイスパノスイザ・エンジンの双発か３発で、エンジン１基あたり６８０kg（１５００ポンドだな）の郵便物を運べることが求められて、採用されれば10機を発注するつもりだった。第１次世界大戦の後で、軍用機の発注が大きく減っちゃった飛行機メーカーにとっては、これはいい商売の機会だった。

それに応えたメーカーのひとつが、トーマス・モース社だった。この会社の前身トーマス・ブラザース社はウィリアム・Ｔ．トーマスとオリヴァー・Ｗ．トーマスの２人のイギリス人兄弟が１９０９年に設立して、それが１９１７年にモース・チェーン社という会社の傘下に入ってトーマス・モース社となった。トーマス・モース社は１９１７年に陸軍向けに戦闘練習機のＳ−４シリーズを作って、これは６００機以上生産された。さらに１９１８年のＭＢ−３は陸軍に採用されて、アメリカ最初の国産戦闘機となった。でもトーマス・モース社へのＭＢ−３の発注は50機で、それに続く改良型ＭＢ−３Ａの２００機の生産発注はボーイング社に与えられて、トーマス・モース社は、せっかく設計したのに大口発注は他の会社にさらわれてしまったのだった。

さて、トーマス・モース社が郵政省の要求に沿って作ったのはＭＢ－４という機体だった。ＭＢ－４はもちろん複葉で、双発の双胴機だったんだが、ただ普通の双発双胴機ではなかった。

ＭＢ－４は中央のナセルの前後に、ライト社でライセンス生産したフランス設計のイスパノスイザＶ型８気筒３００hpエンジンを装備して、牽引式と推進式のプロペラを回す。このナセルには人は乗ってなくて、左右の胴体はＭＢ－３戦闘機の胴体の流用で、それぞれの先端にコクピットがあって、左にパイロット、右に副操縦士兼整備士が乗る。なにしろ当時の信頼性の低いエンジンだから、しょっちゅう整備したり調整したり面倒を見てやらなくちゃならないんで、整備士を連れて行く必要があったのだな。普通、双胴機というと左右の胴体というかブームが1枚の水平尾翼でつながってるものなんだが、ＭＢ－４はそれぞれ別の水平尾翼になってる。つまりＭＢ－３の胴体と尾翼をそのまんま使ってるのだ。さすがに上下の主翼は新設計だが、その平面形はＭＢ－３の主翼に似てる。郵便物は中央のナセルの前後エンジンの間と、左右胴体のコクピットの背後に積み込まれるようになっていた。

　トーマス・モース社がどうしてこんな配置にしたのか理解しにくいのだが、エンジンを前後に配置すれば、片方止まっても方向安定や操縦性の変化が小さいと考えたのかもしれない。あるいは普通の形式の双発機よりも機体をコンパクトにできて、そのぶん軽くなるという判断かもしれない。さらにはちょうどＭＢ－３の胴体が余ってたから、それを使ってやれという思惑だったのかもしれない。

　このトーマス・モースＭＢ－４がいつ初飛行したのかはっきりしないが、１９２０年の初めあたりから試験飛行を開始して、３月１日には郵政省へのデモンストレーションを行なったそうだ。しかしＭＢ－４はひどい飛行機だった。そもそもパイロットが左胴体に、機関士が右胴体に乗ってるんで、この両者の間で連絡が取れない。インターコムなんか無い時代のことで、爆音を上げるエンジン越しに会話ができるはずがなかった。もっとひどいのはエンジンの振動が大きくて、その振動で中央ナセルが振り回されて、機体に過大な荷重がかかってしまうことだった。おまけに燃料系統もうまく働かなかったし、左右の胴体の重量がなかなか合致しないんで、どちらか片方が先に離陸しちゃう、つまり離陸時に機体が傾くという現象まで現れた。

このありさまに、トーマス・モース社の工場総監督のジェローム・フリードはＭＢ－４のことを「翼のあるものとして最悪」とまで言い切っている。１９２０年３月のデモンストレーション飛行を見た郵政省がどう評価したか知りたいものだが、残念、その記述は見当たらなかった。もちろんこんな飛行機だから、アメリカ郵政省も郵便飛行に使うわけがなかった。ＭＢ－４は１機だけしか作られなかったともいうし、２機作られて、少なくとも１機は政府の倉庫にしまい込まれて１９２１年にスクラップになったともいう。また別の資料では、アメリカ陸軍向けに３機が作られたそうで、よくわからない。

アメリカの航空郵便輸送なんだが、１９２０年代前半に主に使われたのは、イギリスの設計でアメリカでライセンス生産した元軍用のデハヴィランドＤＨ４を単座に改造した機体だった。１９２４年には郵便機が夜にも飛ぶようになった。１９２５年からは民間航空会社が郵便輸送を請け負うようになって、当時の郵便機パイロットのひとりは、後の１９２７年にニューヨーク～パリの単独無着陸飛行を成し遂げるチャールズ・リンドバーグだ。

イラストで見る航空用語の基礎知識 basic knowledge 郵便飛行（主にアメリカ）

アメリカで飛行機による郵便輸送の定期便が始まったのは1918年5月のことだった。最初に使われたのは、第1次大戦でたくさん作ったカーチスJN-4ジェニー練習機で、前席の場所に郵便物を収めた。

郵便機の主力を務めた、デハヴィランドDH4。第1次大戦中の爆撃機だ。

それに続いた、スタンダードJR-1B郵便機。これも原型は練習機で、飛行速度が遅くて、向かい風が強いと前に進めなくなっちゃったそうだ。

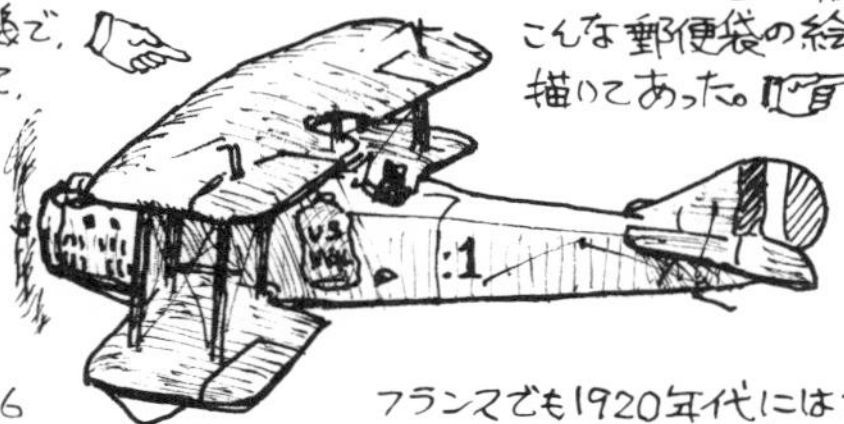

スタンダードJR-1Bの胴体側面には、こんな郵便袋の絵が描いてあった。

フランスのラテコエール26郵便機。

フランスでも1920年代には北アフリカへと航空郵便輸送が伸びていった。作家のアントワーヌ・ド・サン-テグジュペリも郵便機のパイロットで、その経験を「南方郵便機」や「夜間飛行」に書いてる。

ボーイング・モデル40旅客機。郵便も運んだ。

アメリカは1926年から民間会社に委託したけど、いろいろ問題が起きて、1934年に陸軍が郵便を運んだが、事故が多発して、すぐに民間に戻された。

陸軍のダグラスY1B-7爆撃機。郵便輸送中の事故で4機が失われた。

File No. 29

惑星のマグネシウム衛星

プラネット・サテライト

Planet Satellite

全幅：10.2m
全長：8.0m
全高：2.8m
自重：726kg
総重量：1,318kg
エンジン：デハヴィランド・ジプシークイーン32
空冷倒立直列6気筒(250hp)×1基
最大速度：335km/h
実用上昇限度：6,700m
航続距離：1,609km
乗員・乗客：5名

ジョン・N.D.ヒーナンの卓見と野心，錯誤と落胆，そしてウィスキーとマグネシウムの混合，プラネット・サテライト。一度もまともに飛ばないまま終ってかわいそうなので，飛んでる姿にして描きました。

ロビンソン社の軽飛行機レッドウィング。並列複座で，1930年代に12機作られた。ロンドン近郊クロイドンにあったレッドウィングの工場で，サテライトは製造された。

サテライトの機体の塗装は，どうやらライトブルーで，機首先端が白，胴体側面の◆型は赤だったようだ。

登録記号G-ALOIの「ALOI」は「合金」の「ALOY」にひっかけてるんだろう。

登録記号はおそらく主翼の上下面にも書かれてたはずなんだけど，それが見えるアングルの写真がないんで，絵には書きませんでした。

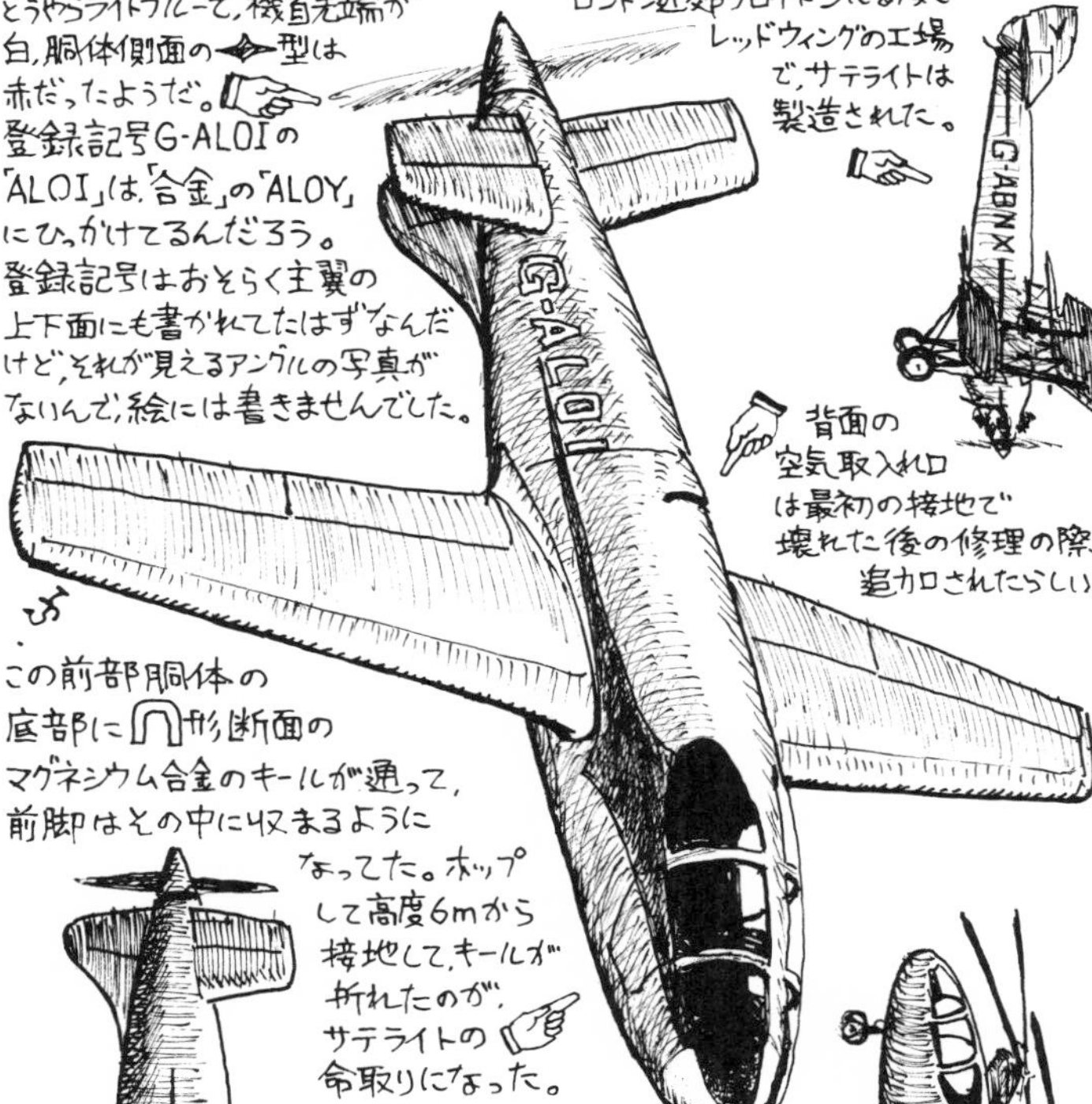

背面の空気取入れ口は最初の接地で壊れた後の修理の際に追加されたらしい。

この前部胴体の底部に∩形断面のマグネシウム合金のキールが通って，前脚はその中に収まるようになってた。ホップして高度6mから接地して，キールが折れたのが，サテライトの命取りになった。

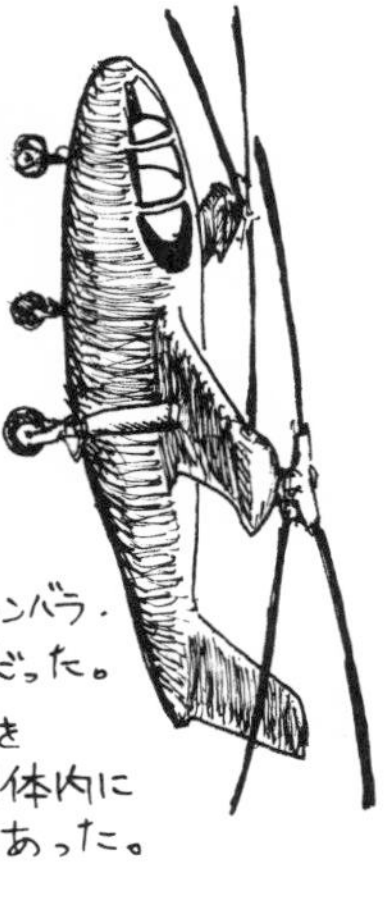

サテライト2号機(G-ALXP)のなれの果て，胴体を流用して作られたファースFH.01/4アトランティック。設計はヒーナンの会社HW&S社だったそうだ。

登録記号もまだない，1948年のファーンバラ・航空ショー出展時の姿。この時は未完成だった。

プラネット・サテライトが地上でドアを開けてるところ。主脚は前方に胴体内に引き上げられる。客室へのドアは両側にあった。

第2次世界大戦が終わると、アメリカとイギリスの飛行機に関わる人たちの、これからは自家用機がおおいに売れると思った人がたくさんいた。第2次世界大戦で多くの人々が飛行機を操縦、乗り組み、あるいは飛行機に運ばれたり、飛行機の整備に携わったりした。戦争前よりも飛行機は世間の人々にとってずっと身近になったし、自分で飛行機を持ちたい、飛ばしたい人もたくさんいるだろう、というわけだ。

そう考えたひとりが、イギリスのジョン・N.D.ヒーナン中佐という技術者だった。ヒーナンは第2次世界大戦中には航空省に所属して、アメリカのジェット機開発に関わったりもした人だが、それまで飛行機設計の経験はなかった。ヒーナンは大戦終結後にアメリカへ行って自家用機市場を観察して、安さと静かさがこれからの自家用機のセールスポイントでなくちゃいけないと考えた。

そこでヒーナンが構想したのは、客室の後ろにエンジンを置いて、延長軸で推進式のプロペラを回す配置だった。こうすれば客室にエンジンの騒音が届かないし、機首を抵抗の少ない形にすることもできる。これで軽くて丈夫、安い機体にするにはモノコック構造がよい。その材料にはアルミニウム合金じゃなくて、もっと軽くて丈夫にできるマグネシウム合金を使おう、というのがヒーナンの判断だった。

当時イギリスにはマグニージアム・エレクトロン社というマグネシウム合金を作る会社があって、軍需生産が縮小してマグネシウム合金の売り先を求めていた。この会社の親会社はウィスキー製造会社のディスティラーズ社で、ヒーナンはうまくディスティラーズ社から新型自家用機計画への出資を取り付けた。

こうしてヒーナンは新型自家用機を作る会社、プラネット社を設立した。プラネット社が作る自家用機の名前はサテライト。プラネットは惑星のことでサテライトは衛星という意味だから、ヒーナンの飛行機プラネット・サテライトは「惑星社の作る衛星」だな。まあイギリス人が飛行機につける名前だからしょうがない。

サテライトは低翼機で胴体は流線型、前席はパイロットともう１人、後席は３人乗りだった。エンジンは後部胴体にデハヴィランド・ジプシークイーン32空冷倒立直列６気筒２５０hpを置いて、延長軸で尾部の２枚ブレードのプロペラを回す。買い手が望めば１４５hpの倒立直列４気筒ジプシー・メジャー10にすることもできた。エンジンには冷却ファンが付いていて、機体の背面から空気を取り入れて、胴体下側から外に出す。

主翼にはフラップと補助翼が付いて、尾翼はＹ字型、引込み式の脚は当然３輪式で、主脚は胴体内に引込められるようになっていた。マグネシウム合金は捻れに弱いという説があったので、ヒーナンは主翼桁材を国立機関でテストしてもらって、充分な強度があることを確認した。ちゃんとマグネシウム合金には強度があったのだ、少なくとも主翼の桁材については。

胴体はもちろんモノコック構造、エンジンの交換などのために主翼後方で胴体後部は分離できるようになっていた。モノコック構造といっても胴体前部には客室や窓があるんで、その部分の強度を保つために胴体前部下側には逆Ｕ字型断面のマグネシウム合金製の強度材（フネでいうならキール、竜骨みたいなもの）が通っていた。

サテライトはロンドン近郊にあったレッドウィング社の工場で２機が試作されることになった。レッドウィング社は１９３０年代に可愛い複葉自家用機を作っていた会社だ。サテライトは完成間近の状態で１９４８年のファーンバラ航空ショーに出展されて、翌年の４月にイギリス航空局の登録記号Ｇ−ＡＬＯＩをもらって、いよいよ初飛行に向けてブラックブッシュ飛行場で滑走テストを開始した。テストパイロットのヒュー・J.ウィルソンは高速滑走テストをしながら、試しに機体を浮かせてみた。飛行するわけではなくて、ちょっと跳んでみただけですぐに着陸したが、その時に主脚が折れてしまった。

これでイギリスの航空局にあたる航空登録委員会はヒーナンに強度の見直しを求めて、サテライトは修理や改修に時間を取られたが、ほどなくテストを再開した。そしてウィルソンは高速滑走から機体を浮かせて、高度６ｍから着陸した。ちゃんと着陸したように見えたのだが、調べてみると前部胴体のキールが折れていた。マグネシウム合金材の強度が足りなかったのだ。主翼の桁は強度テストをパスしていたが、キール材も脚も強度を確認していなかったのだ。

もちろん航空登録委員会は強度の問題を解決しないかぎり飛行テストは認めない、とした。この改善には資金が必要だったが、出資元のディスティラーズ社はすでにかなりの金額を注ぎ込んでいて、もうこれ以上投資するつもりはなかった。金の切れ目が計画の切れ目、プラネット・サテライトはとうとうまともに飛ぶことなく終わってしまった。

2号機は未完成のまま、胴体は後にファース社という会社が計画したヘリコプター、ＦＨ-01／4アトランティックに流用されることになった。そのＦＨ-01も開発中にさまざまな難問にぶつかって、こちらも結局飛ばずじまいとなった。サテライト1号機は格納庫にしまい込まれて、１９５８年にはスクラップとして溶かされてしまった。

イラストで見る 航空用語の基礎知識 basic knowledge

イギリス人が飛行機につける名前

ホーカー「ハリケーン」とか。

どうしたわけだか、イギリス人って飛行機に名前をつけたがる。

ドイツ人やフランス人、イタリア人だと記号と番号で済ませちゃうのに。

飛行機の名前にするなら、強そうな、あるいは速そうな感じの単語がいくらでもあると思うんだが、イギリス人ときたらときどき妙な名前を付けることがある。

Bf109とか。

MS406とか。

MC200とか。

ブリストル社が1926年に作ったレース用機、タイプ99の名前なんか「バドミントン」だぞ、バドミントン。ブリストルとバドミントン、頭文字Bで合わせたかったのか？それでいいのか？

1918年のソッピーズ社の試作戦闘機8F.1は「スネイル」、カタツムリのことだ。戦闘機がカタツムリだ。

1939年に、飛行機用計器メーカーのリード＆シグリスト社が作った3座練習機R.S.1スナーガッシャーSnargasher。製造中に工員が内輪で呼んでたアダ名がそのまま機名になった。「スナーガッシャー」は意味が判然としない。辞書的に強いて言えばスコットランド方言で「痛めつける人」みたいだが、第1次大戦当時の俗語、あるいはカナダ俗語で、「練習機」のことだともいう。

1918年にアームストロング・ホイットワース社が1機だけ作ったアーマディロ戦闘機。つまりアルマジロだ。

File No. 30

こういうもんじゃないことはわかった

マーチンMO-1

Martin MO-1

全幅：16.2m
全長：11.7m
全高：4.1m
自重：1,560kg
総重量：2,243kg
エンジン：カーチスD-12
水冷V型12気筒（375hp）×1基
最大速度：164km/h
航続距離：750km
実用上昇限度：3,048m
武装：7.62mm機関銃×1挺
乗員：3名

アメリカ海軍が使ってみたら、「そうか、こういうもんじゃないんだ」と悟った、
艦載3座観測機マーチンMO-1。

金属構造で頑丈だから良いだろうと思ったら、大き過ぎて重くて、馬力不足で実用性に欠けてた。

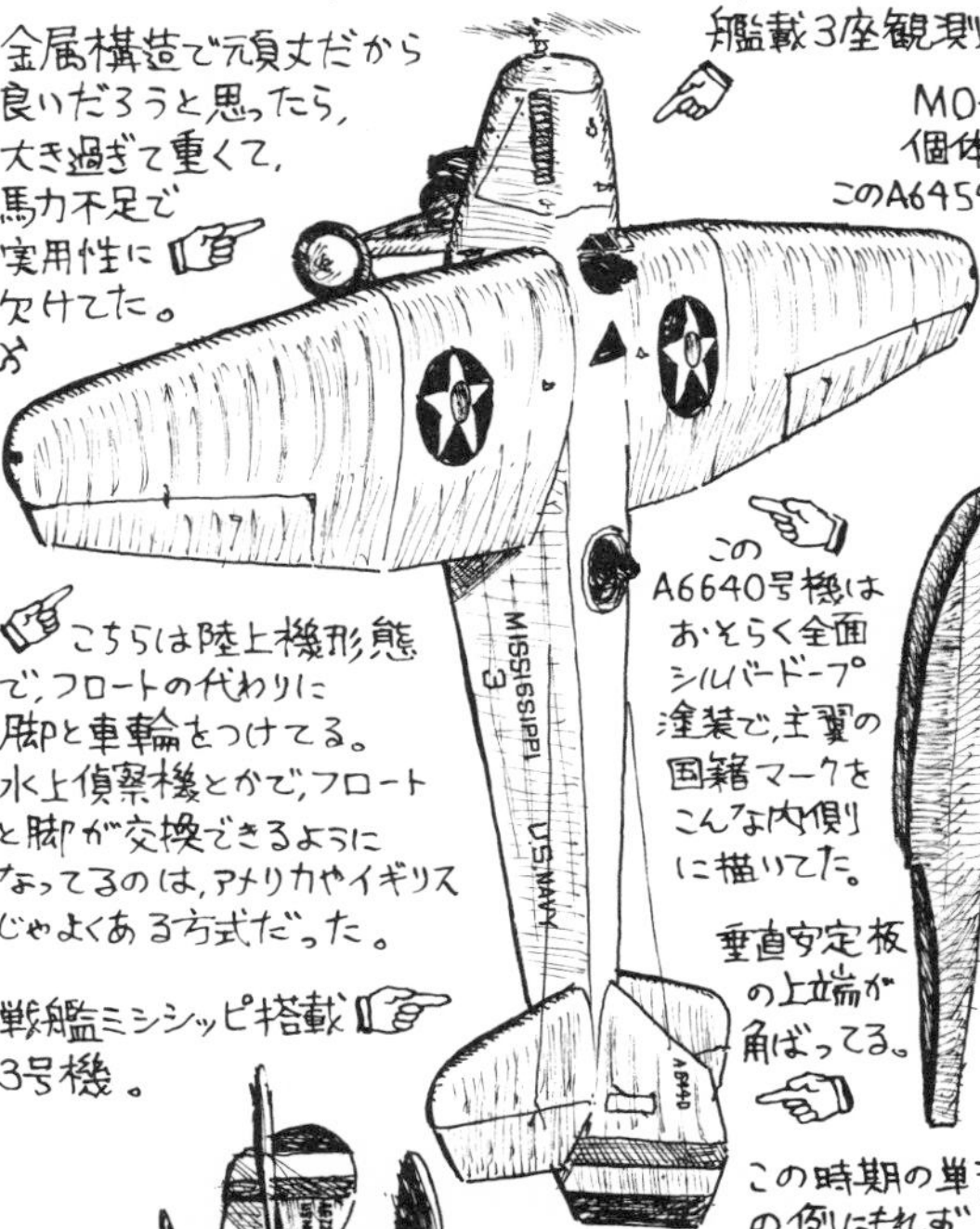

MO-1にはどうも細々した個体差があったみたいで、このA6459号機は、下のA6640と垂直安定板の形が違って、丸みがかってる。

このA6640号機はおそらく全面シルバードープ塗装で、主翼の国籍マークをこんな内側に描いてた。

こちらは陸上機形態で、フロートの代わりに脚と車輪をつけてる。水上偵察機とかで、フロートと脚が交換できるようになってるのは、アメリカやイギリスじゃよくある方式だった。

戦艦ミシシッピ搭載3号機。

垂直安定板の上端が角ばってる。

この時期の単葉機の例にもれず、主翼が厚い。

ヴォートVE-7H。VE-7は元々陸上練習機で、このVE-7Hは水上機型。

ヴォートUO-1複座観測機。MO-1よりこっちの方が実用性に優れてた。アメリカ海軍機の機種記号は、1922年にメーカー記号(M=マーチン、U=ヴォートとか)の次に用途記号(O=観測機)と定められたけど、早くも1923年に用途記号を先にするように改められた。

VE-7シリーズが、ヴォート社とアメリカ海軍の長いつきあいの最初だった。

１９２２年、アメリカ海軍は戦艦に載せる三座の弾着観測機を作ろうと考えた。すでに第1次世界大戦の頃から、アメリカ海軍じゃ軍艦に飛行機を積んでカタパルトで発進させて、対潜哨戒させたりもしていて、大戦後には戦艦の射撃の弾着を観測する飛行機を使い始めていた。最初の艦載観測機は、複葉複座でもともと練習機のヴォートＶＥ－７Ｈで、１９２２年にはその発展型のヴォートＵＯ－１が初飛行していた。でもどちらも木製骨組みで羽布張り構造だったから、カタパルトで射出する時の荷重で機体が傷んだりしやすかった。

そこでアメリカ海軍が新しく求めたのは金属製の観測機だった。これなら頑丈でカタパルトで打ち出しても大丈夫だ。その機体６機の発注を海軍は１９２２年４月にマーチン社に与えたんだが、実は当時のマーチン社はもしかしたら海軍から嫌われても仕方ない立場ではあった。それというのも陸軍航空隊のマーチン社製複葉双発爆撃機ＭＢ－２が、航空万能論者のビリー・ミッチェル少将によって、第1次世界大戦の賠償としてドイツからアメリカに引き渡された旧ドイツ海軍の戦艦オストフリースラントを爆撃で撃沈することに成功していたのだ。ミッチェル少将は海軍の戦艦建造よりも航空戦力の強化に予算を使うべきだと主張していたから、海軍にとってはこの撃沈実験は、まあ言ってみれば非常に不愉快なものだったはずだ。

そのＭＢ－２爆撃機のメーカーがマーチン社だったにもかかわらず、海軍は寛容にも新観測機を発注した。マーチン社は第1次世界大戦の敗戦国のドイツから、ユンカース博士の下で金属構造の飛行機の設計に携わっていたゲオルグ・H.マデルンク博士を雇い入れていたんで、海軍はその技術力に期待したんじゃないだろうか。

マーチン社の艦載観測機ＭＯ－１、社内設計番号モデル57は、厚い主翼を持つ単葉機で、胴体は鋼管骨組み、翼はアルミ合金の骨組みに羽布張りという構造で、ただエンジン支持架は木製だった。エンジンの振動を吸収するためだったそうだ。エンジンはカーチスＤ－12水冷Ｖ型12気筒３７５hpを装備した。

乗員は３名で、ＶＥ－７ＨやＵＯ－１が複座だったのに比べて１人増えてる。航法／観測手に加えて防御火器である機関銃の銃手を乗せることにしたのだな。パイロットの操縦席はエンジン直後と主翼前縁の間にあって、主翼後縁のすぐ後の胴体上面には銃手席が置かれて、７・62㎜機関銃が装備された。もう１人、航法手兼観測手席は胴体の中央、主翼の下で、側面に観測窓があった。

ＭＯ－１は戦艦から運用する時は機体の下に双フロートを装備するが、海軍は陸上基地からの運用も求めていて、その場合には車輪付きの脚に交換できるようになっていた。

マーチンＭＯ－１は１９２２年11月に初飛行して、それなりにうまく飛んだようで、海軍もとりあえずＭＯ－１が気に入り、最初の６機に加えて１９２３年２月にさらに30機を発注した。

この36機は１９２４年１月には全機引き渡されて、ＭＯ－１の最初の18機はカリフォルニアのサンディエゴを基地とする観測飛行隊ＶＯ－１とＶＯ－２に配備され、残りの18機は大西洋側ヴァージニア州ハンプトンローズ基地のＶＯ－６に配属された。でも本来の役目である戦艦からの発進はしばらく行なわれなかった。

アメリカ海軍は第１次世界大戦前から飛行機を加速発進させるカタパルトの開発を進めて、最初に実用化したカタパルトは圧縮空気式だった。しかし圧縮空気式は射出力が弱いし、１回射出するとタンクに圧縮空気を満たすまでに時間がかかる。そこで力が強くて、しかも短時間で次々に射出できる火薬式のカタパルトが作られて、１９２３年からテストを開始、実用型Ｍｋ.Ⅳカタパルトはまず戦艦ミシシッピの後部３番砲塔に装備された。これでやっと１９２４年の12月になって、マーチンＭＯ―１は戦艦からのカタパルト発進を行なったのだった。だったんだけど、そこから先がＭＯ―１の厄介の始まりだった。ＭＯ―１は大きくて重くて、非力だったのだ。

　単葉のＭＯ―１はフロート付きの水上機形態で全幅が16・２ｍで全長11・７ｍ、複葉の観測機ヴォートＵＯ―１は10・５ｍに７・４ｍ、総重量はＭＯ―１が２２４３kg、ＵＯ―１は１０４６kgだから、ＭＯ―１はＵＯ―１より大きさで５割増し、重量では２倍強だった。これでは当時の非力なカタパルトでは射出するのに余裕がなかったし、戦艦の艦上で取り回すのにも大きすぎて大変だった。

　エンジンはＭＯ―１が３７５hpでＵＯ―１は空冷星型９気筒のライトＲ―７９０で２００hpだから、ＭＯ―１は８割ほど出力が大きいんだが、重量は２倍だからやっぱり馬力が足りない。性能は単葉のＭＯ―１の最大速度が１６４km／ｈなのに複葉のＵＯ―１は２００km／ｈ、さすがに航続距離はＭＯ―１が７５０km飛べるのに、ＵＯ―１は６４０kmだけど、そこだけ大きくても仕方がない。

　そんなわけでアメリカ海軍はすぐにＭＯ―１を戦艦で使うのを諦めて、ＵＯ―１やＶＥ―７Ｈに切り替えた。ＭＯ―１は車輪付きの形態でもっぱら陸上基地で使われたそうだが、何に使ったんだか、それも長くは続かず、１９２６年には退役してしまった。金属構造で単葉のＭＯ―１は、アメリカ海軍に「艦載観測機はこういうもんじゃないな」という貴重な知識を与えただけで終わったのだった。

☞ ビリー・ミッチェル

ウィリアム・"ビリー"・レンドラム・ミッチェルは、1920年代のアメリカ陸軍で航空戦力の優位と重要性を提唱し、後に「アメリカ空軍の父」と称されることになる。ミッチェルは1879年に上院議員の息子として生まれ、1898年に兵卒として陸軍に入隊、すぐに父親の力で士官となり、☞ めきめきと昇進する。早くから飛行機の将来性に着目し、1906年には「未来の戦争は空と海中で戦われる」と論じた。

スミソニアン博物館に現存してる。

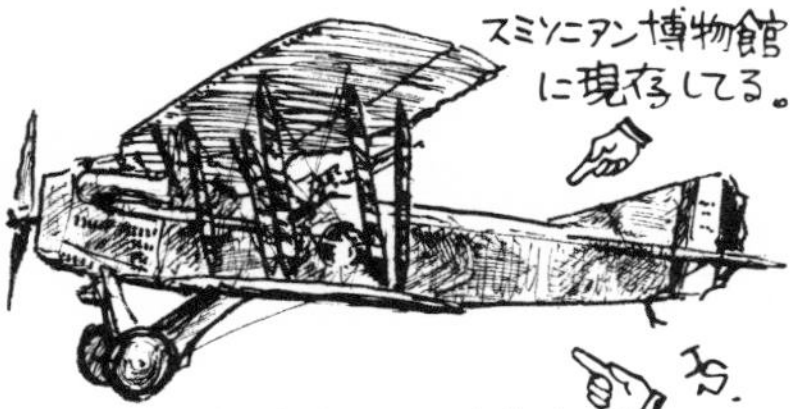

ミッチェルは1916年に自費で操縦を習い、1917年にアメリカが第1次大戦に参戦すると、フランスで航空部隊の指揮を執り、空陸合同作戦を成功させる。

フランスでミッチェル准将が乗った、スパッド XVI 複座戦闘/偵察機。

マーチンMB-2 ☞ 爆撃機。

ドイツ戦艦オストフリースラント。

ミッチェルは1921年7月に、マーチンMB-2爆撃機の爆撃で、標的艦の旧ドイツ戦艦オストフリースラントを沈めて、飛行機の威力を示してみせた。しかしミッチェルの過激で強引な主張は陸軍上層部に嫌われて、ミッチェルは左遷され、大佐として予備役にまわされる。

1925年に海軍の飛行船シェナンドアが ☞ 墜落、ミッチェルは海軍を痛烈に批判する。それが問題とされて、ミッチェルは軍法会議にかけられ、有罪となり、1926年に大佐で除隊し、1936年に心不全で世を去った。ミッチェルは死後、1946年に少将に昇進、議会名誉章を授与された。

ノースアメリカンB-25は「ミッチェル」と ☞ 名付けられた。

File No. 31

〆切りに遅れてボツ

ブレゲー 790
Breguet 790

全幅：17.0m
全長：12.6m
全高：4.0m
自重：2,665kg
総重量：3,400kg
エンジン：イスパノスイザHS12X irs
水冷V型12気筒（600hp）×1基
最大速度：303㎞/h
実用上昇限度：6,000m
武装：7.7㎜ルイス機関銃×1挺
75kg爆弾×2発
乗員：3名

出来上がるのがえらく遅くなったうえに、出来てみたら、いくつも不具合や不都合が出てきて、それを直す時間もないまま、フランスが負けちゃって終った、ブレゲー790飛行艇。1930年代のフランス航空工業って、部品や装備品メーカーが弱かったり、労働争議が多かったり、政府の方針が揺れたり、いろいろ大変だったのだ。

シュド・エストSE400水上偵察機。ブレゲー790といわば同期で、こちらも初飛行が1939年12月と遅く、しかもやっぱり数々の欠点があって、改修しようとするうちに、フランスが負けてしまいました。

通説ではブレゲー790には「ノティリュース」(Nautilus、英語のノーチラスと同じで、つまりオウムガイのこと)って名前がついてた、というんだけど、当時の文書にはそんな名前はどこにも書かれてないんだそうだ。

こんなところに舵がある。

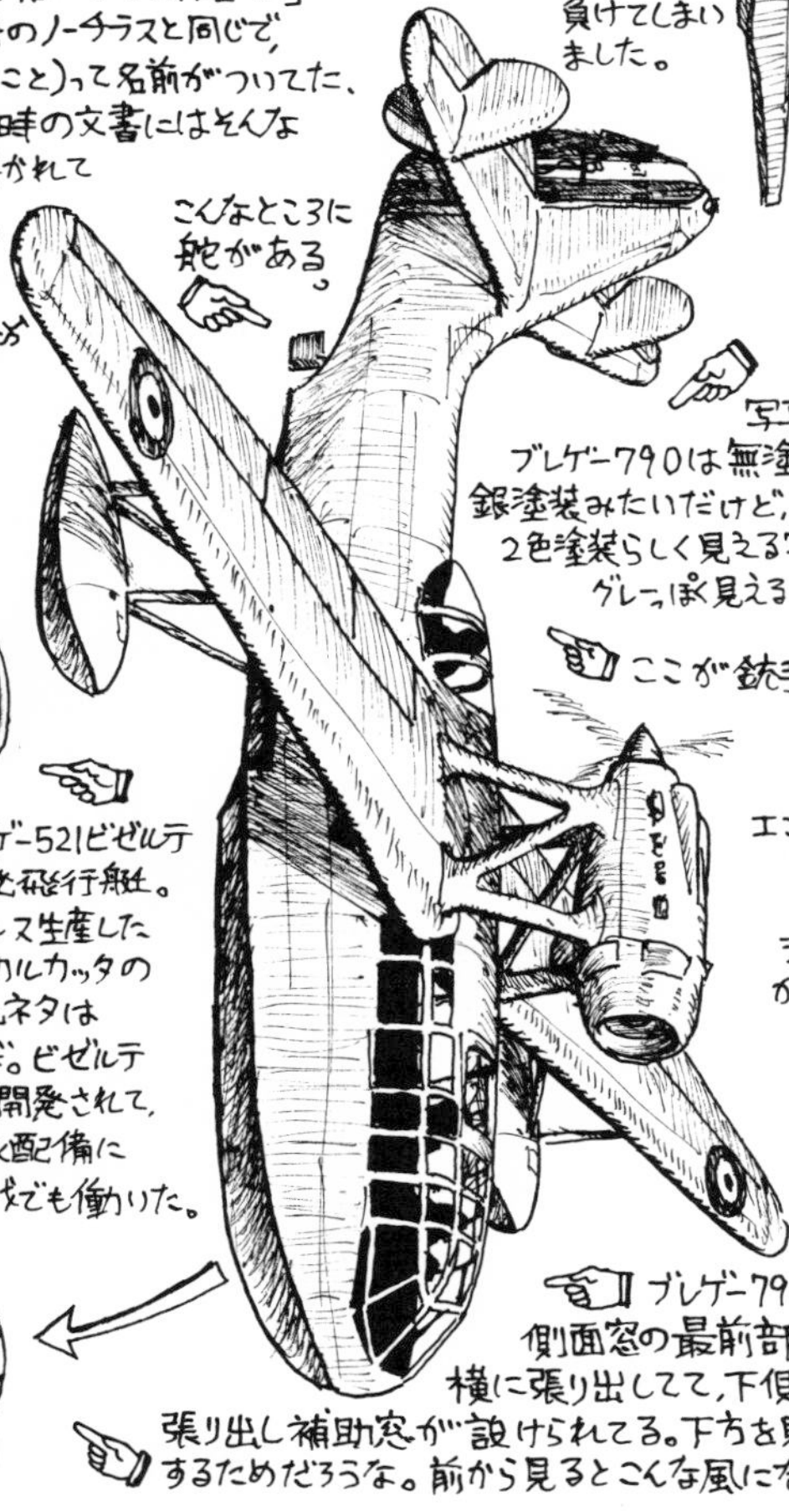

写真を見ると、ブレゲー790は無塗装(?)か銀塗装みたいだけど、グレー濃淡2色塗装らしく見える写真もある。グレっぽく見えるのは2号機?

ここが銃手席。

エンジンナセルの前部に円形のラジエーターが入ってる。

ブレゲー521ビゼルテ3発飛行艇。ライセンス生産したショート・カルカッタの発展型だから、元ネタは1920年代の後半だ。ビゼルテは1931年計画で開発されて、1936年から部隊配備になって、第2次大戦でも働いた。

ブレゲー790の機首の側面窓の最前部はちょっと横に張り出してて、下側に小さな張り出し補助窓が設けられてる。下方を見えるようにするためだろうな。前から見るとこんな風になってる。

１９３０年代後半、どうやらドイツとの新しい戦争が避けられそうになくなってきたフランスは、かなり大急ぎで軍用機の開発を進め始めた。フランスでは航空機の開発や生産を所轄する航空省ができたのが１９２８年、空軍が独立したのが１９３３年で、海軍は自分の飛行機は自分で計画して開発する態勢だった。イギリスじゃ１９１８年に空軍が独立して、海軍の航空戦力まで空軍が管轄していたのとは違うのだな。

フランス海軍は、長距離索敵飛行艇や水上雷撃機、艦載飛行艇を持っていたが、いろいろな機種が旧式化してきていた。なにしろ１９２０年代に原型が飛んだような機体が、フランス海軍じゃ１９３０年代半ばにはまだたくさん飛んでいたのだ。

フランス海軍が新型機に更新しようとした機種のひとつが沿岸用偵察機／兼練習機で、１９３７年３月に計画概要が決まって、１９３８年に要求仕様Ａ46が策定された。求められたのは、水上機でも飛行艇でもどちらでもよくて、双発か単発で、乗員は普通３名、練習機として使う時は４名、重量は４～5トン、最大速度は２５０㎞／ｈ以上、１５０㎞／ｈの巡航速度で航続時間6時間、武装は７・７㎜機関銃２挺と75㎏爆弾２発、夜間偵察が可能で、45度の角度での急降下（というほどでもないが）爆撃もできること、という機体だった。

このＡ46要求に応えたのがブレゲー社だった。フランスの老舗飛行機メーカーのブレゲー社は、１９２９年にイギリスのショート・カルカッタ複葉３発飛行艇をライセンス生産していて、飛行艇にも実績と経験があった。ブレゲー社はおそらく計画の内容を知らされていたんだろう、計画概要が出されてから6ヵ月後の１９３７年9月には、もう設計案がまとまりつつあった。

ブレゲーの案「７９０」は、単発の飛行艇で高翼の単葉、エンジンを胴体中央部から支柱に載せて装備して、推進式のプロペラを回す。胴体前部に縦列複座のコクピットがあって、主翼後方に銃手席がある。エンジンは空冷星型14気筒６５０hpのノームローン14Mか、液冷V型12気筒６００hpのイスパノスイザＨＳ12Ｘｉｒｓか、どちらも考えてたが、結局液冷エンジンが採用された。尾翼は当初の案じゃ双垂直尾翼だったが、風洞試験の結果、１枚の垂直尾翼で水平尾翼の左右に安定板の付いた形になった。急降下爆撃のために主翼のフラップが上下に開いてエアブレーキになる。

ブレゲー７９０は１９３８年２月に、同じA46要求にシュド・エスト社が作成したＳＥ４００双発水上機案とともに、試作発注をもらうことができた。この頃フランス航空省は新型軍用機の試作を急がせていて、この２機種も大至急で試作機を作ることとなった。海軍もかなり気が急いていたようで、早く25機を発注しよう、いや発注の前にどこで作るか量産工場を手当しなくちゃいけない、工場の目途がつくなら発注機数を35機に増やそう、じゃあ最終的に１００機作らせよう、と生産構想は膨らんでいった。

しかしその一方で、ブレゲー７９０試作機の製造は全然進んでいなかった。当のブレゲー社の工場が複葉３発のビゼルテ飛行艇（カルカッタの改良型だ）の生産で塞がっていて、製造場所を探したりもしたが、資材や部品の納入の遅れが大きく試作機製造の足を引っ張っていた。そこらへんは当時のフランス航空工業の持病だ。試作発注から１年後の１９３９年２月になっても、まだ75％しかできていなかった。やっとブレゲー７９０の試作機が完成したのはそれから７ヵ月、１９３９年９月のことだった。第２次世界大戦が始まった直後だ。

海軍はまだブレゲー７９０に期待していて、7月には発注数を60機に決め、10月に正式発注していた。

　ブレゲー７９０は社内テストの後、１９４０年2月に海軍航空機試験センターに送られて、海軍側のテストを受けることになったが、それから間もなく、地上でのエンジン試運転中に機体が架台から落ちて大破してしまった。これで試作機は工場に差し戻し、急いで作られた試作2号機が4月に届いて、なんとかテストにとりかかった。ところが試験では、エンジンの吸気がうまくいかない、重心位置が後ろになると途端に縦安定が悪くなるという問題が現れた。しかも滑水中にちょっとでも波が荒いと、風防が波をかぶって前が見えなくなるという欠点も見つかった。

　試験センターはこれらの問題点の解消を求め、5月には海軍大臣がブレゲー７９０について航空省に書簡を送り、「この機は失敗と見るべきである。海軍試験センターはこのままでは受領できないと断じている。技術局は改良可能としているが、いつになるかわからない。この機の生産は不急のものとし、このための労力は他の機種に回すべきである」と言い切っちゃった。

　さんざん遅れた上に、出来が悪くていろいろ改良しないと使えない。海軍航空部局はブレゲー７９０の60機発注をキャンセルして、いま製造中の15機だけ作って終わりにしようと判断したが、その判断があってもなくてもブレゲー７９０の運命は窮まっていた。ドイツ軍の侵攻でフランスは負けちゃったのだ。これでブレゲー７９０の改良も生産も終わった。試作1号機がどうなったかは不明、おそらくドイツ軍に接収されたらしい。2号機も6月にドイツ軍の手に落ちて、その後の消息はわからない。〆切りは守らなくちゃ、というお話。

イラストで見る
航空用語の基礎知識
basic knowledge

第２次世界大戦直前のフランスの飛行艇・水上機

フランス海軍は飛行艇も水上機も合わせて「イドラヴィオン Hydravion」と呼んでた。「Hydr」の部分は英語のハイドロ〜と語源が同じで「水」のこと、「avion」は飛行機だから、フランス海軍にとっては、どっちも「水もの飛行機」だったわけだ。

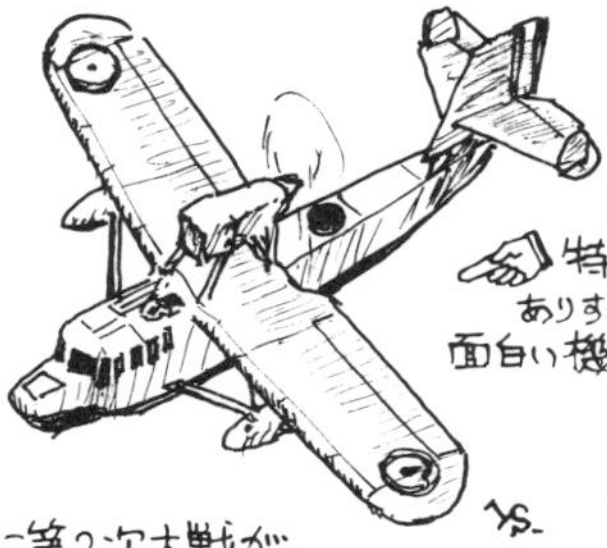

特徴ありすぎの面白い機体。

1928年初飛行の双発飛行艇CAMS55もまだ残ってた。ブレゲー790はこれを更新するつもりだった。海軍も焦るわけだ。

1939年9月に第2次大戦が始まったとき、艦載観測機や沿岸哨戒機として50機近くが配備されてた、ロワール130飛行艇。1934年に初飛行して、部隊配備は1937年。

グールドゥー・ルスール812水上3座偵察機もたくさん使われてた。原型の初飛行は1926年、配備開始が1930年だから、これもかなり古い。

水上雷撃機ラテコエール298。1940年のドイツ軍のフランス侵攻のときには魚雷の代わりに爆弾を吊るして、対地攻撃に働いた。

やたら支柱が多い。

アシェルナルは1等星「アケルナル」のフランス語読み。

1936年に試作された水上爆撃機、リオレ・エ・オリヴィエH46。

1939年5月に初飛行した、長距離哨戒飛行艇、ラテコエール611「アシェルナル」。4発で、補助フロートは外側エンジンナセル下側に引き上げる。フランスだって近代的な大型飛行艇を作れたのだ。フランス敗北後はビシー政権下で使われ、その後連合軍に加わって、1947年まで飛んでた。

File No. 32

ロケット点火せず

DFS228

DFS228

全幅：17.6m
全長：10.6m
自重：1,650kg
総重量：4,200kg
エンジン：ワルターHWK-109-509A-1ロケット
（推力300kg～1,500kg）×1基
最大速度：900km/h
実用上昇限度：23,000m
最大飛行距離：1,050km
乗員：1名
（性能は推定）

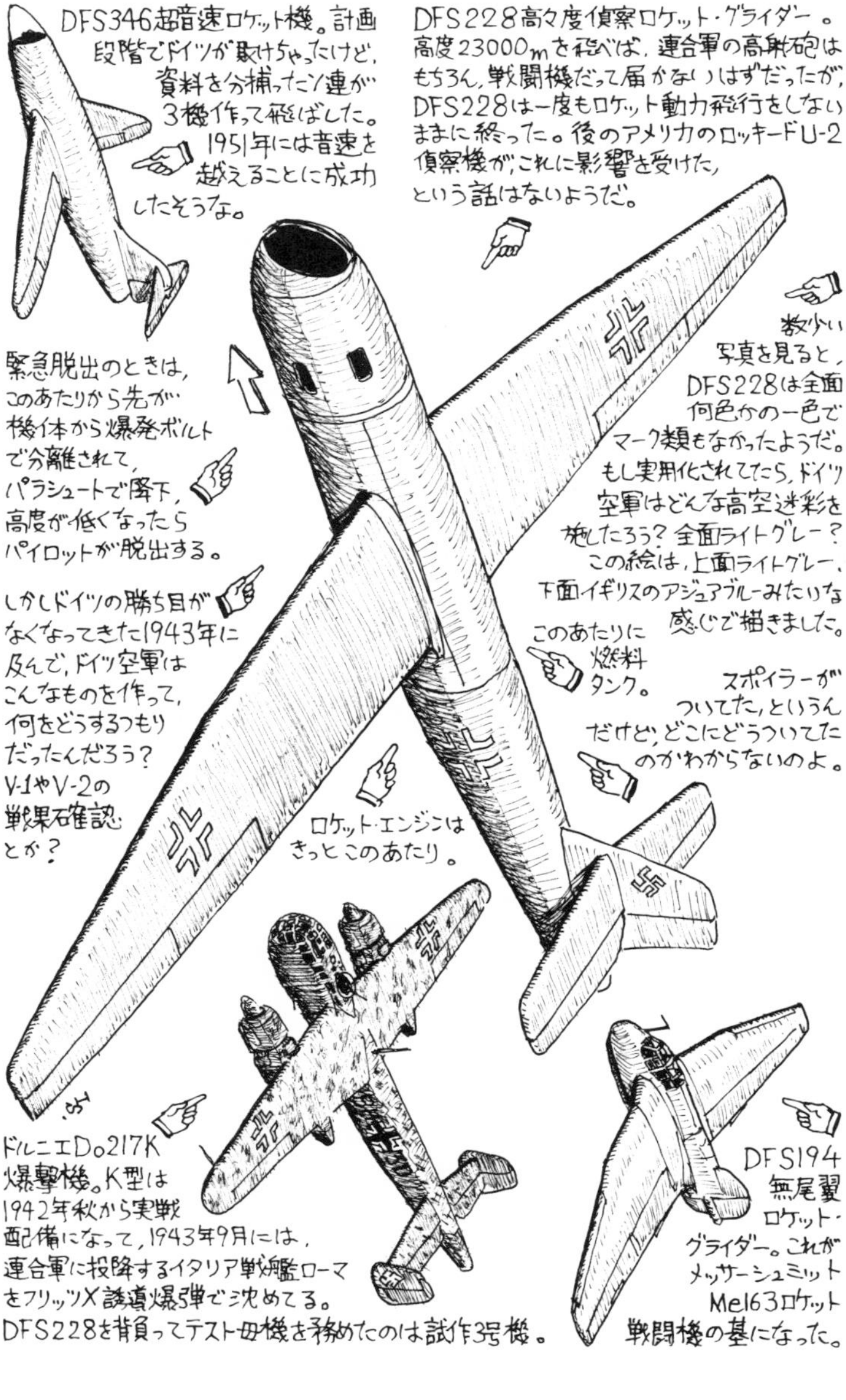
DFS346超音速ロケット機。計画段階でドイツが敗けちゃったけど、資料を分捕ったソ連が3機作って飛ばした。1951年には音速を越えることに成功したそうな。

DFS228高々度偵察ロケット・グライダー。高度23000mを飛べば、連合軍の高射砲はもちろん、戦闘機だって届かないはずだったが、DFS228は一度もロケット動力飛行をしないままに終った。後のアメリカのロッキードU-2偵察機が、これに影響を受けた、という話はないようだ。

数少い写真を見ると、DFS228は全面何色かの一色でマーク類もなかったようだ。もし実用化されてたら、ドイツ空軍はどんな高空迷彩を施したろう？全面ライトグレー？この絵は、上面ライトグレー、下面イギリスのアジュアブルーみたいな感じで描きました。

緊急脱出のときは、このあたりから先が機体から爆発ボルトで分離されて、パラシュートで降下、高度が低くなったらパイロットが脱出する。

しかしドイツの勝ち目がなくなってきた1943年に及んで、ドイツ空軍はこんなものを作って、何をどうするつもりだったんだろう？V-1やV-2の戦果確認とか？

このあたりに燃料タンク。

スポイラーがついてた、というんだけど、どこにどうついてたのかわからないのよ。

ロケット・エンジンはきっとこのあたり。

'05
ドルニエDo217K爆撃機。K型は1942年秋から実戦配備になって、1943年9月には、連合軍に投降するイタリア戦艦ローマをフリッツX誘導爆弾で沈めてる。DFS228を背負ってテスト母機を務めたのは試作3号機。

DFS194無尾翼ロケット・グライダー。これがメッサーシュミットMe163ロケット戦闘機の基になった。

昔のナチス時代のドイツには「ドイツグライダー研究所」、略してＤＦＳっていう機関があった。このＤＦＳ、もちろんグライダーの研究や開発も行なって、強襲グライダーのＤＦＳ２３０を作ったんだけど、実はそれ以外にもメッサーシュミットＭｅ１６３ロケット迎撃機の基になった無尾翼ロケット実験機ＤＦＳ１９４や、親子式自爆機ミステルの初期テストもやってて、妙な新技術も手がける機関だったようだ。

そのＤＦＳが１９４０年に超音速ロケット機を考えついた。しかし超音速で飛ぶには空気の薄い高高度を飛ぶ方が有利だから、パイロットの乗る部分は与圧してやらなくちゃならない。それに緊急脱出の方法も特別に考える必要がある。高高度でそのままパラシュートで降下したんじゃ、空気は薄いし寒いしで命に関わる。

そんなわけでＤＦＳは、この超音速ロケット機を実現するには、まず高空で使えるロケットエンジンと与圧コクピット、それに緊急脱出装置を開発しなくちゃならないと考えて、ひとまず亜音速のＤＦＳ２２８を作って、それから後退翼で超音速のＤＦＳ３４６を開発することにした。

このＤＦＳの構想をナチスドイツの航空省ＲＬＭが採り上げた。ＤＦＳ２２８を、技術実証機を兼ねて高高度偵察機として作れと求めてきたのだ。運用方法としては、母機に曳航されるか背中に載せるかして離陸、高度1万ｍで偵察目的地に近付いたところで分離して、ロケットエンジンで２万３０００ｍへ上昇、滑空しながらときどきロケットに点火して45分間にわたって高度を保って飛行、偵察が終わったら滑空して帰ってくるというものだ。こうしてうんと高い高度を飛べば、敵の高射砲はおろか戦闘機だって届かない。見積もりでは母機から分離後に１０００㎞ぐらいは飛べるはずだった。

ＤＦＳ２２８は円筒形の胴体にアスペクト比９・５の細長い主翼を持つ機体で、主翼も胴体も木製だった。胴体下面には着陸用のソリが付く。コクピット部分は機体とは独立した一体式で、金属製の二重の耐圧殻で作られて与圧される。その前端には半球形のプレキシグラスの前方窓と側面窓が付く。窓も二重で、曇らないように2層の間には熱い空気を流す。これで高度2万５０００ｍでもコクピット内の与圧高度は８０００ｍを保つ。もちろん内部の気温と湿度を保つ空調装置も付く。

最初、パイロットはこのコクピットに普通に座ることになっていたが、それだとコクピット部分が大きくなりすぎて、与圧空気の漏れがどうにも止まらなかった。そこでコクピットの直径を小さくするためにパイロットは腹ばい姿勢で操縦するように改められた。偵察装置は胴体中央部下面に装備されて、赤外線カメラを使う予定だった。このコクピット部分は後部隔壁の４本の爆発ボルトで機体に固定されていて、非常時にはコクピット全体が機体から分離、パラシュートで姿勢を保ちながら降下して、所定の高度まで降りたら、パイロットは座席ごと圧縮空気で射出されて、あとは自分のパラシュートで地面に降りる。

肝心のロケットエンジンはワルターＨＷＫ－１０９－５０９Ａ－1が採用されることになった。Ｍｅ１６３Ｂと同じものだな。このエンジンは、ヒドラジンとメタノール混合の推進剤「Ｃ液」と、高濃度の過酸化水素水の酸化剤「Ｔ液」を使い、推力は３００kg～１５００kgの可変式だった。

なにしろこんな特殊な機体なので、ＤＦＳ２２８の製造には時間がかかり、試作1号機ＤＦＳ２２８Ｖ1が完成したのは１９４３年に入ってからのことだった。テストではドルニエＤｏ２１７Ｋ爆撃機の背中に載せられて、そこから切り離されて滑空飛行したが、40回ほどのテスト飛行では、高高度では補助翼の効きが悪く、いっぽう昇降舵が異常に敏感という欠点が明らかになった。しかしまあ、高高度を滑空する偵察機なんだから、操縦性のバランスが悪くても我慢できそうなものだった。この段階ではまだロケットエンジンを使った動力飛行テストは行なっていなかったが、実はそのロケットエンジンが大きな問題だった。

どうやらＨＷＫ−１０９−５０９Ａ−1はＤＦＳ２２８が飛ぶ予定の高度だと、気温が低すぎてうまく動作しなさそうなのだ。それに考えてみたらＭｅ１６３の運用ではロケットエンジンは点火したら止めないのが普通で、滞空時間も15分だった。その点、ＤＦＳ２２８では、ロケットエンジンは点火したり止めたりをくり返すつもりだったし、飛行時間もずっと長い。運用が全然違うのだ。なんでこの期に及んで気付く?

じゃあＤＦＳ２２８用にロケットエンジンのバルブやスロットルを改良するか、あるいは低い外気温でも使えるように予熱装置を付けるか、それとも別のロケットエンジン、例えばメタノール推進剤と液体酸素の酸化剤のものをこれから開発するか、と壁に突き当たったところで、時はすでに１９４５年5月、ドイツは降伏してしまい、もちろんＤＦＳ２２８の開発もそこで終わった。とうとうロケット動力飛行はしないままだった。それでもこの敗戦間際の時期に、ＤＦＳ２２８は10機生産する予定だったそうだ。

腹ばいコクピットを採り入れた試作2号機は破壊、1号機はアメリカが分捕っていった。計画段階の超音速機ＤＦＳ３４６はソ連が資料を押収、機体を完成させて、１９４８〜１９４９年にテストして、１９５１年には音速を超えたともいう。

イラストで見る航空用語の基礎知識
basic knowledge

腹ばい姿勢で操縦

第2次大戦の後半あたりになると、急旋回や急降下の引き起しの大きなGで、脳に血が行かなくなって意識がなくなる「ブラックアウト」の対策として、腹ばいの姿勢で操縦するといいんじゃないか、と考えられるようになった。

本も読めるし(ウソだけど)。

そんなわけで、第2次大戦末期ごろから、1950年代にかけて、いろんな国で腹ばい式コクピットが試みられたり、実験されたりしたのだった。

ドイツ敗戦で飛ばずしまいに終った、ヘンシェルHs132ジェット爆撃機。

腹ばい式だと、コクピット部分を細くすることもできるし。

リード&シグリスト・ボブスレー。実験機。

ノースロップの無尾翼ロケット・グライダー実験機。MX-334。

グロスター・ミーティアF8「プローン・パイロット」。

ノースロップXP-79戦闘機。

イギリスは既存の飛行機の機首に、腹ばい操縦席を設けた実験機を作ってテストした。

アメリカじゃノースロップ社が、XP-79無尾翼戦闘機とそのための実験機に腹ばいコクピットを採用した。

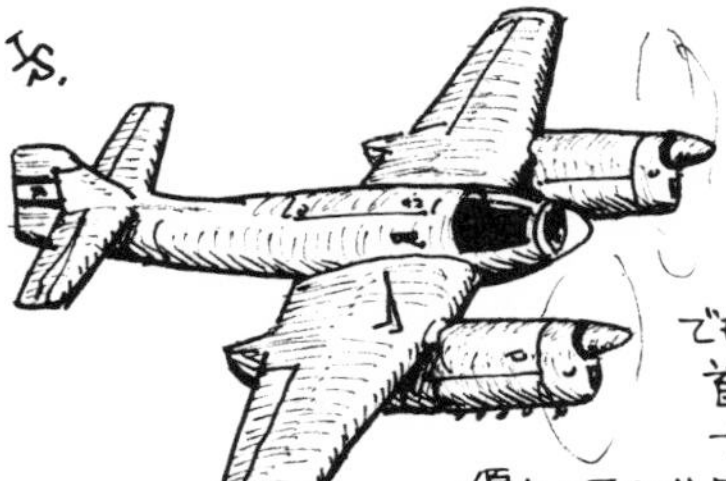

JS.

ユーゴスラビアのイカルスS-451実験機。

でも腹ばいコクピットは後ろが見づらいし、首がつらいという難点があった。結局、ブラックアウト対策にはGスーツが便利で優れてるんで、腹ばい式コクピットは実用化されなかった。

File No. 33

D.H.は「ダメな飛行機」

デハヴィランドDH29 ドンカスター

DeHavilland DH29 Doncaster

全幅：16.5m
全長：13.1m
全高：5.0m
自重：1,280kg
総重量：2,217kg
エンジン：ネイピア・ライオンＩＢ
水冷W型12気筒(450hp)×1基
最大速力：187km/h
乗員：2名+乗客：10名

厚翼の単葉機なら，複葉機と違って支柱や張線が要らないから良いんじゃないか？と考えて作られたデハヴィランドDH29。しかし出来てみたら，単葉か複葉か以前にいろいろダメなところがあって，がっかりな飛行機で終った。

これはDH29の改修後の姿で，航空省のテストを受けるんで，蛇の目の国籍マークとシリアルナンバー「J6849」をつけてる。

エンジン位置を高くしたんで，燃料がエンジンに届きやすいように，ヘッダー・タンクと風力ポンプ2基をつけた。

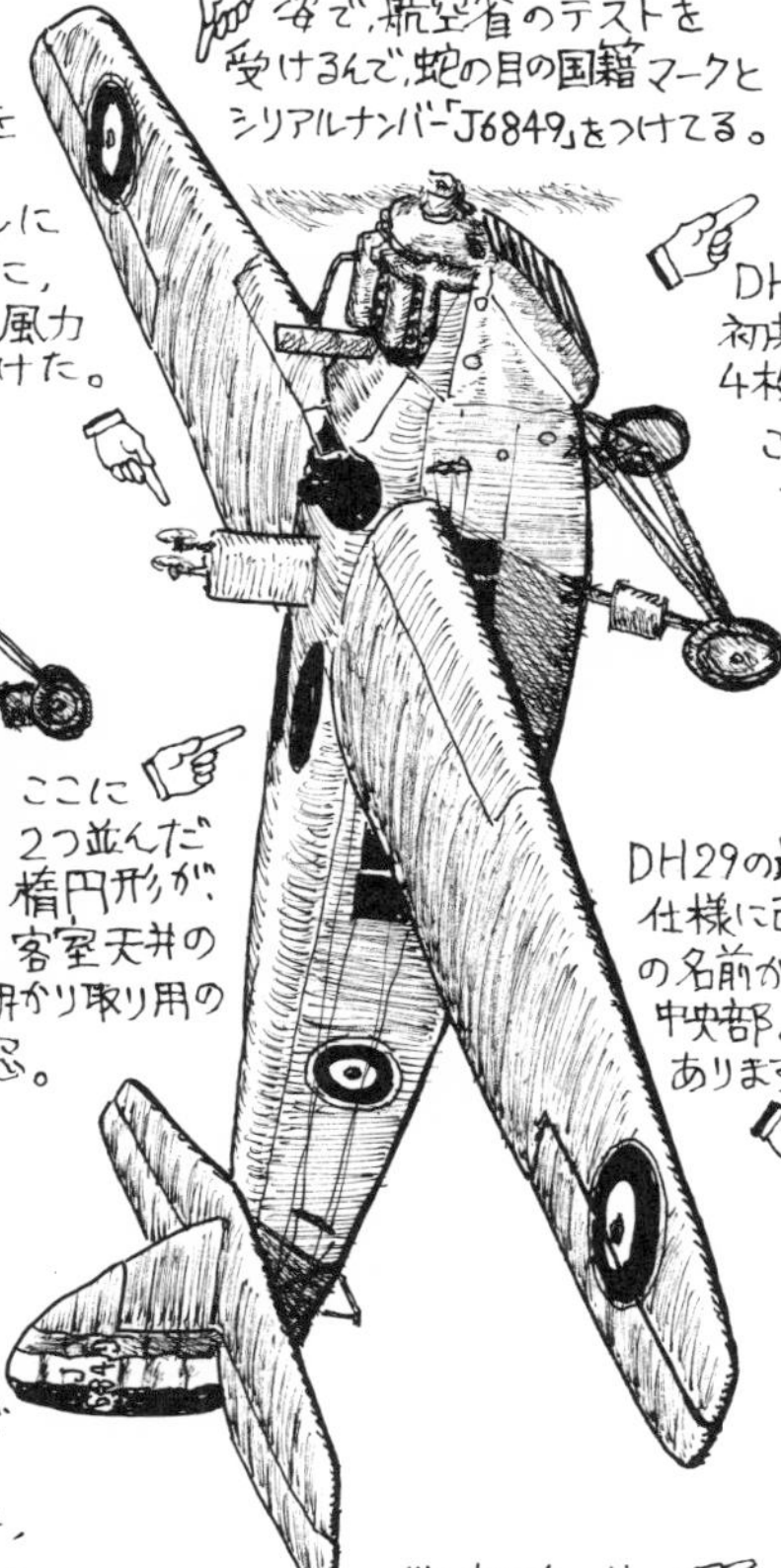

DH29の機首部分の初期形態。プロペラは4枚ブレードだったようだ。

このエンジン位置のせいで，プロペラ後流が操縦席に吹き込んで，振動が起きたり，いろいろ大変だった。

ここに2つ並んだ楕円形が，客室天井の明かり取り用の窓。

DH29の最終形態，つまり軍用仕様に改修されて「ドンカスター」の名前がつけられた後の胴体中央部。主翼を除いて描いてあります。

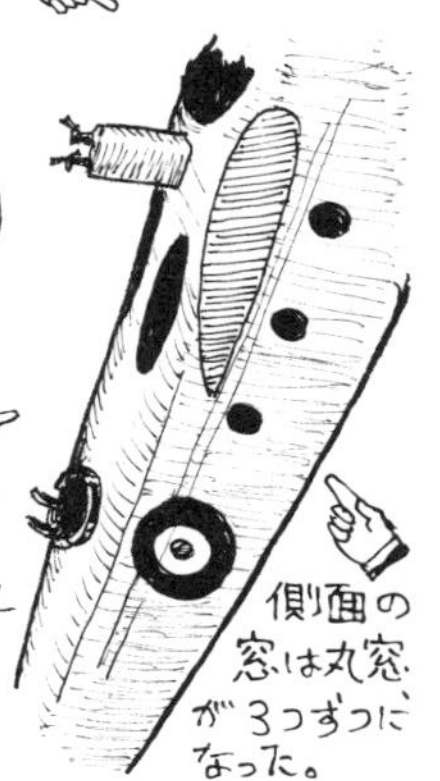

いろんな点でDH29の元ネタになった，DH18旅客機。8人乗りで，エンジンは450hpのネイピア・ライオン。1920年に初飛行して，6機が作られた。このころの旅客機の生産機数なんて，このぐらいのもんだった。

ドンカスターは胴体後部の背面に7.7mm機関銃の銃座を設けた。ただし実際に機関銃を装備したことはなかったようだ。

側面の窓は丸窓が3つずつになった。

イギリスのデハヴィランド社は、１９２０年代からの「〜モス」シリーズの自家用軽飛行機や、第２次世界大戦中の木製の爆撃／偵察／戦闘機モスキート、大戦後のジェット戦闘機ヴァンパイアや世界初のジェット旅客機コメットと、飛行機の歴史を作ってきたメーカーだ。デハヴィランド社の飛行機は、ほとんど外れがなかったみたいなんで、「デハヴィランドに駄作無し」と言いたくなるんだが、実は物事はそんなに単純じゃない。「傑作機は駄作機の左手、駄作機は傑作機の右手」というんだかどうかは知らないが、デハヴィランド社だって、ちゃんとダメな飛行機を作っちゃったことがあるのだ。

　デハヴィランド社が設立された１９２０年のこと、イギリス航空省の研究局から長距離機２機の発注をもらった。社長にして主任設計者のジョフリー・デハヴィランドは、それまでエアコ社の設計者で、第１次世界大戦中にはＤＨ２戦闘機やＤＨ４単発爆撃機、その発展型ＤＨ９を設計して、実績も経験もある技術者だった。

　そのエアコ社は「エアクラフト・マニュファクチュアリング・カンパニー」、訳せば「航空機製造会社」というミもフタもない社名の略で、第１次世界大戦が１９１８年に終わって軍用機生産が減ると、自動車やオートバイ会社のＢＳＡ社に身売りしたんだが、そのＢＳＡ社は早々に飛行機作りから撤退を決めてしまった。ジョフリー・デハヴィランドはＢＳＡ社で自動車を作るつもりはなかったんで、独立してデハヴィランド社を設立したのだった。

　さて、航空省が10／20要求仕様で求めたのは、厚翼の片持ち式単葉機で、そういう当時としては新しい技術を試してみたくて、デハヴィランドに作らせてみようとしたようだ。それに応えてデハヴィランド社が作ったのが、ＤＨ29だった。ＤＨ29はこの時代のことだから、木製骨組みで羽布張り、主翼は片持ち式の高翼単葉で、エンジンは水冷Ｗ型12気筒のネイピア・ライオンⅠＢの単発だった。４気筒のバンク三つがＷ型に並んだ気筒配置だな。ラジエーターは機首前面に置かれた。

胴体はエアコ時代に設計した複葉単発旅客機ＤＨ18を踏襲して、背が高くて、主翼の下には客室にできるような広いスペースが取ってあって、側面には窓が並んだ。ＤＨ29の場合は、この胴体の下から脚が生えてるんで、車輪の左右間隔がなるべく広くなるように下が広がった台形の断面形になっていた。その胴体上面、主翼の前縁付け根のあたりに２人の操縦席が設けられた。その後ろの胴体背面には透明ドープで塗った楕円形の明かり取りの窓部分が左右に二つ並んでいた。

ＤＨ29の製造はゆっくり進められたというんだが、それでも1年ほどで完成した。この時代の飛行機としてはこれでも時間がかかった方なんだろう。ＤＨ29の１号機は１９２１年の7月にジョフリー・デハヴィランド自身の手で初飛行した。しかし飛んでみると、プロペラ軸の位置が機体の中心線と一致していて、プロペラの後流がもろに操縦席に吹き込んできて、そのせいで操縦席がものすごく振動した。それだけじゃなくて、プロペラ後流に叩かれて胴体上面の明かり取り窓と非常脱出口が胴体内側に凹んでしまった。

しかも方向舵が全然効かなくて、着陸して速度が50㎞／h以下に落ちたあたりで、機体は大きく左回りにグラウンドループを起こした。

この初飛行に続いて、手直しを加えて何度か飛んではみたものの、全然効果がない。そこでデハヴィランド社はＤＨ29の機首を改造して、エンジンの取り付け位置、つまりプロペラ軸の位置を高くした。これで操縦席にプロペラ後流が直接吹き込んで来ることは多少軽減できたけど、方向舵の効きが悪すぎるのは変わらなかった。

ＤＨ29の１号機は１９２２年にイングランド東部のマートルシャム・ヒースにあったＡＥＥ（航空機試験場）に送られて、航空省のテストを受けた。その後さらに改修されて、後部胴体背面に銃座の開口部を作って、側面の窓も丸窓に改められ、胴体内にはカメラや無線機が搭載された。つまり軍用機の装備を施したんだけど、ＤＨ29はそもそもが試験機なので、軍用機にしたらどうなるんだか試しただけで、実際に空軍で使うつもりはなかったんだろう。この時にＤＨ29にはドンカスターという機名が付けられた。ドンカスターというのはイングランド中部にある町の名前で、デハヴィランドと同じ頭文字Ｄだ。デハヴィランド・ドンカスターとなったＤＨ29の１号機は１９２４年にはファーンバラに送られて、しばらくテストに使われた。

ＤＨ29の２号機は、胴体内に10席の客席を設けて民間旅客機仕様で１９２１年８月に完成した。この機体に航空会社のダイムラー・ハイア社が興味を持ったけど、考えてみたら方向舵がまるで効かない飛行機だったんでＤＨ29は諦めて、代わりに複葉で８席の単発旅客機ＤＨ34を買うことにした。ＤＨ34は12機が作られたから、この時代の民間旅客機としてはまあまあの成功だ。

その後、１号機ドンカスターとＤＨ29の２号機はマートルシャム・ヒースで厚翼単葉の飛行特性の研究に使われた。その意味では本来の目的を果たしたんだろうけど、方向舵が全然効かないっていうのは、やっぱり飛行機としてダメだったんじゃないだろうか。

ジョフリー・デハヴィランドとデハヴィランド社・1

デハヴィランド社を作ったジョフリー・デハヴィランドは1882年に生まれた。早くから機械工学に興味を持ち，技術学校の学生時代の1900年にモーターサイクル用エンジンを自作した。卒業後，自動車会社の設計技士となるが，飽き足らずに退社する。1909年，初めて自分で飛行機を作ったが，飛行に失敗，翌年の2号機で成功する。1912年，ファーンバラの王立飛行機工場に入り，飛行機の設計を手がけ，1914年にエアコ社の主任設計者となる。

ジョフリー・デハヴィランド。1912年，30歳のとき。

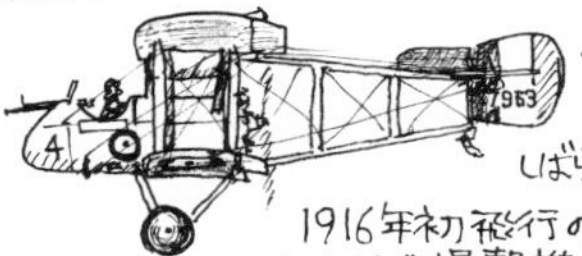

エアコDH2戦闘機。DH1複座偵察機の発展型で1915年初飛行。翌年から第1次大戦の実戦に投入され，優れた運動性でドイツ機に対してしばらく優位に立った。DH2は400機作られた。

1916年初飛行のエアコDH4爆撃機。当時としては目覚しい高速，高性能で，操縦性も良かった。イギリスで1449機，アメリカでも3227機が作られた。DH9はこの改良型。

いろんなエンジン搭載型があった。

DH9Aを基に，乗客4人の旅客機にしたDH16。1919年から9機が作られた。第1次大戦後にDH4やDH9Aから旅客機に改造された機体も少なからずあった。

1922年初飛行の，9人乗り旅客機DH34。DH29を手堅く複葉にしたような機体で，11機が作られて，1機はソ連（ロシア）に売れた。

1925年に初飛行したDH60モス軽飛行機。最初のシーラス・エンジンつきから，自社製のジプシー・エンジンに強化したDH60G，金属骨組のDH60M，倒立エンジンにしたDH60GIIIといろんな型が1500機以上作られた。1930年に女性飛行家エイミー・ジョンソンがオーストラリアへ単独飛行したときの乗機もDH60Gだった。

長距離航空会社，インペリアル・エアウェイズのエジプト～中東路線用7人乗り3発旅客機，DH66ハーキュリーズ。1926年に初飛行して，11機が作られた。

オーストラリアや南アフリカでも使われた。

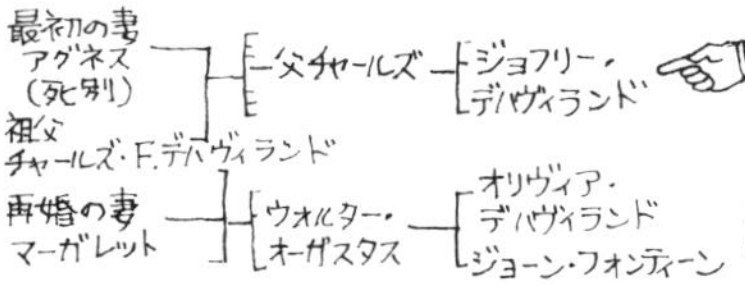

ちなみに！ジョフリー・デハヴィランドと，映画女優のオリヴィア・デハヴィランド（「風と共に去りぬ」）とジョーン・フォンティーン（「レベッカ」，「嵐が丘」，ちなみに大好き♡）の姉妹─ともに東京生まれ─とは実はイトコの関係なのだ。祖母ちがいだけど。

File No. 34

至らなかったハイエナ

デハヴィランドDH56ハイーナ

Dehaviland DH56 Hyena

全幅：13.1m
全幅：9.1m
全高：3.3m
自重：1,088kg
総重量：1,905kg
エンジン：アームストロング・シドレー・ジャガーⅣ
　空冷星型14気筒(394hp)×1基
最大速度：203km/h
実用上昇限度：5861m
兵装：ヴィッカース7.7mm機関銃×1挺(機首固定)
　ルイス7.7mm機関銃×1挺(後席旋回)
　小型爆弾×4発
乗員：2名
(データはジャガーⅣエンジン改修後)

1918年に実戦配備になったDH9A軽爆撃機。第1次大戦の後も長く使われて，中東やインドでは直協機として働いた。1927年まで生産が続けられて総生産機数は2140機。イギリス空軍を退役したのは1931年のことだった。

全幅14.0m，全長9.1m，自重1222kg，総重量2106kg，リバティー水冷V型12気筒エンジン(400hp)，最大速度183km/h，実用上昇限度5105m，7.7mm機関銃×2挺，爆弾204kg。

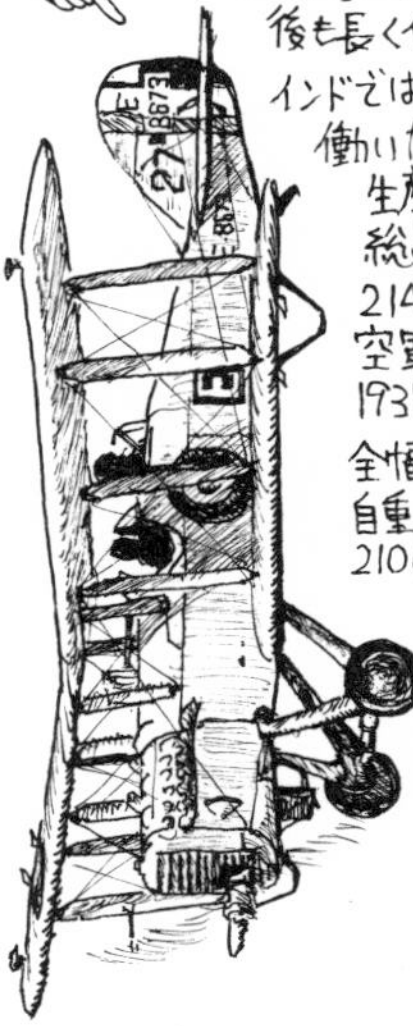

DH9Aの後継を狙ったデハヴィランドDH56ハイーナ。でも馬力不足で性能が大したことないとか，地面近くだと操縦が難しいとか難点があって，同じ要求仕様で作られたアームストロング・ホイットワース・アトラス(118ページを参照してね)に負けて，不採用になって，試作機2機だけで終わっちゃった。

ライバルのアトラスは最大速度が229km/hだった。ハイーナの方は203km/hしか出なかったから，それだけでもすでに分が悪い。ただし実用上昇限度は，アトラスは5120mで，ハイーナが勝ってた。

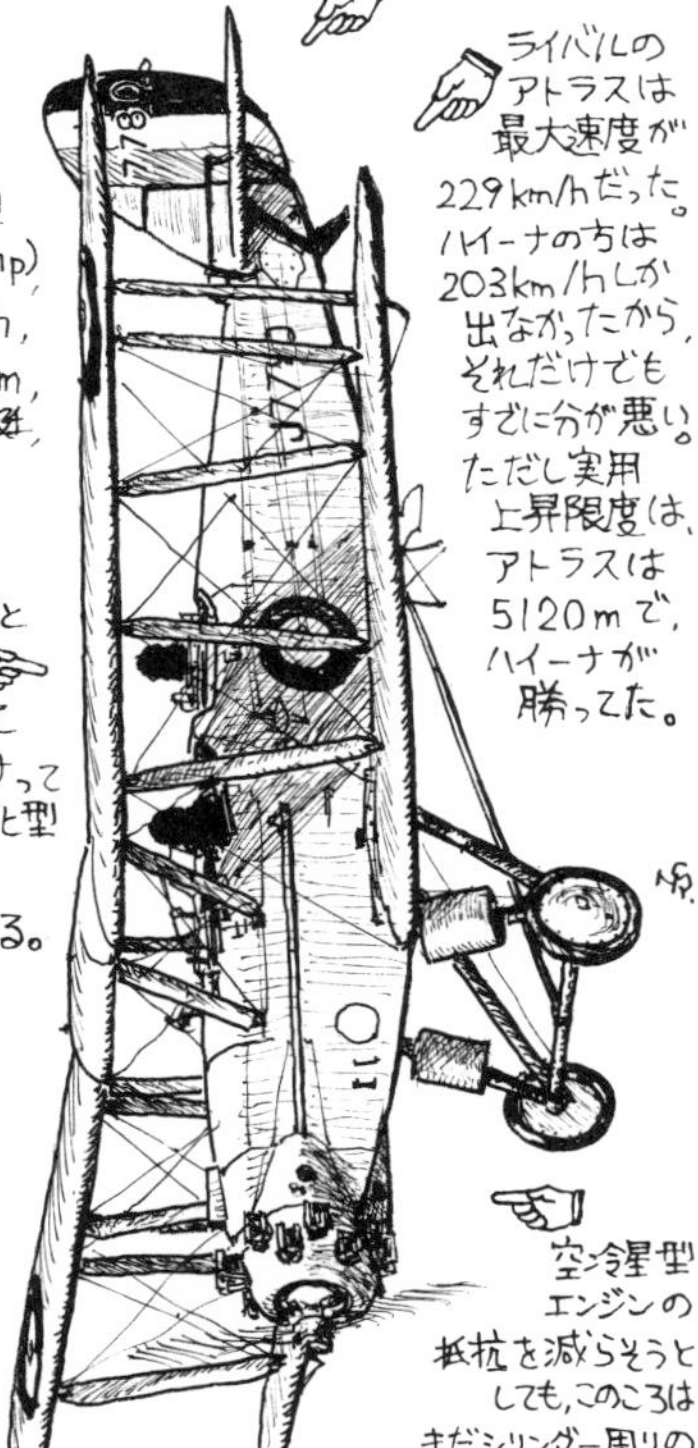

ディンゴとハイーナをこうして並べて見ると，ハイーナってディンゴの進化型だったのがわかる気がする。

1924年に飛んだ，DH42ディンゴ試作直協機。でもすぐにマートルシャム・ヒースで墜落しちゃった。

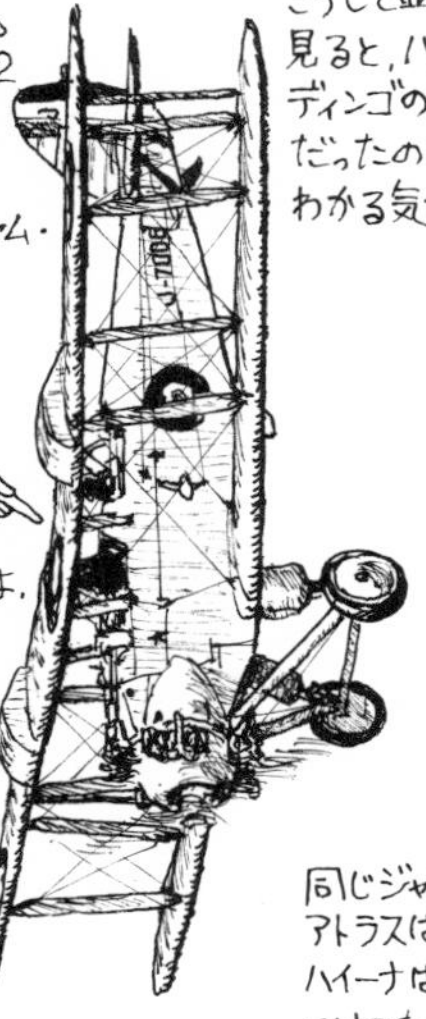

上翼中央の操縦席の真上あたりには，パイロットの乗り降りと上方視界のために，円い穴が開いてるという，ちょっと苦しい設計。

空冷星型エンジンの抵抗を減らそうとしても，このころはまだシリンダー周りの気流を整理してくれるカウリングやタウネンドリングが発明されてなかったからこういうフェアリングをエンジン周りにつけた。効果がなかったのか，冷却が足らなかったのか，ハイーナの2号機はエンジンがむき出し。

同じジャガー・エンジンでも，アトラスは400hpのを装備して，ハイーナは385hpの型をつけてたから，15hpほど馬力で負けてた。

デハヴィランド社は第１次世界大戦が終わって間もない１９２０年にできた会社だったが、その時から民間機を作っていくことを決めていた。当時は戦争が終わって軍事予算も少なくなって、軍用機の大量発注も期待できない世の中だった。一方民間の航空旅客輸送も始まったばかりで、これからは旅客機がたくさん売れる……かどうかはその民間航空会社の成長次第、まだまだ民間旅客機なんて大きくて10席ぐらいの小さな機体だったし、その売れ先だってせいぜいで数機買ってもらえればいい方、というくらいの市場だった。

そこに挑もうとしたデハヴィランド社もたいした度胸だったが、それでもときどき軍用機に手を出すこともあった。なにしろこの頃も第１次世界大戦末期に作ったＤＨ９Ａ爆撃機が、中東やインドで偵察や警備、たまに反乱鎮圧なんかに広く使われていたから、デハヴィランド社も空軍と縁が切れたわけじゃなかった。

たとえば１９２３年にはＤＨ42ドーマウスという複座の偵察戦闘機を試作して、翌年にはその派生型の直協機、つまりＤＨ９Ａの後継を狙った金属骨組みのＤＨ42Ａディンゴを試作してる。どちらも性能が前世代機に比べてあんまり進歩してないんで、不採用に終わってるけど、デハヴィランド社としてはこのあたりの機種については、それなりにうまく作れる手応えを感じてたようだ。

それで１９２４年に航空省が、もういい加減古くなってきたブリストルＦ．２ｂ（なにしろ元は第１次世界大戦中の複座戦闘機だ）やＤＨ９Ａに代わる新しい直協機を求める要求仕様30／24を示した時に、デハヴィランド社もこれに応えて設計案を提出した。

デハヴィランド社のＤＨ56案は試作機２機の発注をもらって、ハイーナという名前がつけられた。ハイーナとはつまりハイエナのことで、デハヴィランド社のデじゃないほうのハヴィランドの頭文字、Ｈに合わせた名前だ。この30／24仕様じゃ本書File №18のブリストル・ボアハウンドも作られてるから、ハイーナはボアハウンドの同期にあたる。ということは、この要求仕様のライバルにはアームストロング・ホイットワース社のアトラスもいたのだな。

ＤＨ56ハイーナはＤＨ42Ａディンゴと同じ金属骨組みに羽布張りの複葉複座機で、エンジンは空冷星型複列14気筒、３８５hpのアームストロング・シドレー・ジャガーⅢを装備して、エンジン前後にはフェアリングが付いて、四角い断面の胴体につながってる。主翼は下翼が上翼より翼幅も弦長もちょっと小さくなってた。燃料タンクはそれまでのイギリス複葉軍用機だと、上翼の上面に貼り付くかたちにするのが多かったんだが、それだと抵抗が大きくなるんで、ハイーナじゃ操縦席前方の胴体内に置いた。武装は機首左側上面に固定式のヴィッカース７・７mm機関銃が1門と、後席に旋回式のルイス７・７mm機関銃が1門、それに左翼下に小型爆弾を4発吊り下げる。なぜ左翼だけに吊り下げるのかはよくわからない。そしてもちろん直協機だから通信筒をすくい上げるフックが脚についていて、偵察用カメラの装備も可能となっていた。

ハイーナの1号機、シリアルＪ７７８０は１９２５年5月に初飛行した。アームストロング・ホイットワース社のアトラスより1週間遅いだけで、ほぼ同時で、マートルシャム・ヒースのＡ&ＡＥＥで航空省のテストを受けたのも１９２５年11月で同じぐらいだ。

しかしアトラスが４００hpのアームストロング・シドレー・ジャガーⅣエンジンを付けてたのに対して、ハイーナは３８５hpエンジンだったから馬力については最初から分が悪かった。テストしてみると確かにハイーナはデハヴィランドの飛行機だけあって、操縦の応答性は良かったんだが、馬力不足で性能がいろいろ足りなかった。

ハイーナは１９２６年７月にヘンドンの航空ショーの展示飛行でエンジンが故障して不時着、いったん工場に戻されて、ジャガーⅣの３９４hp型にエンジンを載せ替えて、機首まわりのフェアリングも撤去した。ところがこのエンジン、どうも額面どおりの馬力が出てくれなくて、実質的に性能は全然向上しなかった。

ハイーナ１号機はそれから空軍の№４スコードロンで部隊評価テストへと進んだが、地面近くでは機体を安定して飛ばすのがとても難しいと指摘されてしまった。どうも燃料タンクを操縦席とエンジンの間に置いたんで、操縦席が後ろになって視界が悪いのが大きな原因だったようだが、低空を飛んで、前線の飛行場に発着して、地上から通信文の筒を拾い上げるのが仕事の直協機としては、この欠点は重大だった。

ハイーナは１９２６年12月に再びマートルシャム・ヒースで今度はアトラスとの比較テストを受けたが、すでにアトラスには量産発注も出てたし、ハイーナにはそもそも勝ち目はなく、不採用となってしまった。ハイーナが至らない飛行機だったせいで、デハヴィランド社は自社のＤＨ９Ａの後継機の受注を逃してしまったのだ。

ハイーナ２号機は１９２６年６月に初飛行して、こちらのジャガーⅣエンジンは一応ちゃんと馬力が出て、性能も１号機より多少良かったが、視界の悪さや低空での操縦の難しさは相変わらずだった。２機のハイーナはファーンボロの航空試験場で細々したテストに１９２８年まで使われた。

イラストで見る
航空用語の基礎知識
basic knowledge

ジョフリー・デハヴィランドとデハヴィランド社・2

1931年初飛行のDH82Aタイガーモス練習機。DH60モス・シリーズからの派生型で、第2次大戦ではイギリス空軍や海軍、カナダ空軍の初等練習機として広く使われ、イギリスとカナダで8800機以上が作られた。大戦後は多くが民間に払い下げられた。

「～モス」と名付けられた飛行機はいろいろあって、これもその一つ、1929年初飛行のDH80プスモス自家用機。260機が作られて、数々の記録飛行にも使われた。

1934年のイギリス～オーストラリアの「マクロバートソン・エアレース」のために採算を度外視して作ったDH88コメット。3機が参加し、そのうちのスコットとキャンベル・ブラック組の真っ赤なG-ACSS「グロヴナー・ハウス」が優勝した。その後さらに2機が作られてる。

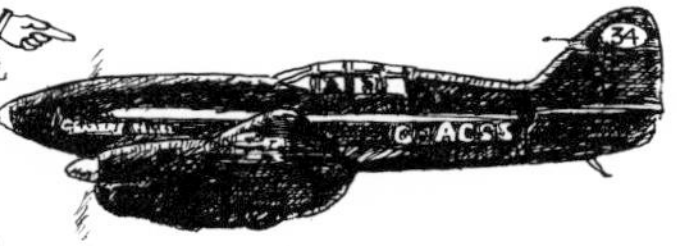

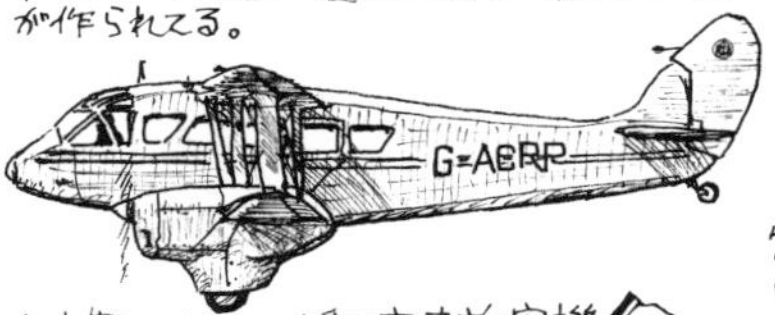

1934年に初飛行した、8人乗りの旅客機DH89ドラゴン・ラピード。イギリス空軍にも無線練習機/連絡機ドミニとして採用されて、軍民727機が作られた。第2次大戦後も民間のローカル路線で1950年代まで使われた。

全木製の4発22人乗り高速旅客機DH91アルバトロス。1937年に初飛行して7機が作られたが、第2次大戦中に5機が失われ、残る2機も1943年に解体された。

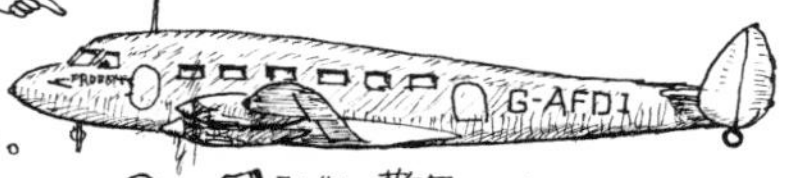

モスキートの試作1号機。1940年初飛行。この機は現存してる。

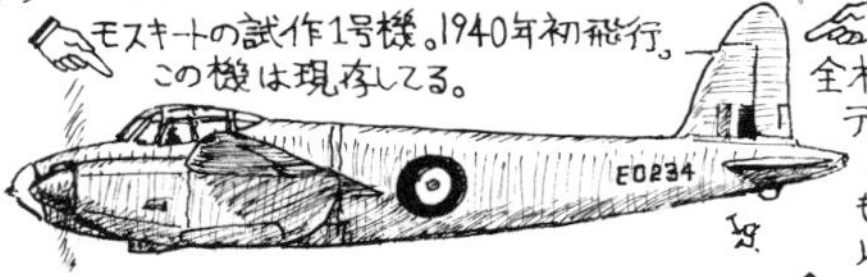

「木製の驚異」DH98モスキート。全木製で武装なしの高速爆撃機としてデハヴィランド社が自主開発し、偵察機や夜間戦闘機、戦闘爆撃機の各型も作られて、イギリスとカナダで7600機以上が生産された。

1944年に初飛行した、DH103ホーネット戦闘機。最大速度760km/hの究極のレシプロ戦闘機の一つ。モスキートを基に、小型・軽量化して単座になった。第2次大戦には間に合わず、195機が作られた。海軍の艦上戦闘機シーホーネットとその複座夜間戦闘機型もあって、こちらは190機作られた。

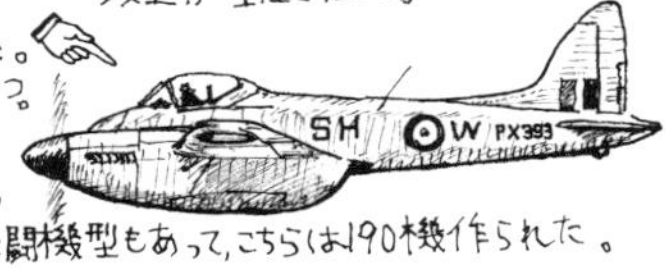

1943年に初飛行したジェット戦闘機、DH100ヴァンパイア。複座の夜間戦闘機型や練習機型も合わせて3300機近くが作られて、多くの国々に輸出された。発展型のヴェノム(DH112)と艦上複座夜間戦闘機シーヴェノムもあった。

カナダの子会社、デハヴィランド・カナダ社が設計、開発したDHC1チップマンク初等練習機。1946年に初飛行。カナダとイギリスで約1200機が作られて、いろんな国で使われた。

File No. 35

了見違いの猟犬

デハヴィランドDH65ハウンド

DeHavilland DH65 Hound

全幅：13.7m
全長：14.1m
全高：3.5m
自重：1,275kg
総重量：2,238kg
エンジン：ネイピア・ライオンⅧ水冷W型12気筒
(530hp)×1基
最大速度：246km/h
上昇限度：7,800m
兵装：ヴィッカース7.7mm機関銃×1挺（機首固定）
ルイス7.7mm機関銃×1挺（後席旋回）
104kg爆弾×2発
乗員2名

航空省の直協機の要求に対して、自主開発でもっと高性能なのを作ってやろうとした、デハヴィランドDH65ハウンド。

たしかに性能じゃライバルのグロスター・ゴラルやウェストランド・ワピティより断然勝ってはいたものの、胴体が狭くて、必要な装備が入らないとか、直協機としては使い難い機体になって、不採用で終わっちゃった。

26/27仕様のグロスター社の試作直協機、ゴラル。操縦性が良くなくて、機内も狭くて、良いところがなかったんで、採用されなかった。ゴラルGoralとはネパールあたりに棲むカモシカの類のことだ。

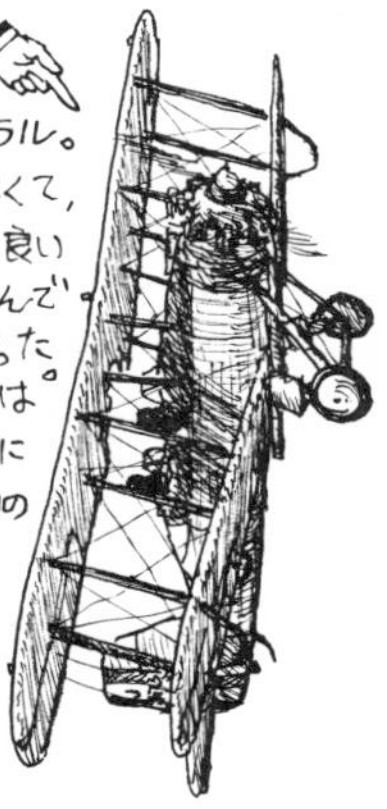

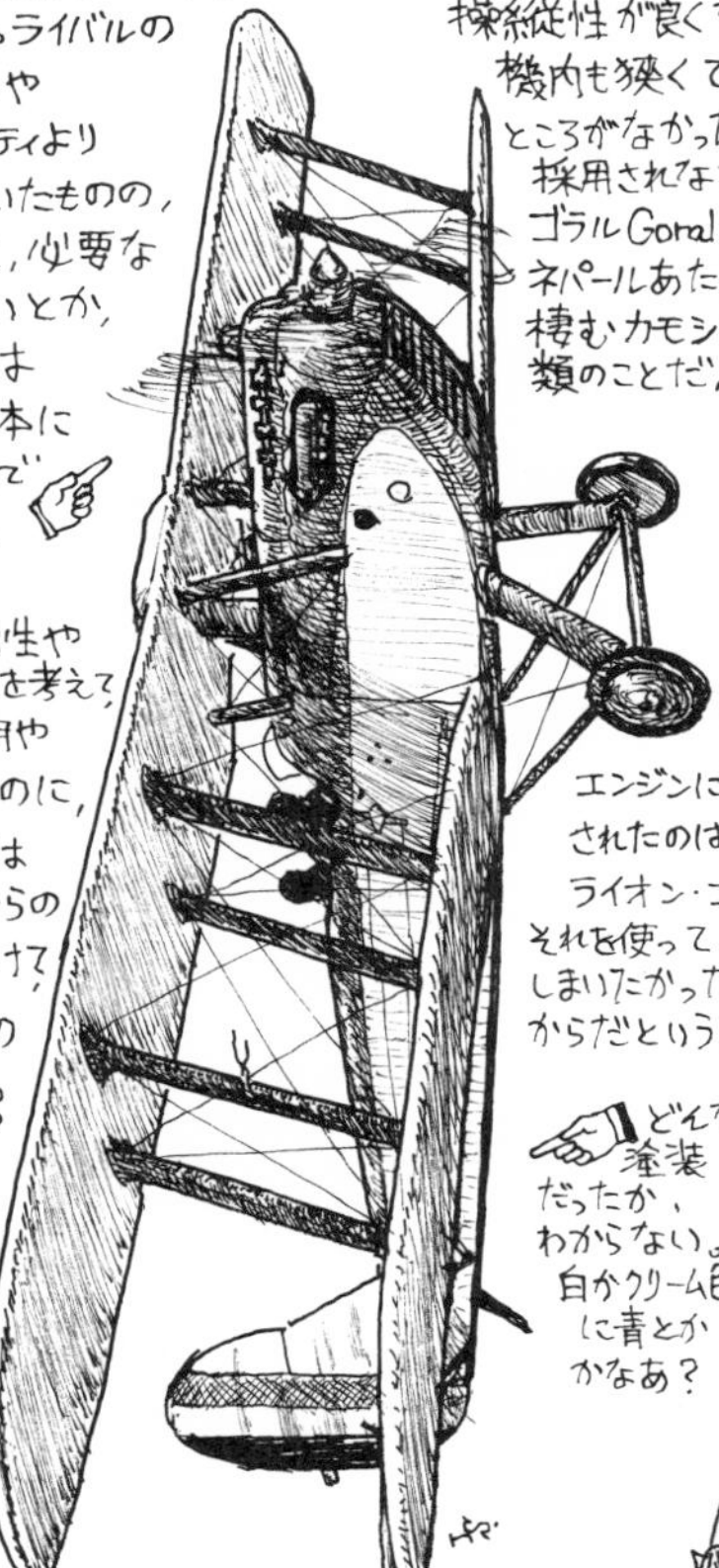

要求では、耐久性や整備性、将来性を考えて金属構造の採用や検討を求めてたのに、デハヴィランド社はハウンドで従来からの木製構造を続けて、それも不利な点の一つだったようだ。

エンジンをライオンⅩに換えたときに、方向舵を大きくして、操縦性を良くした。

26/27要求仕様でエンジンにネイピア・ライオンが推奨されたのは、イギリス空軍には予備のライオン・エンジンがたくさん余ってて、それを使ってしまいたかったからだという。

どんな塗装だったか、わからない。白かクリーム色に青とかかなあ？

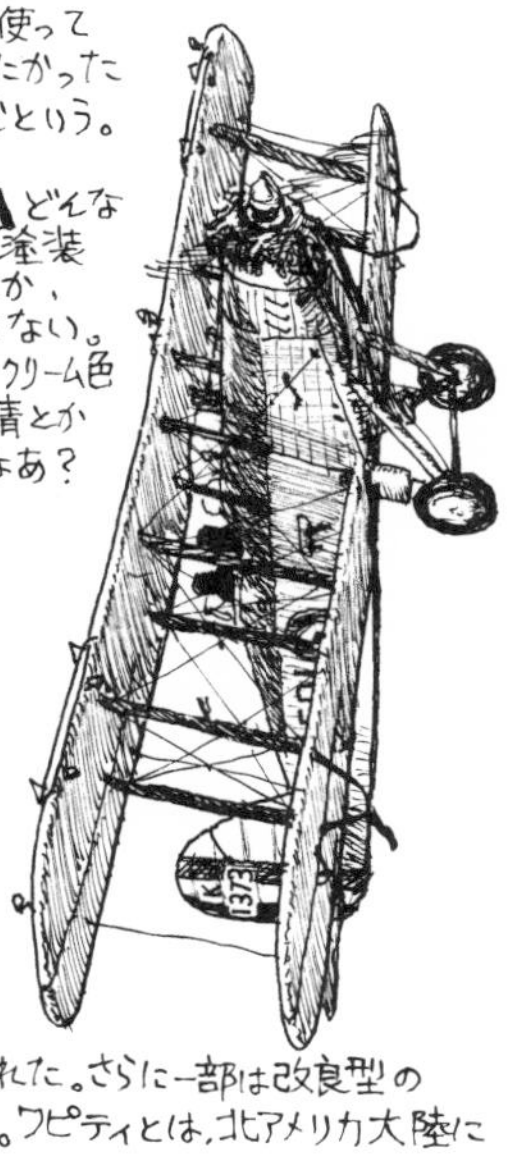

26/27要求仕様で採用になった、ウェストランド・ワピティ直協機。ウェストランド社はDH9Aの開発を実質的に担当したし、ライセンス生産もしたんで、DH9Aの後継にはどんな機体がいいか、カンどころがわかってたんだろう。ワピティの主翼もDH9Aのほぼそのまんまだったそうだ。ワピティは516機作られて、イギリス本国の部隊だけじゃなく、中東～インドにもDH9Aに代わって配備されて、1937年まで使われた。さらに一部は改良型のウォーレスに改修されて、1943年まで標的曳航とかに働いた。ワピティとは、北アメリカ大陸に棲む大型のシカの類のこと。

デハヴィランド社は１９２５年に２人乗りの軽飛行機ＤＨ60モスを民間市場に送り出した。この頃イギリス航空省は将来のパイロット養成を見込んで、民間の飛行クラブや飛行学校の後押しをしていて、シンプルで丈夫な構造と素直な操縦性、整備や修理のしやすいデハヴィランド・モスはその需要にうまく応えて、１５００機以上作られた。こうして民間機で大きな成功を収めたデハヴィランド社は、それでも軍用機を諦めたわけじゃなかった。デハヴィランド社が狙ったのは、１９２６年の航空省の26／27要求仕様だった。この仕様は今度こそＤＨ９Ａの後継機として、ＤＨ９Ａより高性能で搭載量も大きい直協機を求めていた。少し前にイギリス空軍は直協機としてアームストロング・ホイットワース・アトラスを採用したけど、それだけじゃＤＨ９Ａを更新しきれなかったのだ。そのアトラスに負けて不採用に終わったのがデハヴィランドＤＨ56ハイーナだ。

　この要求じゃ、他にも中東方面の暑熱の環境でも耐えられるよう金属骨組み構造が望まれて、エンジンはネイピア・ライオン水冷Ｗ型12気筒が推奨されていた。それに加えて、実はイギリス空軍にはＤＨ９Ａの予備部品として主翼やら尾翼やらがたくさんあったんで、それを流用して運用経費を安く済ませるために、できるだけＤＨ９Ａの部品を使うことも望まれていた。

　この26／27要求仕様にグロスター社やウェストランド社が応えて、それぞれ試作発注を得たが、デハヴィランド社はこういう仕様が出てくることを予想して、この仕様の要求を越える機体を自主開発で作ることにした。

　そもそもＤＨ９Ａはデハヴィランド社の飛行機だから、その主翼とかの基本設計や部品を使っても、今の自分たちならずっと性能の良い機体を作れるに決まっている。特に１９１８年のＤＨ９Ａはエンジンが３７５hp～

４００hpぐらいだったけど、今じゃ５３０hp以上のエンジンが使える。航空省の要求なんかより、技術者が自由に設計した機体がどれほど優れてるか実証してやろう、というのがデハヴィランド社の了見だった。

　こうして作られたのがデハヴィランドＤＨ65ハウンドだった。機名はデハヴィランドのＨを頭文字にして会社が勝手につけたんだろうな。ハウンドは翼が木製骨組みに羽布張り構造の複葉機で、主翼と尾翼はＤＨ９Ａによく似ていた。木製骨組み合板張りの胴体は細く絞られて、機首にはネイピア・ライオンⅧエンジンを装備して、上部シリンダーバンクのまわりもうまく整形、ラジエーターは機首下面に置いた。ハウンドのエンジンまわりといい、細い胴体といい、デハヴィランド社は空気抵抗をなるべく減らして、木製構造で軽量化して高性能を目指したのだった。武装はヴィッカース７・７㎜機関銃１挺を機首左側に固定装備、ルイス７・７㎜機関銃１挺を後席に旋回式に装備する予定で、１０４kg爆弾２発を吊り下げるようにもするつもりだった。

　デハヴィランド社はハウンドの試作機を２機作るつもりで、自主開発なんで航空省のシリアルナンバーはもらわずに、民間登録記号のＧ－ＥＢＮＪと－ＥＢＮＫを用意してもらった。デハヴィランド社は１９２６年早々から機体の製造に取りかかっていたようで、その甲斐あってハウンド１号機のＧ－ＥＢＮＪは、26／27仕様で試作発注されたグロスター社のゴラルやウェストランド社のワピティより３～４ヵ月ぐらい先んじて、１９２６年11月に初飛行したのだった。

　航空省はハウンドのエンジンを５４０hpのライオンＸに換えたらテストしてみようと言ってきて、デハヴィランド社はハウンドに改修してライオンＸを搭載、その他細かい改良も加えて、１９２７年１月にマートルシャム・ヒースに送った。そこで航空省のテストを受けると、ハウンドはやっぱり目覚ましい性能を見せた。最大速度は２４６㎞／ｈで当時の複座軍用機として最速だったし、実用上昇限度も７８６６ｍで、ゴラルやワピティの最大速度２０７㎞／ｈや、ワピティの上昇限度５７３０ｍに比べて断然優れてた。

そこはデハヴィランド社の目論見どおりだったんだが、同時にいくつもの欠点も明らかになった。ハウンドはまず木製構造だったのが、航空省の金属構造の要求から外れてたし、胴体が細いせいで、直協機に必要な装備を機内に置くスペースがなかった。それに機体の抵抗が少ないんで減速が遅くて、着陸目標地点に正確に降りるのが難しかった。ハウンドは高性能だけが取り柄で、イギリス空軍が求めるのがどういう飛行機か、デハヴィランド社の了見が間違ってたのだ。

もちろんハウンドは不採用で、この要求仕様で量産発注をもらったのはウェストランド社のワピティだった。ハウンド2号機は作られずじまいになり、1号機はその後１９２８年に搭載量と速度の世界記録を作ったけど、それはまあ鬱憤晴らしだろう。航空省はハウンドを買い上げてテストに使おうとして、ハウンドは１９２８年9月にマートルシャム・ヒースに運ばれたが、その10日後、通常点検で胴体構造に修理不能な腐朽が見つかって、それで飛行停止になって終わった。

デハヴィランド社は、高性能のハウンドが不採用になったのがどうにも納得いかなかったという。後にデハヴィランド社は自主開発で木製で高性能のモスキートを作ることになるんだが、モスキートはこのハウンドの仇討ちだったのかもな。

ジョフリー・デハヴィランドとデハヴィランド社・3

3機作られたDH108は全て墜落して失われた。

ジョフリーの息子，ジョフリー・デハヴィランドJr.は1910年に生まれ，テスト・パイロットとしてアルバトロスやモスキートを初飛行させた。1946年にはDH108高速研究機で速度記録を作った。しかし同年9月27日，DH108の2号機でテスト飛行中に機体が空中分解して墜落，ジョフリーJr.は死亡した。36歳だった。

最初の量産型，44席のコメット1。22機が作られたが，墜落事故により退役した。

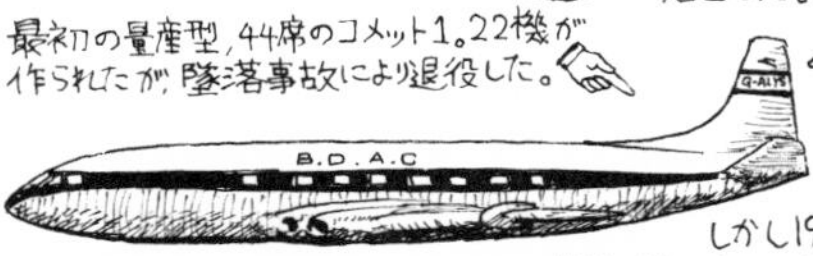

世界最初のジェット旅客機，DH106コメット。1949年に初飛行して，1952年に英国海外航空（BOAC）に就航した。しかし1953～54年に3機が謎の墜落，徹底的な調査の末，与圧のくり返しによる金属疲労で胴体が破壊したことが判明した。対策を採り入れて改良したコメットは路線に復帰したが，すでに座席数と性能に勝るアメリカのボーイング707にジェット旅客機の市場は奪われていた。コメット1～4の各型合わせて，生産数は114機だった。

後のホーカシドレー・ニムロッド対潜哨戒機は，コメット4を基に作られた。

ドラゴンラピードの後継として開発された8人乗りの旅客機，DH104ダヴ。1945年初飛行。544機作られて，社用機としても使われた。イギリス空軍でも連絡機デヴォンとして40機が採用された。

ダヴの拡大型，15～18人乗りの4発旅客機DH114ヘロン。1949年に初飛行して，149機作られた。日本でも使われて，ちなみにワタシが生まれて初めて乗った飛行機はヘロンじゃったぞ。

ヴァンパイア以来の双胴で双発，複座。

海軍の艦上全天候戦闘機DH110シーヴィクセン。そもそもは空軍機として試作されて，1951年に初飛行したが不採用となり，1955年に海軍型が採用された。試作機も含めて151機作られた。

短距離路線用3発ジェット旅客機，DH121トライデント。1961年に初飛行したが，同じ3発のボーイング727に遅れを取り，このクラスの市場を制されてしまった。座席数108～180のトライデント1～3の各型があり，合わせて117機が作られた。

イギリス空軍も航法練習機ドミニとして，また，このようなVIP輸送機HS125CC1～3として使った。

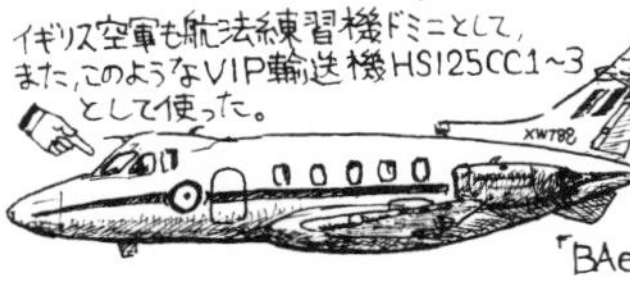

デハヴィランドの名前のついた最後の飛行機，6席のビジネス・ジェット機，DH125。1962年に初飛行した。デハヴィランド社は1960年にホーカー・シドレー社に合併されていたので，「HS125」ともいう。そのホーカー・シドレー社は他のメーカーと1977年に統合されてBAe（ブリティッシュ・エアロスペース）社になったんで，「BAe125」になった。さらに1993年には製造権がアメリカのレイセオン社傘下のビーチクラフト・ホーカー社に売却されて「BH125」になった。ところがビーチクラフト・ホーカー社が2003年に倒産，この機の製造も停止してしまった。それまでの生産機数は1700機を越えている。日本の航空自衛隊の救難捜索機U-125もこの系列の機体だ。

デハヴィランド社の創立者，ジョフリー・デハヴィランドは1955年に引退し，1965年に83歳で没した。

あとがき

『世界の駄っ作機』単行本第11巻です。非公式社内名称では単なるＭｋ．Ⅺ、スピットファイアならⅪ型は無武装の高高度写真偵察機型ですが、ボーファイターのＭｋ．Ⅺ、雷撃機型のＴ．Ｆ．Ｘから雷撃装備を撤去した戦闘機型、というか対空制圧とロケット弾攻撃型の方を考えてます。

本書の刊行の時点で、『月刊モデルグラフィックス』での連載も29年目に入りました。連載２～３年の頃、半ば冗談で「これがライフワークです」のようなことを言ったものでしたが、今では『世界の駄っ作機』が本当にライフワークになってしまったようです。ダメな飛行機の話ばかりを書く人生とは？　と思う時もありますが、これを書くのが楽しいんですからしょうがないですよね。これまで３５０回近く連載を続けていて、「……また書かなきゃならないのか……」と辛かったことは一度もなくて、毎回書くのが楽しみです。楽じゃないときもありますが、楽しくなかったことはありません。

そしてこうして単行本になるのも、もちろん大きな楽しみです。特にこの巻では序文を稲葉義泰さんにお寄せいただいたことが喜びです。稲葉さんは、ご存知の方も多いと思いますが、国際法を学ばれて、その観点から防衛や安全保障について論じられる方で、すでに『ここまでできる自衛隊 国際法・憲法・自衛隊法ではこうなっている』（秀和システム刊）や『「戦争」は許されるのか？　国際法で読み解く武力行使のルール』（イカロス出版刊）と御著書も出されています。稲葉さんは、私から見れば子供よりも孫に近いほどのお若い方ですが、そんな若い方が優れた業績を上げられて、こうして序文をお書きいただけることは大変光栄ですし、嬉しいことでもあります。思えば『世界の駄っ作機』単行本の初期に序文をお願いしたのは、私よりも年上の先輩方でしたが、今ではずっと若い方々に序文をいただくようになりました。長く書き続けてきた甲斐があるというものです。

単行本の楽しみのひとつは、佐竹政夫さんのカバー絵です。２０２４年3月にYouTube「岡部いさくの諸々未整理箱」で、この第11巻のカバー絵の選定の様子をご覧いただきました。こちらの「こんな飛行機のこんな状況を」という注文で佐竹さんに何点かラフスケッチをお描きいただき、その中からひとつを選んで本番用の絵にしていただくのですが、ラフスケッチの段階ですでにどれも素晴らしいので、どれがいいか迷うのがまた楽しみです。そんな楽しい苦労の末のカバー絵、敢えなくＢｆ１０９Ｅに敗れた、ダメ戦闘機コードロンＣ７１４をどうぞ皆さんもお楽しみください。

同じく二宮茂樹さんのカラー図も楽しみです。二宮さんがどの機種を選んでカラー図にしてくださるかも意外性があって楽しいですし、できあがったカラー図で、この飛行機はこういう色合いだったのかと改めてダメ飛行機に惚れ直すのがまた楽しみです。この巻でも、「イギリスに逃れたＣ７１４」という架空の機体なんか、楽しいでしょ？

しかし楽あれば苦あり。筆者は楽しんでばかりなのに、苦労の方を背負い込ませてしまっているのが、装丁とデザインを担当されている井上則人デザイン事務所の皆さん。『世界の駄っ作機』は連載時と単行本では絵のフォーマットが違っていて、単行本にする際には絵の中に書き込んだキャプションの向きを変えなくちゃならないのです。特に連載のＹＢ-40の回では、機体の絵のまわりをびっしりキャプションで埋め尽くしてしまったのですが、単行本ではその大量のキャプションをきれいに再配置してくださったのには驚きました。その名人芸を１３０ページでご覧ください。こういう感動も楽しみのひとつです。

　この巻の書き下ろしは、「デハヴィランドに駄作なし、というわけでもないよ」とイギリスのデハヴィランド社のダメ飛行機3機種を書いてみました。それに合わせて、創設者ジョフリー・デハヴィランドとその飛行機を絵にしたのですが、描き上がってみると、デハヴィランド社がイギリスの航空史に残した功績の大きさとともに、１９３０年代～第2次世界大戦の隆盛と、その後の栄光と悲劇が改めてわかりました。描いていて目とアタマと手がかなり疲れたのですが、この書き下ろしの作業を通じて自分の中で知識や認識が改まるというのも単行本の楽しいところです。

　さて、このまま行けばもうじき連載も３６０回、30年を迎えそうです。おそらくまた第12巻をお届けできると思います。すでに私も70歳、皆様にご愛読いただいて、これからもダメ飛行機を書き続けられるのが、「老後」の何よりの楽しみです。ありがとうございます。

２０２４年3月　岡部ださく

IN Famous Airplanes of The World XI. ver.Mk.XI
Written by Dasaku OKABE

岡部だださく（おかべ・だださく）
猫好きの翻訳家にして軍事ヒョーロン家兼駄作家？ 1954年1月、さいたま市生まれ。学習院大学フランス文学科卒。 航空雑誌、艦艇雑誌の編集員を経てフリーランスに。著書に『世界の駄っ作機１～11巻』（岡部だささく名義）、『世界の駄っ作機番外編・蛇の目の花園１～３巻』、『英国軍艦勇者列伝１、２巻』（いずれも大日本絵画刊）、『いさくの艦艇モデルノロヂオ』（イカロス出版刊）など。訳書に『サーブ35ドラケン』、『パンツァーズ・イン・ノルマンディ』、『バルジの戦い』、『ドイツ空軍の終焉』（いずれも大日本絵画刊）などがある。軍事評論家として月刊『モデルグラフィックス』、隔月刊『スケールアヴィエーション』、月刊『世界の艦船』（海人社刊）、隔月刊『Jシップス』（イカロス出版）などに寄稿。 時としてインターネット配信番組で軍事解説を行なう。

2024年1月でワタシも70歳。☞
古希のお祝いにもらったよ。

世界の駄っ作機11

発　行　日　2024年　6月14日　初版第１刷

著　　　者　岡部だささく

発　行　人　小川光二

発　行　所　株式会社 大日本絵画
〒101-0054 東京都千代田区神田錦町1丁目7番地
電話／03-3294-7861（代表）
http://www.kaiga.co.jp

編　　　集　株式会社 アートボックス
〒101-0054 東京都千代田区神田錦町1丁目7番地4F
電話／03-6820-7000（代表）
http://www.modelkasten.com/

装幀・割付　井上則人デザイン事務所

印　　　刷　大日本印刷 株式会社

製　　　本　株式会社 ブロケード

内容に関するお問い合わせ先：（株）アートボックス　03-6820-7000
販売に関するお問い合わせ先：（株）大日本絵画　03-3294-7861

ISBN978-4-499-23399-6

※定価はカバーに表示してあります